Empfehlungen
des Arbeitskreises
Baugrunddynamik

Empfehlungen des Arbeitskreises Baugrunddynamik

Herausgegeben von der
Deutschen Gesellschaft für Geotechnik e.V. (DGGT)

Herausgegeben von der
Deutschen Gesellschaft für Geotechnik
Arbeitskreis 1.4 „Baugrunddynamik"

Obmann: Univ. Prof. Dr.-Ing. Stavros A. Savidis
Technische Universität Berlin
Fachgebiet Grundbau und Bodenmechanik
und
GuD Geotechnik und Dynamik Consult GmbH
Darwinstraße 13
10589 Berlin

Bibliografische Information der Deutschen Nationalbibliothek
Die Deutsche Nationalbibliothek verzeichnet diese Publikation in der Deutschen Nationalbibliografie; detaillierte bibliografische Daten sind im Internet über <http://dnb.d-nb.de> abrufbar.

Umschlaggestaltung: Design Pur GmbH, Berlin

Satz: Reemers Publishing Services GmbH, Krefeld

Herstellung:
pp030 – Produktionsbüro Heike Praetor, Berlin

Druck und Bindung:
Strauss GmbH, Mörlenbach

Print ISBN: 978-3-433-03198-8
ePDF ISBN: 978-3-433-60861-6
ePub ISBN: 978-3-433-60859-3
oBook ISBN: 978-3-433-60858-6

Vorwort des Obmanns des Arbeitskreises

Der Arbeitskreis „Baugrunddynamik" der DGGT wurde im Jahr 1980 im Rahmen der Baugrundtagung konstituiert. Ergebnisse seiner Arbeit wurden als Empfehlungen in der Vergangenheit vorab 1992 in der Zeitschrift „Die Bautechnik" veröffentlicht und später auch durch Anwendungsbeispiele ergänzt. Im Dezember 2002 wurde die erste Ausgabe der Empfehlungen im Eigenverlag des Grundbauinstituts der Technischen Universität Berlin herausgegeben.

Ziel der „Empfehlungen des Arbeitskreises 1.4 Baugrunddynamik" ist es, das Vorgehen bei baugrunddynamischen Aufgaben zu vereinheitlichen und Hinweise zu geben, wie durch angemessene baugrunddynamische Untersuchungen die Beeinträchtigung von Einrichtungen, Schäden an Bauwerken und Anlagen sowie störende Umwelteinwirkungen auf Menschen und Geräte vermieden werden können.

Die vorliegenden Empfehlungen stellen den neuesten Stand von Wissenschaft und Technik auf dem Gebiet der Baugrunddynamik dar. Sie beruhen auf gesicherten Erkenntnissen, die einen empirischen Nachweis einschließen, d. h. es liegen für diese Empfehlungen auch praktische Erprobungen vor. Sie sind daher Bestandteil der „allgemein anerkannten Regeln der Technik".

Für die vorliegende zweite Ausgabe wurden die Empfehlungen erneut umfangreich überarbeitet und um zwei Teile ergänzt. Sie gliedern sich wie folgt:

- E1 Wellenausbreitung im Baugrund
- E2 Bodendynamische Kennwerte (Kapitel 3 neu)
- E3 Dynamisch belastete Fundamente (Überarbeitet und erweitert mit eingebetteten Fundamenten)
- E4 Bleibende Verformungen (neu)
- E5 Dynamisch belastete Pfahlgründungen (neu)

Der Arbeitskreis ist an kritischen und anregenden Stellungnahmen aus dem Kollegenkreis sehr interessiert, um die vorliegenden Empfehlungen fortschreiben zu können.

Berlin, Mai 2018

Prof. Dr.-Ing. habil. Stavros A. Savidis
(Obmann des Arbeitskreises)

Schwingungsprobleme – Kenngrößen und Beispiele

Obwohl Schwingungsprobleme in der Praxis zunehmend auftreten, werden sie von Tragwerksplanern gern umgangen. Statische Ersatzlasten, Stoßfaktoren oder Schwingbeiwerte werden angewendet, ohne sich der Anwendungsgrenzen bewusst zu sein.

Das Buch weckt das Grundverständnis für die den Theorien zugrunde liegenden Modellvorstellungen und die Begrifflichkeiten der Dynamik. Die wichtigsten Kenngrößen werden beschrieben und mit Beispielen verdeutlicht. Darauf baut der anwendungsbezogene Teil mit den Problemen der Baudynamik – Stoßvorgänge, freie und erzwungene Schwingungen etc. anhand von Beispielen auf.

Helmut Kramer
Angewandte Baudynamik
Grundlagen und Praxisbeispiele
2. Auflage –
April 2013. 344 Seiten
€ 57,90*
ISBN 978-3-433-03028-8
Auch als ebook erhältlich

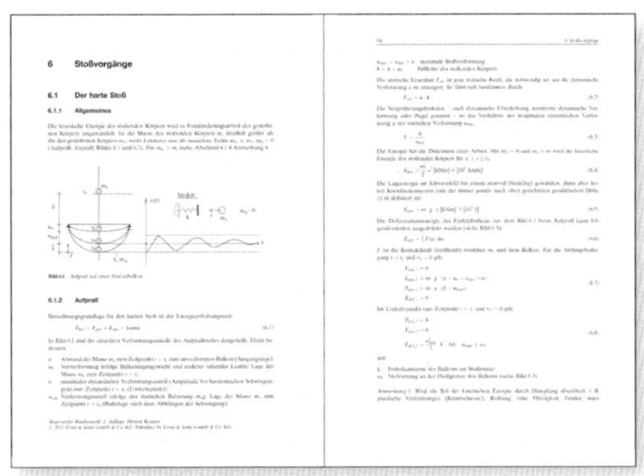

Das könnte sie auch interessieren:

- Baustati
- Bautech
- Geotech Bodenm

Online Bestellung:
www.ernst-und-sohn.de

Ernst & Sohn
Verlag für Architektur und technische Wissenschaften GmbH & Co. KG

Kundenservice: Wiley-VCH
Boschstraße 12
D-69469 Weinheim

Tel. +49 (0)6201 606-400
Fax +49 (0)6201 606-184
service@wiley-vch.de

Mitglieder des Arbeitskreises

Zum Zeitpunkt der Herausgabe der vorliegenden Veröffentlichung setzte sich der Arbeitskreis „Baugrunddynamik" wie folgt zusammen:

Dr.-Ing. Silke Appel, Berlin
Prof. Dr.-Ing. Ingomar Belz, Stuttgart
Dr.-Ing. Klaus Friedrich, Essen
Dr.-Ing. Hans-Georg Hartmann, Frankfurt
Prof. Dr.-Ing. Wolfgang Haupt, Schwabach
Dr.-Ing. Kira Holtzendorff, Hamburg
Prof. Dr.-Ing. Helmut Kramer (Obmann von 1980 bis 1992), Hamburg
Dr.-Ing. Peter Rangelow, Zürich
Dipl.-Ing. Marc Oliver Rosenquist, Hamburg
Prof. Dr.-Ing. Werner Rücker, Berlin
Prof. Dr.-Ing. Stavros Savidis (Obmann seit 1992), Berlin
Dr.-Ing. Winfried Schepers, Berlin
Dr.-Ing. Hans-Gottfried Schmidt, Weimar
Prof. Dr.-Ing. Joachim Stahlmann, Braunschweig
Prof. Dr.-Ing. Theodor Triantafyllidis, Karlsruhe
Prof. Dr.-Ing. Christos Vrettos, Kaiserslautern
Dr.-Ing. Dirk Wegener, Dresden
Dr.-Ing. M. Sc. Jimmy Wehr, Erfurt
Dipl.-Ing. Bernd Worms, Leverkusen
Prof. Dr.-Ing. Frank Wuttke, Kiel
Dr.-Ing. Uwe Zerrenthin, Berlin

Weitere Mitglieder bzw. Mitwirkende waren:

Dr. Hans-Joachim Alheid, Hannover
Dr.-Ing. Hansgeorg Balthaus, Düsseldorf
Dipl.-Ing. Stefan Bergmann, Berlin
Dr.-Ing. Jörg Gattermann, Braunschweig
Dr.-Ing. habil. Ingeborg Göbel Hannover
Prof. Dr.-Ing. Jürgen Grabe, Hamburg
Dr.-Ing. Ulrich Güttler, Essen
Dipl.-Ing. Reinhold Hirschauer, Berlin
Dr. rer. nat. Hans-Werner Kebe, Hamburg

Prof. Dr.-Ing. Günter Klein, Hannover (†)
Dr.-Ing. Jan Laue, Lulea, Schweden
Prof. Dr.-Ing. Thomas Neidhart, Regensburg
Dipl.-Geophys. Werner Palloks, Berlin
Prof. Dr.-Ing. Hamid Sadegh-Azar, Kaiserslautern
Prof. Dr. Günther Schmid, Bochum
Dipl.-Ing. Werner Schütz, Offenbach
Dipl.-Ing. Heinz Schwab, Darmstadt
Dr. Günter Waas, Frankfurt
Dr.-Ing. Thomas Weber, Zürich

Inhaltsverzeichnis

Vorwort des Obmanns des Arbeitskreises *v*
Mitglieder des Arbeitskreises *vii*

E1 Wellenausbreitung im Baugrund *1*

1 Grundlagen *1*

2 Wellenarten in homogenen, inhomogenen und geschichteten Medien *1*
2.1 Vorbemerkungen *1*
2.2 Raumwellen *2*
2.3 Oberflächenwellen *3*

3 Lage der Schwingungsquelle *4*
3.1 Quelle an der Oberfläche *4*
3.2 Quelle im Untergrund *6*

4 Weitere Einflüsse *6*
4.1 Materialdämpfung *6*
4.2 Inhomogenitäten *7*
4.3 Einschlüsse und Oberflächenmorphologie *12*
Literatur *13*

E2 Bodendynamische Kennwerte *15*

1 Baugrundmodell *15*
1.1 Voraussetzungen und Anwendungsgrenzen *15*
1.2 Kenngrößen *15*

2 Ermittlung der bodendynamischen Kennwerte *16*
2.1 Ermittlung aus bodenmechanischen und bodenphysikalischen Kennwerten *16*
2.1.1 Schubmodul bei dynamischer Beanspruchung G_d *16*
2.1.2 Dichte des Bodens *21*

2.1.3 Querdehnzahl *21*
2.1.4 Materialdämpfung *22*
2.2 Bestimmung aus bodendynamischen Versuchen *23*
2.2.1 Vorbemerkungen *23*
2.2.2 Feldversuche *24*
2.2.2.1 Allgemeines *24*
2.2.2.2 Wellengeschwindigkeiten *24*
2.2.2.3 Refraktionsseismik *25*
2.2.2.4 Bohrloch-Messungen *25*
2.2.2.5 Seismische Drucksonden-Messungen (S-CPT) *26*
2.2.2.6 Rayleighwellen-Dispersionsmessung *26*
2.2.2.7 Seismische Analyse von Oberflächenwellen (SASW) *28*
2.2.2.8 Korrelationen aus statischen Feldversuchen *28*
2.2.3 Laborversuche *28*
2.2.3.1 Allgemeines *28*
2.2.3.2 Zyklische Versuche *28*
2.2.3.3 Dynamische Versuche *30*
2.2.3.4 Durchschallungsmessungen und Piezo-Biegeelement-Messungen (bender elements) *30*
2.2.4 Anwendungsbereiche der Versuchsverfahren *31*
2.2.5 Mindestanforderungen *31*

3 Anwendungsbeispiele *33*
3.1 Bestimmung dynamischer Bodenkennwerte aus einem geotechnischen Bericht *33*
3.2 Feldversuche *35*
3.2.1 Beispiel für seismische Drucksondenmessungen (S-CPT) *35*
3.2.2 Beispiel für eine Korrelation aus Drucksondenmessungen (CPT) *37*
3.3 Laborversuche *37*
3.3.1 Beispiel für einen zyklischen Triaxialversuch *37*
3.3.2 Beispiel für einen zyklischen Einfach-Scherversuch *38*
3.3.3 Beispiel für einen Resonant-Column-Versuch *39*
3.3.4 Beispiel für Piezoelement-Messungen *40*
Literatur *42*

E3 Dynamisch belastete starre Fundamente *45*

1 Allgemeines *45*

2 Voraussetzungen und Berechnungsverfahren *47*
2.1 Annahmen *47*
2.2 Direkte Erregung *47*
2.3 Indirekte Erregung *51*
2.3.1 Oberflächenfundamente *51*
2.3.2 Eingebettete Fundamente *52*
2.4 Notation und Bezugsgrößen *52*

3 Homogener Baugrund *53*
3.1 Frequenzunabhängige Federsteifigkeiten und Dämpfungen *53*
3.1.1 Kreisförmige Oberflächenfundamente *53*
3.1.2 Kreisförmige eingebettete Fundamente *55*
3.1.3 Rechteckförmige Oberflächenfundamente *55*
3.1.4 Rechteckförmige eingebettete Fundamente *57*
3.2 Frequenzabhängige Federsteifigkeiten und Dämpfungen *59*
3.2.1 Kreisförmige Fundamente *59*
3.2.2 Rechteckförmige Fundamente *62*

4 Inhomogener Baugrund *72*
4.1 Einfluss der Gründungslasten *73*
4.2 Kontinuierliche Steifigkeitszunahme und Steifigkeitssprünge *73*

5 Abschätzung des Einflusses weiterer Parameter *77*
5.1 Querdehnzahl *77*
5.2 Streifenfundamente *78*

6 Sensitivität der Fundamentschwingungen *78*

7 Berechnungsbeispiele *79*
7.1 Vorbemerkungen *79*
7.2 Vertikale Schwingungen am starren Rechteckfundament *79*
7.3 Gekoppelte Horizontal- und Kippschwingungen eines starren Rechteckfundamentes *86*
7.3.1 Berechnung mit Berücksichtigung der Einbettung *86*
7.3.2 Berechnung ohne Berücksichtigung der Einbettung *96*
7.3.3 Vergleich der Berechnungen mit und ohne Berücksichtigung der Einbettung *101*
7.4 Durch Bodenschwingungen erregtes Rechteckfundament (Indirekte Erregung) *101*
Literatur *104*

E4 Bleibende Verformungen *107*

1 Grundlagen der Akkumulation bleibender Verformungen *107*

2 Näherungsweise Ermittlung bleibender Verformungen im Boden *109*
2.1 Allgemeiner Überblick *109*
2.2 Ermittlung der zyklischen Schubspannungen und Scherdehnungen *111*
2.3 Labor- und Feldversuche *112*
2.4 Ermittlung bleibender Dehnungen in feinkörnigen, bindigen Böden *113*
2.5 Ermittlung bleibender Dehnungen in nicht-bindigen Böden *114*
2.6 Ermittlung bleibender Dehnungen mit dem HCA-Modell für Sand *115*
2.7 Ermittlung der Setzungen von Flachfundamenten infolge zyklischer Einwirkungen *118*

3 Bauwerksschäden durch indirekte Erregung – Weitere Phänomene *118*

4 Berechnungsbeispiele *121*
4.1 Bleibende Setzung eines Maschinenfundamentes *121*
4.2 Setzung eines durch Bodenschwingungen erregten Rechteckfundamentes *131*
Literatur *141*

E5 Dynamisch belastete Pfahlgründungen *143*

1 Vorbemerkungen *143*

2 Einzelpfahl *144*
2.1 Definitionen und Annahmen *144*
2.1.1 Dynamische Vertikal- und Torsionssteifigkeit *145*
2.1.2 Dynamische Horizontal- und Kippsteifigkeit *152*

3 Pfahlgruppen *160*

4 Bemerkungen zur Anwendung und weitere Näherungen *165*

5 Beispielanwendungen *166*
5.1 Leitfaden für den Anwender für vertikale Anregung *166*
5.2 Beispiel 1 *167*
5.3 Beispiel 2 *168*
Literatur *173*

E1

Wellenausbreitung im Baugrund

1 Grundlagen

Ein durch stationäre oder impulsförmige dynamische Kräfte belasteter Gründungskörper an der Erdoberfläche oder im Untergrund (Fundament, Pfahlgründung, unterirdisches Bauwerk) führt aufgrund der Interaktion mit dem Boden Schwingungen aus. Diese Schwingungen breiten sich von der Schwingungsquelle in Form von Wellen im umgebenden Untergrund aus.

Wenn das Material des Baugrunds sich entsprechend einem elastischen Spannungs-Verzerrungs-Gesetz verformt, pflanzen sich Schwingungen als elastische Wellen fort. Bei der Fortpflanzung von elastischen Wellen wird nur Energie transportiert, aber keine Masse. Im folgenden werden nur Wellen in einem linear-elastischen Material (Hookesches Gesetz) – in Abschnitt 4.1 auch mit Dämpfung – betrachtet.

2 Wellenarten in homogenen, inhomogenen und geschichteten Medien

2.1 Vorbemerkungen

Die einfachste Wellenart ist die so genannte eindimensionale, harmonische Welle. Sie wird mathematisch dargestellt durch die Beziehung:

$$a(x,t) = A \cdot \cos(\omega t - kx) \qquad \text{(E1–1)}$$

mit

$\omega = 2\pi \cdot f = 2\pi/T$	Kreisfrequenz, $[1/s]$
f	Frequenz, $[Hz]$
$T = 1/f$	Periode, $[s]$
$k = 2\pi/\lambda$	(Kreis-)Wellenzahl, $[1/m]$
$\lambda = 2\pi/k$	Wellenlänge, $[m]$
$c = f \cdot \lambda = \omega/k$	Ausbreitungsgeschwindigkeit der Welle (Wellengeschwindigkeit), $[m/s]$
x	Ortskoordinate, $[m]$
t	Zeit, $[s]$

Die Beziehung (E1–1) stellt die sich in der positiven x-Richtung fortpflanzende physikalische Größe a – z. B. Verschiebung, Geschwindigkeit, Beschleunigung, Verformung,

Empfehlungen des Arbeitskreises Baugrunddynamik, 2. Auflage,
Herausgegeben von der Deutschen Gesellschaft für Geotechnik e.V. (DGGT).

Spannung – dar. A ist die Amplitude (maximaler Ausschlag) der Größe a. Die Amplitude A bleibt konstant, sofern keine Dämpfung vorhanden ist.

Bild E1–1 gibt die Darstellung einer eindimensionalen Welle zu zwei verschiedenen Zeitpunkten $t = 0$ und $t = t_1$ an.

Bei einer dreidimensionalen Wellenausbreitung ist die mathematische Darstellung komplizierter, da die eindimensionale Koordinate x in Gleichung (E1–1) durch einen dreidimensionalen Ortsvektor zu ersetzen ist [1]. Statt der hier gewählten Schreibweise mit reellen Größen ist auch die Darstellung mit komplexen Größen möglich und oft vorteilhafter.

2.2 Raumwellen

In einem unbegrenzten elastischen homogenen isotropen Körper (Vollraum) können lediglich zwei Typen von Wellen, die so genannten Raumwellen, unabhängig voneinander existieren (Bild E1–2):

- Kompressionswelle (P-Welle, Druckwelle, Longitudinalwelle),
- Scherwelle (S-Welle, Schubwelle, Transversalwelle).

Die Wellengeschwindigkeiten ergeben sich entsprechend den Gleichungen (E1–2) und (E1–3).

Kompressionswelle

$$c_\mathrm{P} = \sqrt{\frac{E_\mathrm{Sd}}{\rho}} = \sqrt{\frac{E_\mathrm{d}}{\rho} \cdot \frac{1-\nu}{(1+\nu)(1-2\nu)}} = \sqrt{\frac{G_\mathrm{d}}{\rho} \cdot \frac{2(1-\nu)}{1-2\nu}} \qquad \text{(E1–2)}$$

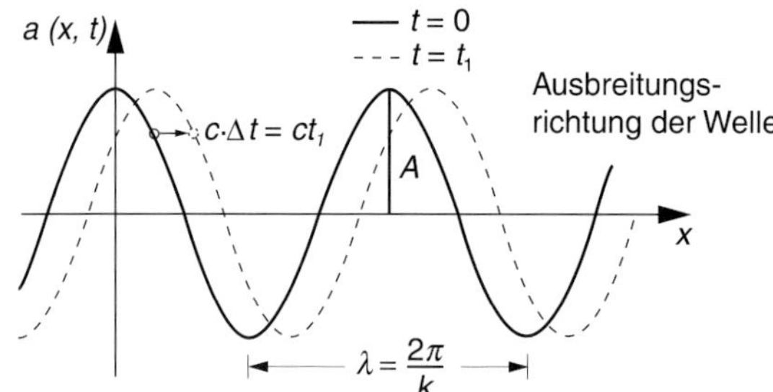

Bild E1-1 Eindimensionale Welle zu den Zeitpunkten $t = 0$ und $t = t_1$

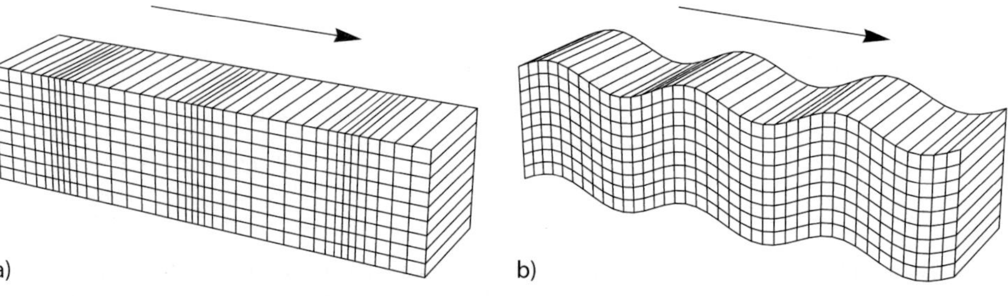

Bild E1-2 Raumwellentypen: Kompressionswelle (a), Scherwelle (b)

Scherwelle

$$c_S = \sqrt{\frac{G_d}{\rho}} = \sqrt{\frac{E_d}{\rho} \cdot \frac{1}{2(1+\nu)}} = \sqrt{\frac{E_{Sd}}{\rho} \cdot \frac{1-2\nu}{2(1-\nu)}} \qquad \text{(E1–3)}$$

mit

- c_P Geschwindigkeit der Kompressionswelle
- c_S Geschwindigkeit der Scherwelle
- E_{Sd} dynamischer Steifemodul
- E_d dynamischer Elastizitätsmodul
- G_d dynamischer Schubmodul
- ν Querdehnzahl
- ρ Materialdichte

In einem Halbraum treten zusätzlich Oberflächenwellen auf.

2.3 Oberflächenwellen

Ein Baugrund mit einer annähernd ebenen Oberfläche kann auf einen unendlich ausgedehnten, mit einer freien Fläche begrenzten Körper (Halbraum) abgebildet werden. In einem solchen System pflanzen sich Schwingungen entlang der Oberfläche als Oberflächenwellen fort. Im Spezialfall des homogenen Halbraums werden sie Rayleighwellen genannt. Diese Wellen haben u. a. folgende Eigenschaften:

- Sie breiten sich parallel zur Oberfläche mit der Wellengeschwindigkeit c_R aus.
- Die Teilchenbewegung besteht aus einer Kombination von Vertikal- und Horizontalschwingungen, die eine Ellipsenbahn bildet (Bild E1–3).
- Die Amplitude der Vertikal- bzw. der Horizontalschwingung nimmt mit der Tiefe rasch ab (Bild E1–3).

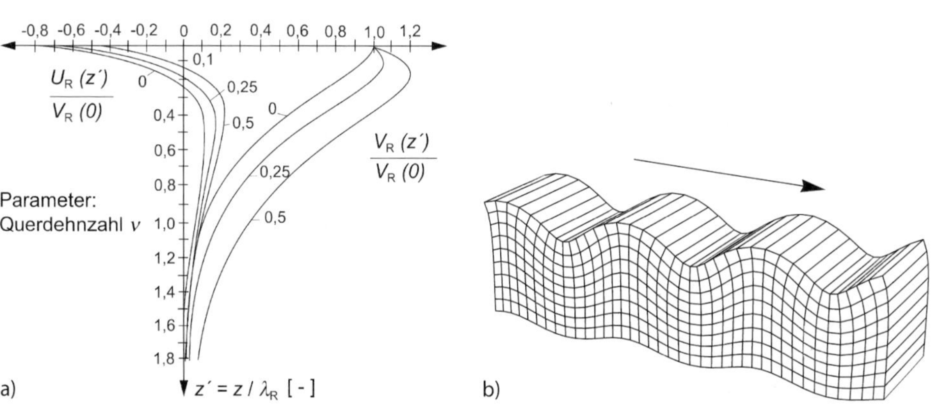

Bild E1-3 Verlauf der horizontalen und vertikalen Schwingamplituden $U_R(z')$ und $V_R(z')$ der freien Rayleighwelle über die Tiefe $z' = z/\lambda_R$ bezogen auf die vertikale Schwingamplitude an der Oberfläche $V_R(0)$

- Für die effektive Eindringtiefe der Wellen in den Halbraum wird rund eine Wellenlänge $\lambda_R = c_R / f$ angesetzt (Bild E1–3).
- Die Ausbreitungsgeschwindigkeit c_R der Rayleighwellen hängt von der Querdehnzahl ν ab und entspricht näherungsweise 90 % der Scherwellengeschwindigkeit. Eine etwas genauere Näherung erhält man nach [21] zu

$$c_R \approx c_S \cdot \frac{0,87 + 1,12\,\nu}{1 + \nu} \tag{E1–4}$$

- Grundwasser beeinflusst die Ausbreitung der Wellen nur in geringem Maß.

In geschichteten Medien können weitere Typen von Oberflächenwellen, z. B. Love-Wellen, auftreten.

3 Lage der Schwingungsquelle

3.1 Quelle an der Oberfläche

Bei einer Wellenquelle an der Oberfläche – z. B. einem schwingenden Fundament (Bild E1–4 aus [2]) – bestimmen im Nahfeld überwiegend Raumwellen (P-, S-Wellen) die Ausbreitungscharakteristik, wohingegen ab einer Entfernung von rund einer Wellenlänge λ_R von der Quelle (Fernfeld) sich die Schwingungen an der Oberfläche hauptsächlich in Form von Oberflächenwellen ausbreiten. Diese Zusammenhänge gelten bei impulsförmiger Erregung für die der vorherrschenden Frequenz entsprechenden Wellenlänge. Bei breitbandigem Frequenzspektrum eines Impulses kann ein solcher Zusammenhang nicht angegeben werden.

Die Abnahme der Amplitude an der freien Oberfläche mit der Entfernung r von der Wellenquelle aufgrund der Ausbreitung – auch geometrische Dämpfung oder Abstrahlungsdämpfung genannt – kann näherungsweise mit der Beziehung

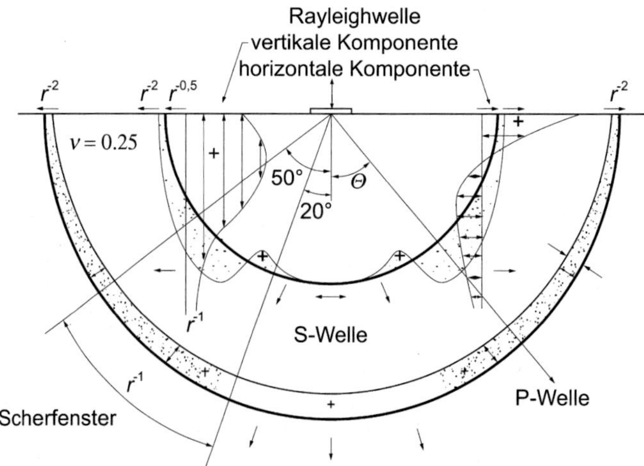

Bild E1-4 Wellentypen an einem stationär harmonisch schwingenden Fundament (Punktquelle); die Entfernung zur Quelle gibt die relative Wellengeschwindigkeit an [2]

$$A(r) = A_0(r_0)\left(\frac{r}{r_0}\right)^{-n} \qquad \text{(E1–5)}$$

beschrieben werden. Darin sind r und r_0 die Entfernungen des betrachteten Punktes (Amplitude A) bzw. eines Referenzpunktes (Amplitude A_0) von der Wellenquelle.

In Tabelle E1–1 sind die Exponenten angegeben, in Bild E1–5 die entsprechenden Ausbreitungsgesetze. Der Exponent n ist abhängig von:

- dem Typ der Schwingungen: harmonisch/stationär (HS), impulsförmig (I),
- der Form der Wellenquelle: Punktquelle (PQ), Linienquelle (LQ),
- dem Wellentyp: Raumwellen (R), Oberflächenwellen (O)

Tabelle E1-1 Exponent n zu Gleichung (E1–5)

Schwingungstyp	Wellenquelle	Wellentyp	
		R	O
HS	PQ	1,0	0,5
	LQ	0,5	0
I	PQ	1,5	1,0
	LQ	1,0	0,5

Die Erhöhung der Exponenten bei impulsförmiger Erregung ergibt sich aus den frequenzabhängigen Eigenschaften des natürlichen Baugrunds (Dispersion). Es handelt sich um experimentell ermittelte Näherungswerte. Bei Gewinnungssprengungen wur-

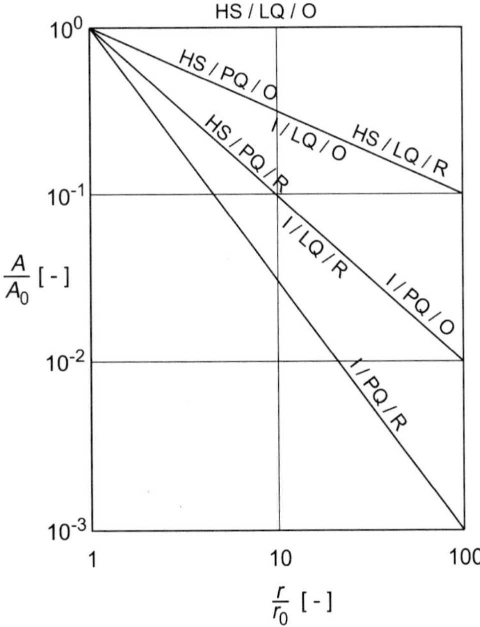

Bild E1-5 Amplitudenabnahme bei der Wellenausbreitung an der Oberfläche entsprechend Gleichung (E1–5) und Tabelle E1–1

den aus Erschütterungsmessungen auch in größerer Entfernung I/PQ/O-Exponenten größer als 1,0 ermittelt [3].

Bei in ihrer Ausdehnung begrenzten Linienquellen (lange Fundamente) entspricht der Exponent in unmittelbarer Nähe dem der Linienquelle und nähert sich mit wachsender Entfernung dem der Punktquelle an [4]. Fundamente mit Seitenabmessungen in der Größenordnung von mehr als einer halben Wellenlänge können nicht mehr als eine Punktquelle betrachtet werden. Züge können als eine Kette von Punktquellen (nichtphasengleiche Anregung) dargestellt werden, für die der Exponent im Fernfeld zwischen 0,3 und 0,5 liegt [5], es sei denn, die Quelle ist ortsfest (z. B. eine Weiche), dann gilt eher I/PQ/O.

3.2 Quelle im Untergrund

Dazu gehören typischerweise Erschütterungen aus unterirdischen Verkehrswegen in Tunnelbauwerken oder bei Rammarbeiten ab einer gewissen Eindringtiefe des Rammguts. Die entstehenden Wellen breiten sich in Form von P- und S-Raumwellen aus; erst beim Eintreffen an der Oberfläche entstehen Oberflächenwellen.

4 Weitere Einflüsse

4.1 Materialdämpfung

Der natürliche Boden weist neben seinen elastischen Eigenschaften immer auch Materialdämpfung auf (siehe auch Abschnitt E2-2.1.4). Daher nehmen die Amplituden bei der Wellenausbreitung neben der Abminderung infolge Abstrahlungsdämpfung auch aufgrund von Energiedissipation im Material (Materialdämpfung) ab.

Im Nahbereich einer Schwingungsquelle wirkt sich die Materialdämpfung gegenüber der Amplitudenabnahme durch Ausbreitung nur wenig aus. Im Fernfeld kann sie allerdings insbesondere für Oberflächenwellen von entscheidender Bedeutung sein (Bild E1–6).

Die Beziehung (E1–5) erweitert sich in diesem Fall um einen Term entsprechend

$$A(r) = A_0(r_0)\left(\frac{r}{r_0}\right)^{-n} e^{-\alpha(r-r_0)} \tag{E1–6}$$

mit

α Abklingkoeffizient [1/m]

Der Abklingkoeffizient α ist keine reine Materialgröße, sondern hängt auch von der Wellenlänge λ und somit auch von der Frequenz ab. Es gilt die Beziehung

$$\alpha \approx \frac{\Psi}{2\lambda}; \; \alpha \approx 2\pi \frac{D}{\lambda} \tag{E1–7}$$

mit

Ψ Dämpfungskapazität, [-], siehe E2-2.1.4
λ Wellenlänge, [m]
D Dämpfungsgrad, siehe auch Gl. (E2–8)

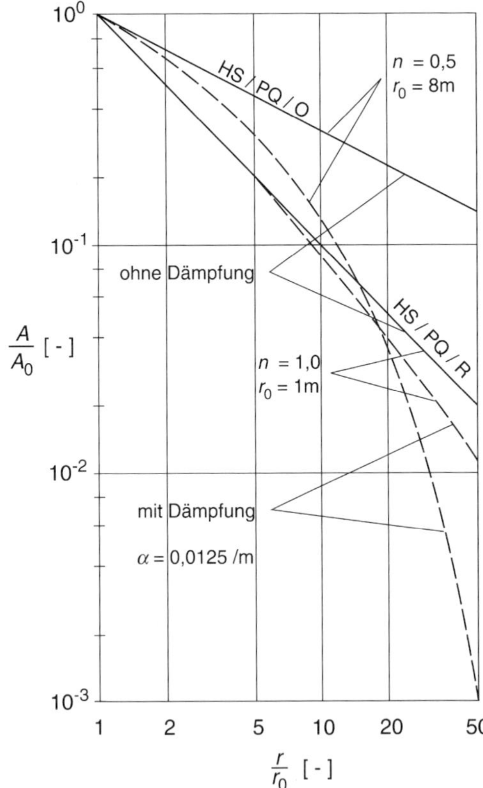

Bild E1-6 Einfluss der Materialdämpfung auf die Abnahme der Amplituden von Oberflächewelle und Raumwelle bei gleicher Frequenz und Wellenlänge in homogenem Boden [6]. Durchgezogene Linien: ohne Dämpfung, Gestrichelte Linien: mit $\alpha = 0{,}0125$ / m

Aus der Beziehung (E1–7) folgt, dass bei gegebener Dämpfungskapazität die Wirkung der Materialdämpfung mit abnehmender Wellenlänge, d. h. wachsender Frequenz, zunimmt (siehe auch Bild E1–9 für inhomogene Böden). Bei impulsförmigen Vorgängen ist wiederum die vorherrschende Frequenz anzusetzen.

4.2 Inhomogenitäten

Treffen elastische Scher- oder Kompressionswellen im Baugrund auf eine Schichtgrenze zwischen Böden mit unterschiedlichen Ausbreitungsgeschwindigkeiten, so werden sie – außer in Sonderfällen – zurückgeworfen (Reflexion) sowie in die andere Schicht hineingebrochen (Refraktion). Gleichzeitig entsteht in beiden Schichten auch der jeweils andere Wellentyp. Mehrfache Vorgänge der Wellenbrechung macht man sich bei der Refraktionsmessung zunutze, siehe Abschnitt E2-2.2.2.3.

Im natürlichen Untergrund nimmt die Wellengeschwindigkeit wegen der Spannungsabhängigkeit des dynamischen Schub- bzw. Elastizitätsmoduls im Allgemeinen mit der Tiefe zu. An Schichtgrenzen treten meist mehr oder weniger sprunghafte Änderungen der Wellengeschwindigkeit auf. Ein freier Grundwasserspiegel wirkt sich nur hinsichtlich der Kompressionswelle in gleicher Weise aus, da Wasser keine Scherfestigkeit besitzt.

Infolge einer Bodeninhomogenität (Änderung der Scherwellengeschwindigkeit über die Tiefe) oder einer Bodenschichtung ist die Ausbreitungsgeschwindigkeit der Oberflächenwellen nicht mehr konstant, sondern von der jeweiligen Anregungsfrequenz abhängig. Dieses Phänomen wird als Dispersion bezeichnet.

In Bild E1–7 und Bild E1–8 ist aus numerischen Berechnungen für verschiedene typische Standardfälle von tiefenabhängigen c_S-Untergrundprofilen die frequenzabhängige Ausbreitungsgeschwindigkeit der Oberflächenwelle in Form von c_R-f-Diagrammen bei stationärer, harmonischer Anregung an der Oberfläche dargestellt. Diese Kurven werden als Dispersionskurven bezeichnet.

Das c_S-Profil in Bild E1–8c entspricht Gleichung (E1–3) mit (E2–2), d. h. $c_S \sim z^{0,25}$. Bei einem Profil mit kontinuierlicher Zunahme der Scherwellengeschwindigkeit mit der Tiefe kann die gemessene Ausbreitungsgeschwindigkeit der Oberflächenwelle mit der Gleichung

$$c_R \approx 0,9 \cdot \bar{c}_S \tag{E1–8}$$

approximiert werden, mit $\bar{c}_S$ der Scherwellengeschwindigkeit in der repräsentativen Tiefe

$$z_{rep} = \beta \cdot \lambda_R \tag{E1–9}$$

wobei β je nach Frequenz, Querdehnzahl und Verlauf der Inhomogenität zwischen 0,2 und 0,4 liegen kann.

Theoretisch existieren bei einem tiefenabhängigen c_S-Profil neben der Dispersionskurve zur dominanten Grundeigenform (unterste gestrichelte Linien in Bild E1–7 und Bild E1–8) auch Dispersionskurven zu höheren Eigenformen (übrige gestrichtelte Linien), die nur in Sonderfällen angeregt werden.

Eine messtechnische Ermittlung der Dispersion in-situ unter Nutzung von Methoden gemäß Abschnitt E2-2.2.2 würde eine Dispersionskurve liefern, welche nahe an den durchgezogenen Linien in Bild E1–7 und Bild E1–8 liegt. Bei den c_S-Profilen (a) bis (c), bei denen die Scherwellengeschwindigkeit mit der Tiefe zunimmt, stimmen die gemessenen Dispersionskurven mit denjenigen der Grundeigenformen überein. Bei dem c_S-Profil in Bild E1–8d mit eingelagerter Schicht geringerer Steifigkeit ergibt sich die gemessene Ausbreitungsgeschwindigkeit der Oberflächenwelle aufgrund energetischer Zusammenhänge durch die als durchgezogene Linie dargestellte effektive Dispersionskurve, welche die Dispersionskurven der höheren Eigenformen schneidet.

Inhomogenitäten beeinflussen nicht nur die Ausbreitungsgeschwindigkeit der Oberflächenwelle, sondern auch deren Amplituden. Durch Refraktion und Reflexion kommt es zu Überlagerungen von Wellen, so dass die an der Oberfläche gemessenen Amplituden selbst bei kontinuierlicher Zunahme der Scherwellengeschwindigkeit mit der Tiefe deutlich von den theoretischen Abnahmebeziehungen nach Abschnitt E1-3.1 abweichen können. Einen Eindruck vom Ausmaß der Abweichungen vermitteln die Messergebnisse bei stationärer, harmonischer Anregung in Bild E1–9 nach [6]. Bei impulsförmiger Anregung sind die Auswirkungen der genannten Inhomogenitäten erfahrungsgemäß geringer.

Aus Bild E1–9 geht ferner hervor, dass die Inhomogenität des Bodens auch Einfluss auf den Dämpfungs-Abnahmekoeffizienten α hat. Im Gegensatz zu einem homogenen Boden steigt α nicht mehr nur linear mit der Frequenz, sondern wesentlich stärker an. Durch die Inhomogenität entsteht eine zusätzliche Frequenzabhängigkeit der Dämpfung.

Theoretische Untersuchungen haben gezeigt, dass in einem System mit einer Bodenschicht über einem sehr (theoretisch unendlich) steifen Halbraum bei Unterschreitung der Grenzfrequenz f_c (*cut-off-frequency*)

$$f_{cS} = \frac{c_S}{4H} \qquad f_{cP} = \frac{c_P}{4H} \qquad \text{(E1–10)}$$

mit

c_S Scherwellengeschwindigkeit in der Schicht, [m/s]
c_P Kompressionswellengeschwindigkeit in der Schicht, [m/s]
H Schichtdicke, [m]

in der Schicht (theoretisch) keine Wellenausbreitung mehr stattfindet. Dies ist wichtig im Hinblick auf die Dämpfung eines schwingenden Fundaments infolge Wellenabstrahlung (siehe E3).

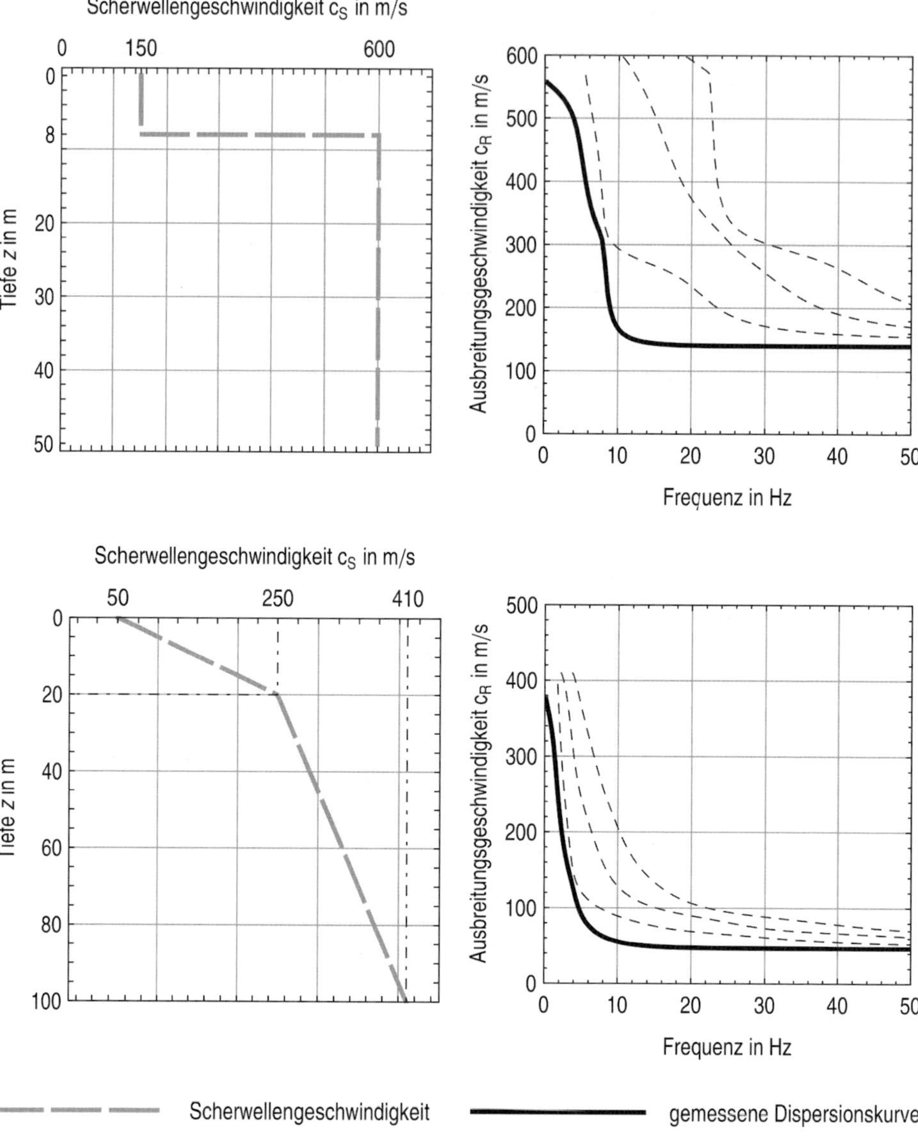

Bild E1-7 Inhomogene Bodenprofile und zugehörige Oberflächenwellendispersionskurven, $\rho = 1{,}75$ t/m^3, $\nu = 0{,}33$. Teil 1: a) Weiche Schicht auf Halbraum. b) Lineare Zunahme von c_S

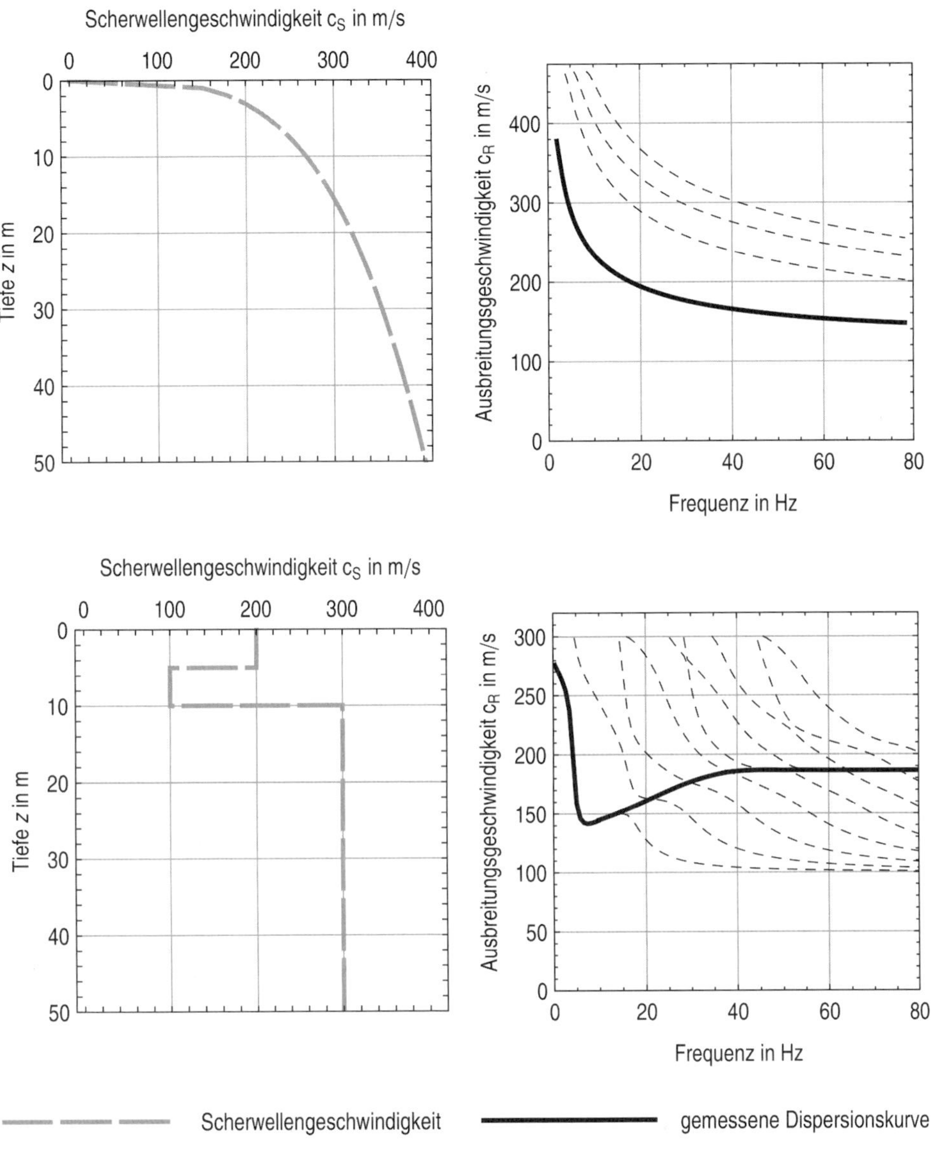

Bild E1-8 Inhomogene Bodenprofile und zugehörige Oberflächenwellendispersionskurven, $\rho = 1{,}75$ t/m^3, $\nu = 0{,}33$. Teil 2: c) Zunahme von c_S proportional zur vierten Wurzel von z. d) Unregelmäßige Schichtung

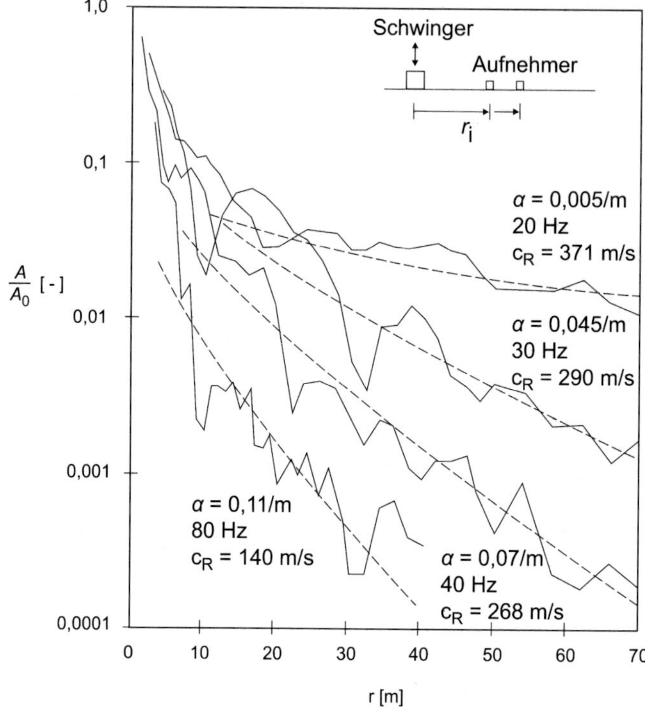

Bild E1-9 Ausbreitung stationärer, harmonischer Wellen in Sandboden (Messungen) [6]

4.3 Einschlüsse und Oberflächenmorphologie

Starke Abweichungen von der theoretischen Ausbreitungscharakteristik können sich durch natürliche oder künstliche Einschlüsse [7], [8], Bebauung [9] und morphologische Unregelmäßigkeiten, z. B. Gräben oder Dämme [4], [17], künstlich geformte Bodenwellen [18] und massereiche Körper auf der Oberfläche [19], [20]. ergeben. Dabei ist ihre Wirkung auf das Wellenfeld im Allgemeinen umso stärker, je größer ihre Abmessungen im Verhältnis zur Wellenlänge des betrachteten Wellentyps sind.

Störkörper der vorgenannten Typen haben im Allgemeinen eine abschirmende Wirkung auf die Wellenausbreitung. Den besten Erfolg bei der Abschirmung von Oberflächenwellen würde man mit offenen Schlitzen erzielen [10]. Für eine ausreichende Wirkung, d. h. eine Amplitudenabnahme auf 20–30 %, sind jedoch Schlitztiefen erforderlich, die sich bei üblichen Problemstellungen nicht herstellen bzw. nicht offen halten lassen [11]. Weiterhin wird über theoretische und experimentelle Untersuchungen mit eingestellten luftgefüllten Matten [13] sowie mit Schaumfüllungen [14], [15] berichtet.

Massive Einbauten (Schlitzwände, Betonplatten) müssen zum Erzielen einer deutlichen Abminderung der Amplituden sehr große Abmessungen im Verhältnis zur Wellenlänge aufweisen [8], [12], [16].

Literatur

1 Savidis S.: Analytical Methods for the Computation of Wavefields. In: Dynamical Methods in Soil and Rock Dynamics, A.A. Balkema, Rotterdam, 1978

2 Richart, F.E.; Hall, J.R.; Woods, R.D.: Vibrations of Soils and Foundations. Prentice-Hall Inc., Englewood Cliffs, N.J. 1970

3 Splittgerber, H.: Einflüsse auf die Stärke von Erschütterungen bei Gewinnungssprengungen. Schriftreihe der Landesanstalt für Immissionsschutz Nordrhein-Westfalen, Heft 42, 1977

4 Rücker, W.: Schwingungsausbreitung im Untergrund. Bautechnik 66, 1989

5 Haupt, W.: Ausbreitung von Erschütterungen an Schienenverkehrswegen. DGEB-Publikation Nr. 1 (Ausbreitung von Erschütterungen im Boden und Bauwerk), 1988

6 Haupt, W.: Ausbreitung von Wellen im Boden. In: Haupt, W. (Hrsg.) Bodendynamik, Grundlagen und Anwendung. Vieweg-Verlag, Braunschweig, 1986

7 Chouw, N.; Le, R.; Schmid, G.: Verfahren zur Reduzierung von Fundamentschwingungen und Bodenerschütterungen mit dynamischem Übertragungsverhalten einer Bodenschicht. Bauingenieur 66, 1991

8 Haupt, W.: Abschirmung von Gebäuden gegen Erschütterungen im Boden. Vorträge der Baugrundtagung 1980 in Mainz, DGEG, 1980

9 Kramer, H.: Einwirkung von Bodenerschütterungen auf Bauwerke. Bauingenieur 60, 1985

10 Dolling, H.J.: Abschirmung von Erschütterungen durch Bodenschlitze. Die Bautechnik 5/6, 1970

11 Woods, R.D.: Screening of Surface Waves in Soils. Proc. ASCE, No. SM4, July 1968

12 Haupt, W.: Wave Propagation in the Ground and Isolation Measures (State-of-the-Art-Report) Third Int. Conf. on Rec. Adv. in Geotech. Earthqu. Engg. and Soil Dyn., St. Louis (MO), April 1995

13 Massarsch, K. R.: Mitigation of Traffic-Induced Ground Vibrations. 11th International Conference on Soil Dynamics & Earthquake Engineering, January 7-9, 2004, Berkeley, CA, USA

14 Sadegh-Azar, P. R.; Ziegler, M.: Wirksame Erschütterungsreduktion durch einfach herzustellende Isolierkörper im Boden. Bauingenieur 84:101–109, 2009

15 Alzawi, A.; El Naggar, H. M.: Full scale experimental study on vibration scattering using open and in-filled (GeoFoam) wave barriers. Soil Dynamics and Earthquake Engineering 31(3):306–317, 2011

16 Coulier, P.; Cuéllar, V.; Degrande, G.; Lombaert, G.: Experimental and numerical evaluation of the effectiveness of a stiff wave barrier in the soil. Soil Dynamics and Earthquake Engineering 77:238–253, 2015

17 Schepers, W.: Erdwälle als Minderungsmaßnahme gegen Verkehrserschütterungen. Bauingenieur 90(11): S7–S10, 2015

18 Persson, P.; Persson, K.; Sandberg, G.: Reduction in ground vibrations by using shaped landscapes. Soil Dynamics and Earthquake Engineering 60:31–43, 2014

19 Mhanna, M.; Shahrour, I.; Sadek, M.; Dunez, P.: Efficiency of heavy mass technology in traffic vibration reduction: Experimental and numerical investigation. Computers and Geotechnics 55:141–149, 2014

20 Dijckmans, A.; Coulier, P.; Jiang, J.; Toward, M.G.R.; Thompson, D.J.; Degrande, G.; Lombaert, G.: Mitigation of railway induced ground vibration by heavy masses next to the track. Soil Dynamics and Earthqake Engineering 75:158–170, 2015. doi: 10.1016/j.soildyn.2015.04.003

21 Graff, K. F.: Wave motions in elastic solids. Dover Publications, New York, 1991

E2

Bodendynamische Kennwerte

1 Baugrundmodell

1.1 Voraussetzungen und Anwendungsgrenzen

Für die dynamische Berechnung von Bauwerken werden dynamische Baugrundkennwerte benötigt, um den Baugrund durch ein Feder-Dämpfer-System ersetzen bzw. auf ein Kontinuumsmodell abbilden und damit sein dynamisches Verhalten rechnerisch erfassen zu können. Die Abbildung des Baugrunds auf ein adäquates Rechenmodell wird erschwert durch Inhomogenitäten des Baugrunds (Kornverteilung, Wassergehalt, Schichtung und ähnliches), durch Einflüsse aus dem vorhandenen bzw. einwirkenden Spannungszustand sowie der Spannungsgeschichte und bei größeren Verformungen – wie z. B. in der Nähe der Erregerquelle oder bei Erdbeben oder Sprengungen – durch ein stark nichtlineares Verhalten. Es sind daher Idealisierungen vorzunehmen sowie Voraussetzungen und Anwendungsgrenzen zu definieren.

In dieser Empfehlung E2 werden nur solche Vorgänge betrachtet, bei denen der Boden seine Eigenschaften während der Beanspruchung infolge statischer oder dynamischer Lasten nicht wesentlich ändert. Unter dieser Voraussetzung ist das Verhalten des Bodens unabhängig von der Anzahl der Belastungszyklen, und seine dynamischen Eigenschaften sind zeitlich konstant.

Der Baugrund wird als ein linear-elastisches, mit Dämpfung versehenes Material angenommen. In die Bestimmung der zugehörigen Kenngrößen gehen dessen bodenphysikalischen Eigenschaften, der lokale Spannungszustand und die Größe der zu erwartenden Verformungen ein. Diese Annahme ist bei richtig dimensionierten Maschinenfundamenten und Bauwerksgründungen auf ausreichend dichtem bzw. festem Boden in der Regel erfüllt.

Vorgänge, bei denen diese Annahmen nicht erfüllt sind, z. B. bleibende Setzungen infolge zyklischer oder dynamischer Einwirkungen oder Sackungen infolge von Erschütterungen, werden in E4 behandelt.

1.2 Kenngrößen

Das dynamische Verhalten des Bodenmaterials wird durch folgende Kenngrößen beschrieben:

dynamischer Schubmodul G_d, [MN/m^2],
Dichte des Bodens ρ, [kg/m^3],

Empfehlungen des Arbeitskreises Baugrunddynamik, 2. Auflage,
Herausgegeben von der Deutschen Gesellschaft für Geotechnik e.V. (DGGT).

Querdehnzahl ν, [–],
Dämpfungsgrad (Dämpfungsverhältnis) D, [–].

Diese Kenngrößen können näherungsweise aus bodenmechanischen und bodenphysikalischen Kennwerten ermittelt werden (siehe Abschnitt E2-2.1). Die damit erzielte Genauigkeit ist ausreichend für Vorentwürfe und für Konstruktionen, bei denen eine genauere Berechnung des Schwingungsverhaltens nicht erforderlich ist. Unsicherheiten können durch die Wahl entsprechender Streubreiten erfasst werden.

Genauer können diese Kenngrößen aus bodendynamischen Feld- und Laborversuchen bestimmt werden (siehe Abschnitt E2-2.2). Solche Untersuchungen sind immer dann erforderlich, wenn aus wirtschaftlichen oder sicherheitstechnischen Gründen höhere Anforderungen an die Genauigkeit der Berechnungsergebnisse gestellt werden.

2 Ermittlung der bodendynamischen Kennwerte

2.1 Ermittlung aus bodenmechanischen und bodenphysikalischen Kennwerten

2.1.1 Schubmodul bei dynamischer Beanspruchung G_d

Der Boden wird als nichtlinear-elastisches Material betrachtet. Die Nichtlinearität ergibt sich aus dem nichtlinearen Verlauf der Schubspannungs-Scherdehnungs-Beziehung, was in Bild E2–1 als Ergebnis eines Einfachscherversuchs qualitativ dargestellt wird. Bei einer monoton zunehmenden Erstbelastung verringert sich bei diesem Versuch zwischen den Belastungspunkten ⓪ und ① kontinuierlich die Bodensteifigkeit. Sie kann durch die Tangente am Belastungspunkt (Tangentenmodul) oder durch die Sekante zwischen dem Ursprung und dem Belastungspunkt (Sekantenmodul) beschrieben werden.

Die maximale Steifigkeit ist am Belastungsanfang als der Tangentenmodul G_{max} zu finden. Er ist der maximale Schubmodul für eine monotone Erstbelastung bei kleinen Verformungen. Er wird in diesen Empfehlungen als G_{d0} bezeichnet. Der Index „d" steht dabei für dynamische Beanspruchung, und wird hier verwendet, um die Unterscheidung zu dem üblicherweise in Baugrundgutachten angegebenen statischen Modulen, z. B. dem Steifemodul für Setzungsberechnungen, hervorzuheben. Der Index „0" weist darauf hin, dass es sich um den Schubmodul bei kleinen auftretenden Verformungen handelt, wie zum Beispiel bei dem Schubmodul, den man aus Scherwellengeschwingdigkeitsmessungen ermitteln kann.

Bei einer zyklischen Belastung, z. B. am Punkt ①, ergibt sich aus der Hystereseschleife bei großen Verformungen γ_d ein Sekantenmodul G_d, der kleiner als G_{d0} ist. Bei kleinen zyklischen Verformungen, z. B. am Punkt ③, ergibt sich ein Sekantenmodul, der näherungsweise gleich dem maximalen Modul $G_{d0} = G_{max}$ ist. Daraus erkennt man, dass der Schubmodul des Bodens bei dynamischer Beanspruchung, G_d, ausgehend von einem Maximalwert G_{d0} bei sehr kleinen Scherdehnungen, mit zunehmender Scherdehnungsamplitude γ_d abnimmt. Es sei angemerkt, dass eine Hystereseschleife stets mit einer Tangentensteigung $G_{d0} = G_{max}$ beginnt.

Eine Unterscheidung zwischen statischem und dynamischem Schubmodul ist physikalisch nicht begründet, sondern je nach vorhandenem Belastungszustand, Art der aufzubringenden Belastung (monoton oder zyklisch) und der Größe der dabei auftretenden Verformungen können unterschiedliche Schubmoduli auftreten.

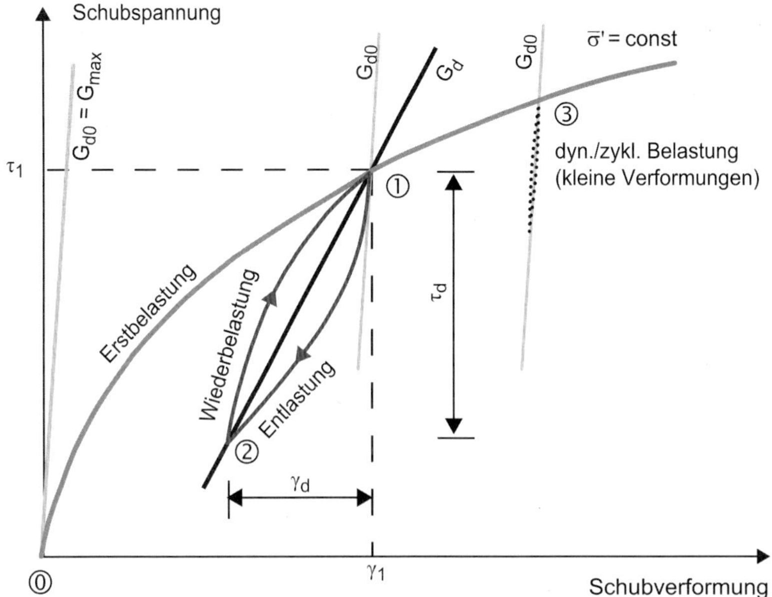

Bild E2-1 Qualitatives Bodenverhalten bei monotoner Erstbelastung und zyklischer Ent- und Wiederbelastung unter reiner Scherbelastung mit konstanter mittlerer Normalspannung

Es ist wichtig zu beachten, dass die oben beschriebenen Schubmoduln G_{d0} und G_d auch von der mittleren effektiven allseitigen Spannung

$$\bar{\sigma}' = \frac{\sigma_x' + \sigma_y' + \sigma_z'}{3} \tag{E2–1}$$

abhängen, mit σ_x', σ_y' und σ_z' den effektiven Spannungen in den drei Achsrichtungen. Mit zunehmender mittlerer allseitiger Spannung bleibt die Form der Spannungs-Dehnungs-Beziehung erhalten, die Schubmoduli werden hingegen größer.

Darüberhinaus sollte darauf hingewiesen werden, dass nur in einem Einfachscherversuch eine Entfestigung der Probe mit zunehmender Schubspannung wie in Bild E2–1 beobachtet wird. In einem Oedmeterversuch hingegen kommt es mit zunehmender vertikaler Spannung wegen der seitlichen Dehnungsbehinderung zu einer Versteifung der Probe. Mittlere Werte für den dynamischen Schubmodul finden sich in Tabelle E2–1. Ein wesentlicher Nachteil aller Tabellen sind die große Streubreite der Werte und die fehlenden Informationen über Art und Bedingungen ihrer Ermittlung. Zudem finden äußere Parameter (Spannungszustand, dynamische Verformung) keine Berücksichtigung. Es können daher durchaus Werte außerhalb der in Tabelle E2–1 angegebenen Grenzen auftreten. Weiterführende Hinweise finden sich in [39].

Tabelle E2-1 Anhaltswerte für den dynamischen Schubmodul G_{d0}

Bodenart	G_{d0} [MN/m²]
nichtbindige Böden	
Sand, locker	50 - 120
Sand, mitteldicht	70 - 170
Kies, sandig, dicht	100 - 300
bindige Böden	
Schlick, Klei	3 - 10
Lehm, weich bis steif	20 - 50
Ton, halbfest bis hart	80 - 300
Fels	
geschichtet, brüchig	1000 - 5000
massiv	4000 - 20000

Wenn die bodenmechanische Beschreibung des Baugrunds vorliegt, kann der zugehörige Schubmodul G_{d0} nach experimentell gefundenen Beziehungen bestimmt werden. Bei nichtbindigen Böden nimmt der Schubmodul mit wachsender Lagerungsdichte zu. Eckige Kornform erhöht den Schubmodul gegenüber runder Kornform. Bei bindigen Böden hat der Überkonsolidierungsgrad in Verbindung mit der Plastizitätszahl I_P Einfluss auf den Wert von G_{d0}.

Wesentliche Auswirkungen auf den Schubmodul G_{d0} hat der statische Spannungszustand im Boden, der durch die mittlere, allseitige, effektive Spannung $\bar{\sigma}'$ nach (E2–1) beschrieben wird. Der statische Schubspannungszustand im Boden ist von geringem Einfluss, solange sich der Boden nicht in der Nähe des Bruchzustands befindet.

Die Größe des dynamischen Schubmoduls G_{d0} kann mit empirisch ermittelten Formeln abgeschätzt werden, von denen die am häufigsten verwendete lautet [38]:

$$G_{d0} = 625 \cdot \frac{p_a}{0,3 + 0,7\,e^2} \left(\frac{\bar{\sigma}'}{p_a} \right)^{0,5} \cdot \mathrm{OCR}^k \qquad \text{(E2–2)}$$

$$\text{mit } k = \frac{I_p}{\sqrt{1 + 3\,I_p^2}} \leq 0,50$$

Darin sind

G_{d0}	Maximalwert von G_d
p_a	atmosphärischer Druck als Bezugsspannung, $p_a = 100$ kN/m²
e	Porenzahl
$\bar{\sigma}'$	mittlere allseitige effektive Spannung nach (E2–1)
I_P	Plastizitätszahl (Dezimalwert)
OCR	Überkonsolidierungsgrad

Die Formel (E2–2) liefert im Allgemeinen kleinere Werte als in-situ-Messungen. Sie basiert auf Laborversuchen entsprechend Kapitel 2.2.3 an grob-, gemischt- und feinkörnigen Böden in einem Porenzahlbereich $0,3 < e < 1,2$ und sollte daher nur in diesem Porenzahlbereich angewendet werden.

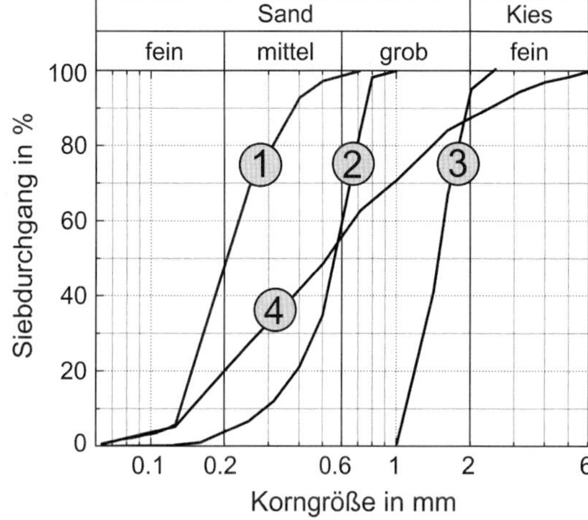

Bild E2-2 Korngrößenverteilung der untersuchten Sande, nach [40]

Beziehungen, welche einen geringen Absicherungsgrad besitzen oder z. B. nur für spezielle Sande gültig sind, sind in [26] zu finden. Korrelationen zwischen Drucksondierergebnissen und G_{d0} bzw. der Scherwellengeschwindigkeit c_S, aus der mittels Gleichung (E2–11) G_{d0} ermittelt werden kann, finden sich in [38].

In den Veröffentlichungen [40], [41] und [42] werden die Ergebnisse umfangreicher Laborversuche mit vier reinen Sanden, deren Sieblinien in Bild E2–2 dargestellt sind, vorgestellt und diskutiert. Für diese Sande wird die Abhängigkeit zwischen G_{d0}, der Porenzahl e und der allseitigen mittleren Spannung $\bar{\sigma}'$ durch

$$G_{d0} = A_G \cdot \frac{(a_G - e)^2}{1+e} \cdot p_a \cdot \left(\frac{\bar{\sigma}'}{p_a} \right)^{n_G} \qquad \text{(E2–3)}$$

ausgedrückt. Die dimensionslosen Parameter für die vier untersuchten reinen Sande sind in Tabelle E2–2 enthalten.

Tabelle E2-2 Dimensionslose Konstanten für die vier getesteten Sande zur Verwendung in (E2–3)

Korngrößenverteilung nach Bild E2–2	A_G	a_G	n_G
1	1196	1,84	0,45
2	2513	1,46	0,43
3	1288	1,90	0,42
4	1409	1,47	0,53

In einem geotechnischen Bericht wird üblicherweise die Steifigkeit des Baugrundes über den Steifemodul E_S beschrieben. Er kann aus empirischen Formeln oder aus dem Druck-Setzungsdiagramm des Oedometerversuchs abgeleitet werden. Dabei wird ausgehend vom einem Anfangsspannungszustand der Sekantenmodul bis zur jeweiligen statischen Zusatzspannung bestimmt. Der so ermittelte Steifemodul ist der Sekantenmodul des monotonen Erstbelastungsastes der statischen Last-Setzungskurve analog zu Bild E2–1. Daraus folgt, dass ein unmittelbarer Rückschluss auf den dynamischen Schubmodul mit Hilfe der Querdehnzahl nicht möglich ist.

Eine statistische Korrelation zwischem dem dynamischen Steifemodul E_{Sd} und dem statischen Steifemodul E_S, die aus Laborversuchen gewonnen wurde, zeigt Bild E2–3.

Die Beziehung zwischen dem dynamischen Schubmodul G_d, dem dynamischen Steifemodul E_{Sd} und dem dynamischen Elastizitätsmodul E_d ergibt sich aus der Elastizitätstheorie zu

$$G_d = E_{Sd} \frac{1-2\nu}{2(1-\nu)} \quad \text{und} \quad E_d = E_{Sd} \frac{(1+\nu)(1-2\nu)}{1-\nu} \qquad \text{(E2–4)}$$

Eine Korrelation zwischen dem dynamischen Schubmodul G_{d0} bei kleinen Verformungen und dem statischen oedometrischen Steifemodul E_S ist in Bild E2–4 dargestellt [46]. Es wurden Resonanzsäulenversuche sowie Oedometerversuche durchgeführt. Die Kurven wurden aus Versuchen mit drei unterschiedlichen mittleren Spannungen $\bar{\sigma}'$ = 50 kPa, 150 kPa und 300 kPa bei relativen Lagerungsdichten I_D zwischen 45 % und 90 % gewonnen.

Bei größeren Schubverzerrungen, wie z. B. bei Erdbeben, nimmt der Schubmodul wie in Bild E2–1 dargestellt ab. Den qualitativen Verlauf des Streubereiches des normierten Schubmoduls in Abhängigkeit von der dynamischen Schubverzerrungsamplitude γ_d

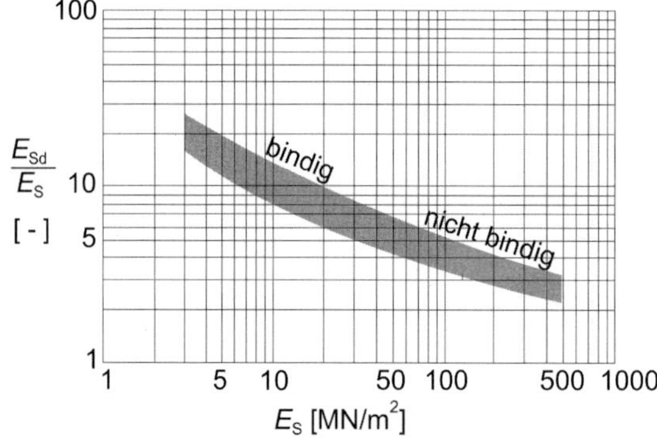

Bild E2-3 Normierter dynamischer Steifemodul E_{Sd} in Abhängigkeit vom statischen Steifemodul E_S

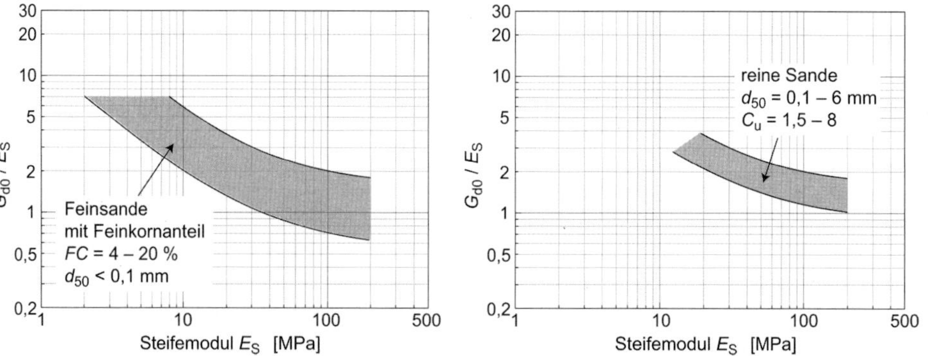

Bild E2-4 Korrelationen zwischen dem dynamischen Schubmodul G_{d0} und dem statischen oedometrischen Steifemodul E_S für verschiedene Sande unter mittlerer allseitiger Spannung zwischen 50 kPa und 300 kPa zeigt Bild E2–5. Dabei liegen Sande und Kiese eher an der unteren Grenze, bindige Böden eher an der oberen Grenze des Bandes. Für stark tonige Böden können die Werte auch darüber liegen [29].

Der Schubmodul kann, wenn keine spezifischen Untersuchungen vorliegen, näherungsweise nach der in Gl. (E2–5) dargestellten Abhängigkeit von der Scherdehnung abgeschätzt werden [38].

$$\frac{G_\mathrm{d}}{G_\mathrm{d0}} = \frac{1{,}03}{1+\dfrac{19\cdot\gamma_\mathrm{d}^{0{,}8}}{1+\left(I_\mathrm{P}/15\right)^{1{,}3}}} \quad \text{für } \gamma_\mathrm{d} \leq 1\,\% \qquad \text{(E2–5)}$$

Die Scherdehnungsamplitude γ_d und die Plastizitätszahl I_P sind in Prozent einzusetzen. Rollige Böden entsprechen dem Grenzfall $I_\mathrm{P} = 0$. Ergibt sich rechnerisch $G_\mathrm{d}/G_\mathrm{d0} > 1$, so wird $G_\mathrm{d} = G_\mathrm{d0}$ gesetzt.

Weitere experimentell ermittelte Kurven für spezifische Bodenarten können der Fachliteratur entnommen werden. Für Fels können keine empirischen Zusammenhänge wie für Lockergesteine angegeben werden, weil die elastischen Kennwerte hier in starkem Maße von der Klüftigkeit, dem Kluftmaterial und dem Grad der Anisotropie abhängen. Wegen der höheren Steifigkeit im Verhältnis zur Bauwerkssteifigkeit sind hier jedoch Fehleinschätzungen weniger gravierend.

Ein Beispiel für die Ermittlung dynamischer Bodenkennwerte aus einem geotechnischen Bericht ist in Abschnitt E2-3.1 enthalten.

2.1.2 Dichte des Bodens

Für den Zusammenhang zwischen Scherwellengeschwindigkeit und Schubmodul ist bei Wassersättigung die Dichte des wassergesättigten Bodens zu verwenden, ansonsten die Feuchtdichte des Bodens. Sie ergibt sich aus den üblichen bodenmechanischen Feld- und Laborversuchen. Ungenauigkeiten in der Bestimmung der Dichte sind i. A. von untergeordneter Bedeutung.

2.1.3 Querdehnzahl

In der Regel wird mit den statischen Querdehnzahlen gerechnet. Anhaltswerte sind für

Sand und Kies	$\nu = 0{,}25 \ldots 0{,}35$
Schluff, je nach Sand- und Tongehalt	$\nu = 0{,}35 \ldots 0{,}45$
Ton, je nach Wassergehalt	$\nu = 0{,}45 \ldots 0{,}49$

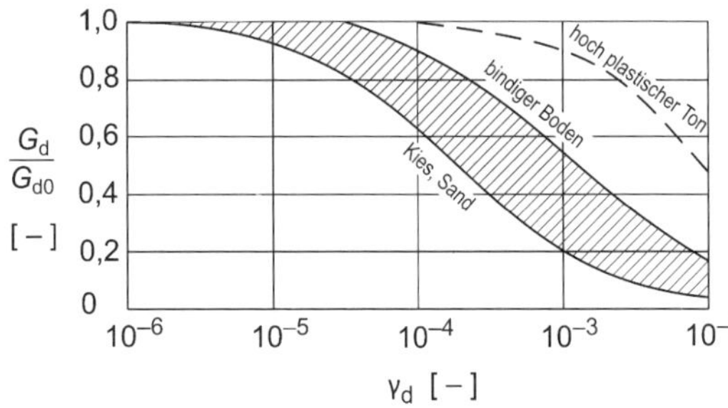

Bild E2-5 Qualitativer Streubereich des normierten Schubmoduls in Abhängigkeit von der dynamischen Schubverzerrungsamplitude γ_d

Die vorstehend empfohlenen Werte liefern für praktische Zwecke ausreichend genaue Ergebnisse. Bei höheren Frequenzen vergrößert sich der Einfluss der Querdehnzahl.

In Lockerböden unter Grundwasser kann der besonders großen Differenz zwischen Kompressions- und Scherwellengeschwindigkeit durch den Ansatz von $\nu = 0{,}49$ Rechnung getragen werden.

Bei Vorliegen von dynamischen Feld- und Laborversuchen gemäß Abschnitt E2-2.2 ergibt sich die Querdehnzahl aus den Wellengeschwindigkeiten der Kompressions- und der Scherwelle entsprechend

$$\nu = \frac{c_P^2 - 2c_S^2}{2\left(c_P^2 - c_S^2\right)} \qquad \text{(E2–6)}$$

mit

c_P Kompressionswellengeschwindigkeit, [m/s]
c_S Scherwellengeschwindigkeit, [m/s]

2.1.4 Materialdämpfung

Im Vergleich zur Dämpfung durch Energieabstrahlung infolge Wellenausbreitung in den Untergrund spielt die Materialdämpfung des Bodens bei Schwingungen von Bauwerken und Fundamenten eine untergeordnete Rolle und wird in der Regel vernachlässigt.

Bei geschichtetem Baugrund kann sie jedoch für die Amplitudenberechnung wichtig sein. Für diesen Fall darf ohne weiteren Nachweis die frequenzabhängige Abstrahlungsdämpfung um 1 % bei Sand und Kies und um 3 % bei tonigen Böden – jeweils bezogen auf die kritische Dämpfung des viskos gedämpften Feder-Massen-Systems – erhöht werden.

Wenn höhere als die genannten Dämpfungswerte in Ansatz gebracht werden sollen, sind diese durch Feld- oder Laborversuche gemäß Abschnitt E2-2.2 nachzuweisen. Dabei ergibt sich die Materialdämpfung aus dem Verhältnis der pro Zyklus dissipierten Energie ΔW zur elastischen Speicherenergie W. Die Dämpfungskapazität Ψ errechnet sich gemäß Bild E2–6 aus

$$\Psi = \frac{\Delta W}{W} \qquad \text{(E2–7)}$$

Häufig wird die Dämpfung auch in der Form des Dämpfungsgrades (Dämpfungsverhältnisses) D mit

$$D = \frac{\Psi}{4\pi} = \frac{\Delta W}{4\pi W} \qquad \text{(E2–8)}$$

angegeben. Bei dieser Definition entspricht D im Resonanzfall $\Omega = \omega = \sqrt{k/m}$ eines Einmassenschwingers mit frequenzabhängiger Dämpfung $c = 2\,k\,D/\Omega$ seinem Lehrschen Dämpfungsmaß $D_L = c / c_{krit}$ mit $c_{krit} = 2\sqrt{k\,m}$. Dieser Zusammenhang wird beispielsweise im Resonant-Column-Versuch ausgenutzt, um den Dämpfungsgrad eines Bodens zu messen.

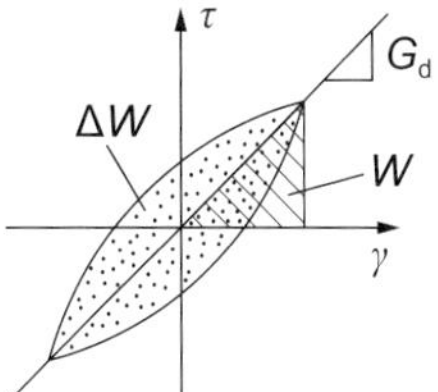

Bild E2-6 Hysteretische Spannungs-Verzerrungskurve bei zyklischer Bodenbelastung, z. B. aus dem Dreiaxialversuch

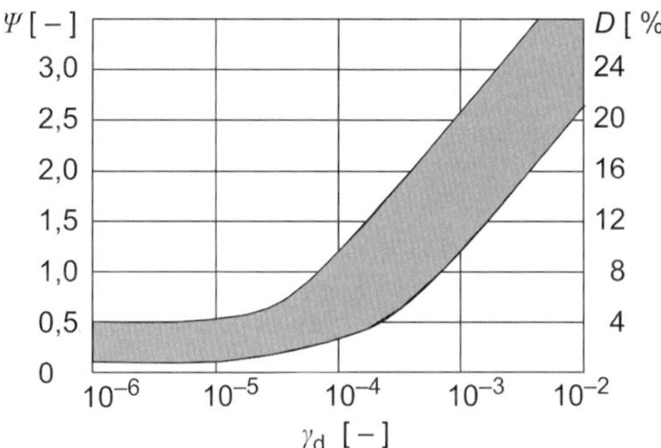

Bild E2-7 Dämpfungskapazität Ψ und Dämpfungsgrad *D* in Abhängigkeit von der Schubverzerrungsamplitude γ_d

Der Dämpfungsgrad nimmt mit wachsender zyklischer Schubverzerrungsamplitude γ_d zu, siehe Bild E2–7. Dabei liegen Kiese und Sande eher im unteren Bereich, bindige Böden eher im oberen Bereich des in diesem Bild dargestellten Bandes [29].

In [38] wird eine Approximationsgleichung für den Dämpfungsgrad *D* angegeben.

$$D = 2 + \frac{24{,}5 - (I_P/5)}{1 + \frac{1}{(7{,}4 - (I_P/5))\gamma_d^{0{,}8}}} \qquad \text{(E2–9)}$$

Die zyklische Scherdehnungsamplitude γ_d und die Plastizitätszahl I_P sind in Prozent einzusetzen, und man erhält den Dämpfungsgrad *D* ebenfalls in Prozent.

2.2 Bestimmung aus bodendynamischen Versuchen

2.2.1 Vorbemerkungen

Feldversuche bieten den Vorteil, dass die dynamischen Bodenkennwerte relativ großräumig im ungestörten Untergrund ermittelt werden können. Bei Fels kann damit Aufschluss über die Anisotropie und die Wirkung von Klüften gewonnen werden. Nachteilig ist allerdings, dass in der Regel keine Erkenntnisse über die Einflüsse des Spannungszustands und der dynamischen Verzerrungsamplitude auf die erhaltenen Kennwerte gewonnen werden [30].

In Laborversuchen kann die Abhängigkeit der dynamischen Bodenkennwerte von diesen Einflussgrößen genauer erfasst werden. Als Nachteil ist allerdings die stichprobenhafte Untersuchung des Baugrunds zu werten. Außerdem wird durch die Entnahme der Proben und den Einbau in das Versuchsgerät das Bodenmaterial gestört. Während bei Kies und Sand die sich daraus ergebenden Auswirkungen üblicherweise gering sind, wenn im Labor die im Untergrund vorhandene Dichte reproduziert wird, kann dies bei

Ton zu erheblichen Abweichungen zwischen den Ergebnissen von Feld- und Laborversuchen führen. Erfahrungsgemäß erhält man aus Laborversuchen in der Regel niedrigere Werte für den dynamischen Schubmodul als aus Feldversuchen.

Eine aussagekräftige und zuverlässige Bestimmung der dynamischen Bodenkennwerte sollte daher sowohl Feld- als auch Laborversuche einschließen.

Die bodendynamische Versuchstechnik ist derzeit nur bedingt normungsfähig. Die grundlegenden Versuchsprinzipien sind in einer größeren Anzahl technisch unterschiedlicher Verfahren und Geräte verwirklicht. Zum Teil sind diese Entwicklungen an einzelne Institutionen gebunden. Die Durchführung und Auswertung bodendynamischer Versuche erfordert spezielle Kenntnisse und große Erfahrung, sie sollten daher in jedem Fall von Fachlaboratorien vorgenommen werden. Den Versuchsergebnissen ist stets auch die Beschreibung der Versuchsdurchführung beizufügen. Die im Folgenden beschriebenen Untersuchungen können nach Ansicht der Verfasser als Standardverfahren verstanden werden [26].

2.2.2 Feldversuche

2.2.2.1 Allgemeines

Die weit überwiegende Zahl von bodendynamischen Feldversuchen besteht in seismischen Messungen. Dabei wird ein sich ausbreitendes Wellenfeld im Untergrund oder an der Oberfläche der interessierenden Baugrundfläche gemessen. In einem einfachen Fall kann dies die Laufzeit eines Impulses zwischen zwei Punkten darstellen, wobei aus dem Abstand der beiden Punkte und der Laufzeit bzw. durch Auswertung der Laufzeitkurve die Wellengeschwindigkeit berechnet wird.

2.2.2.2 Wellengeschwindigkeiten

Überwiegend wird in geophysikalischen Feldversuchen die Kompressionswellengeschwindigkeit des Baugrundes ermittelt. Durch geeignete Art der Impulsanregung und der Schwingungsaufnehmerwahl kann jedoch auch die Laufzeit eines Scherimpulses gemessen und daraus die Scherwellengeschwindigkeit berechnet werden. Für die gemessenen Geschwindigkeiten gilt

Kompressionswelle

$$c_P = \sqrt{\frac{E_{Sd}}{\rho}} \tag{E2–10}$$

Scherwelle

$$c_S = \sqrt{\frac{G_d}{\rho}} \tag{E2–11}$$

Die Messung der Scherwellengeschwindigkeit ist immer vorteilhaft, weil damit der dynamische Schubmodul direkt, ohne Verwendung der Querdehnzahl, ermittelt werden kann.

Unterhalb des Grundwasserspiegels erhält man aus der Messung der Kompressionswellengeschwindigkeit nur dann Informationen, wenn diese Geschwindigkeit im Korngerüst des Bodens größer ist als im Wasser (im Mittel ca. 1440 m/s). Andernfalls muss die Scherwellengeschwindigkeit ermittelt werden.

2.2.2.3 Refraktionsseismik

Bei diesem einfachen Verfahren wird der Impuls an der Erdoberfläche (z. B. durch Hammerschlag) erzeugt und mit Schwingungsaufnehmern, die in verschiedenen Entfernungen ebenfalls an der Erdoberfläche angeordnet sind, registriert. Bei geschichtetem Untergrund – siehe Bild E2–8 – lassen sich die Schichtgrenzen sowie die Wellengeschwindigkeiten in tieferen Schichten ermitteln, wobei diese Wellengeschwindigkeiten größer als in den darüber liegenden Schichten sein müssen.

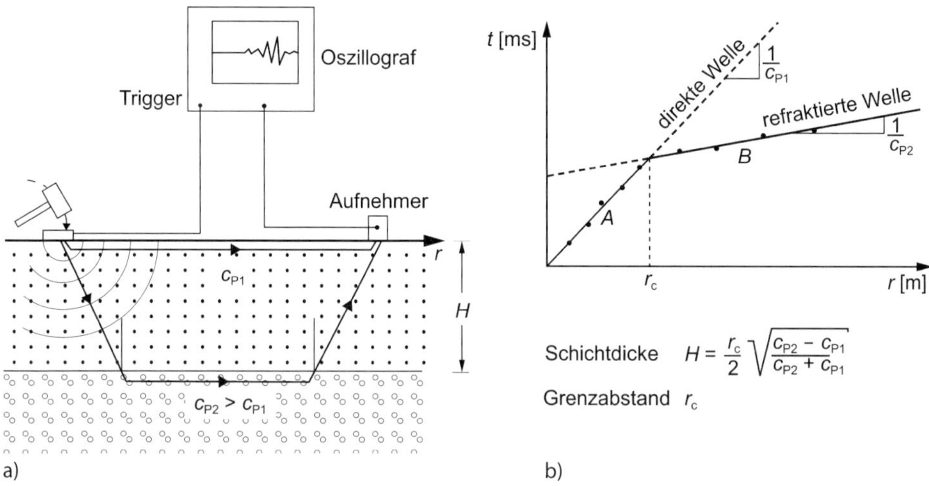

Bild E2-8 Refraktionsseismik: Prinzip (a) und Laufzeitdiagramm (b)

2.2.2.4 Bohrloch-Messungen

Bei der mit einem erheblichen technischen und unter Umständen finanziellen Aufwand verbundenen *Cross-Hole*-Methode liegen sowohl der Ort der Impulserzeugung als auch die Impulsregistrierung in gleicher oder verschiedener Tiefe in Bohrlöchern oder auf der Bohrlochsohle (siehe Bild E2–9). Die Verwendung von mehr als zwei Bohrungen erhöht die Genauigkeit und die Zuverlässigkeit der Messergebnisse. Die Wellenausbreitungswege können horizontal oder schräg, geradlinig oder gekrümmt verlaufen. Das Ergebnis der Messung ist ein Profil der Wellengeschwindigkeiten über die Tiefe [31]. Der Vorteil dieser Messungen liegt in der hohen Zuverlässigkeit, Auflösung und Genauigkeit der Messergebnisse.

Eine vereinfachte Abwandlung des vorhergehenden Messverfahrens ist die *Down-Hole*-Methode, bei der die Impulserzeugung an der Oberfläche liegt und die Registrierung in der Tiefe des Bohrlochs erfolgt. Bei der *Up-Hole*-Methode ist dieses Schema umgekehrt, die Impulserzeugung erfolgt im Bohrloch und die Registrierung an der Oberfläche. Beide Verfahren bieten gegenüber der *Cross-Hole*-Messung den Vorteil des geringeren technischen und finanziellen Aufwandes, der bei schwierigen Untergrundverhältnissen jedoch verfahrensbedingt eine geringere Aussagekraft bzw. Genauigkeit der Messergebnisse bedingt.

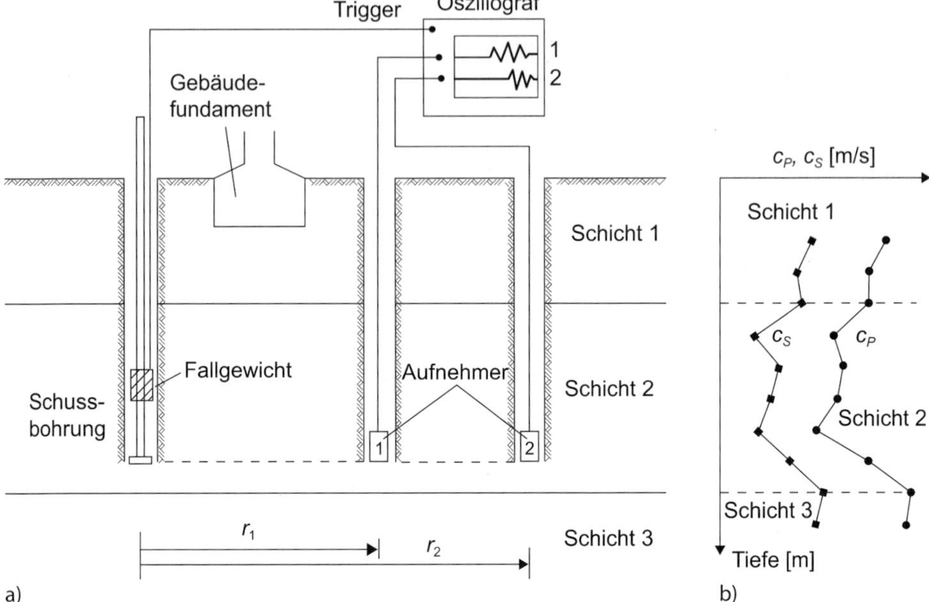

Bild E2-9 Cross-Hole-Messung: Prinzip (a) und Geschwindigkeitsprofil (b)

2.2.2.5 Seismische Drucksonden-Messungen (S-CPT)

Ausgehend von den etablierten und gängigen Drucksonden-Messungen in der Geotechnik wurde unter Nutzung der oben genannten Down-Hole-Methode eine seismische Drucksonden-Methode entwickelt (S-CPT – Seismic Cone Penetration Test). Bei dieser Messung ist im Sondenkopf zusätzlich zu dem üblichen Equipment ein dreiaxiales Geophon eingebaut, welches der Registrierung des an der Oberfläche angeregten Wellenfeldes dient, siehe Bild E2–10a. Das Sondengestänge wird dabei kontinuierlich in die Tiefe gepresst und alle 0,5 m bis 1,0 m eine seismische Messung durchgeführt. Bei oberflächennahen, sehr weichen Schichten können Probleme mit der Messung auftreten, da der Anpressdruck zwischen Gestänge und Boden in dem Fall relativ klein sein kann. Diese Messmethode besitzt einen deutlichen Kostenvorteil, da auf die Erstellung von Bohrlöchern verzichtet werden kann. Bei der S-CPT-Methode werden in der Regel die indirekten Bodenkennwerte, wie Spitzendruck, Mantelreibung und Porenwasserdruck, neben den seismischen Geschwindigkeiten für P- und S-Welle mit aufgezeichnet. Diese Vielzahl der Kennwerte an einem Standort ist sehr hilfreich für die Verdichtung und Verbesserung der Messwertinterpretation für die Standortidentifikation [35].

2.2.2.6 Rayleighwellen-Dispersionsmessung

Mit einem Schwingungserreger wird ein zeitlich harmonisches, konzentrisches Wellenfeld einer bestimmten Frequenz an der Erdoberfläche erzeugt. Mit Schwingungsaufnehmern werden entlang verschiedener Radien in unterschiedlichen Entfernungen die Amplitude und die Phasenverschiebung, bezogen auf eine Referenzschwingung, gemessen. Aus der Kurve der Phasenverschiebung als Funktion der Entfernung wird die Geschwindigkeit der Oberflächenwelle c_R (Rayleighwelle, siehe Abschnitt E1-2.3), und

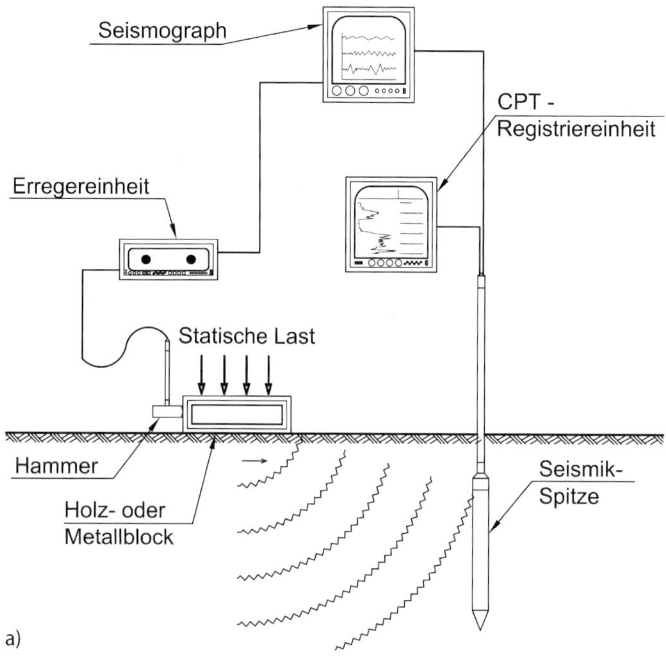

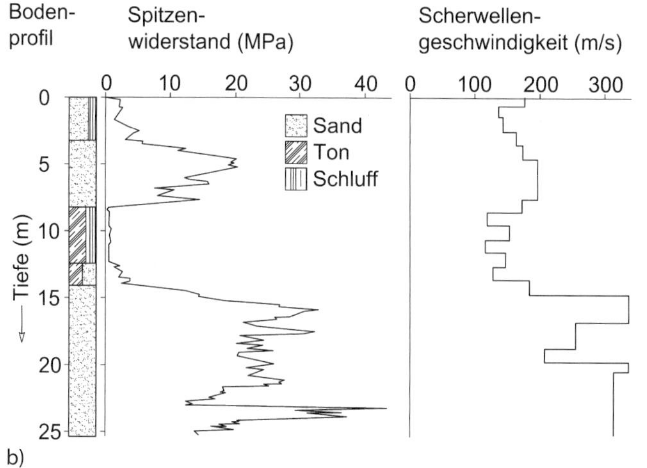

Bild E2-10 Seismic Cone Penetration Test (S-CPT). a) Prinzip. b) Geschwindigkeitsprofil [35]

aus der Kurve der Amplituden ebenfalls als Funktion der Entfernung das Dämpfungsverhalten des Untergrunds für die eingestellte Frequenz ermittelt.

Die gemessene Oberflächenwellengeschwindigkeit c_R ist im Allgemeinen von der Erregerfrequenz f abhängig. Wird diese Abhängikeit in einem c_R-f-Diagramm aufgetragen, so erhält man die Dispersionskurve (siehe E1-4.2) des Messortes, mit deren Hilfe sich das Untergrundprofil (Verteilung von c_S über die Tiefe) ermitteln lässt. Hierzu wird zunächst für eine bestimmte Frequenz die dazugehörige Ausbreitungsgeschwindigkeit c_R abgelesen. Aus c_R ergibt sich die Scherwellengeschwindigkeit c_S aus der Beziehung (E1–8). Die so ermittelte Scherwellengeschwindigkeit ist eine Näherung für diejenige Scherwellengeschwindigkeit, die in der Tiefe z_{rep} nach Gl. (E1–9) vorhanden ist. Eine

Anwendung dieser Näherung insbesondere bei Schichtungen mit sprunghafter Veränderung der Scherwellengeschwindigkeit (siehe Bild E1–8) kann höchstens eine qualitative Abbildung des genauen Scherwellengeschwindigkeitsprofils liefern, genaue Untersuchungen mit Methoden nach E2-2.2 sind erforderlich.

2.2.2.7 Seismische Analyse von Oberflächenwellen (SASW)

Bei der modernen und effektiven Ausführungsvariante der Rayleighwellen-Dispersionsmessung, der Spectral Analysis of Surface Waves (SASW), wird aus dem Phasengang Θ_{ij} der Kreuzleistungsdichte R_{ij} eines Impulssignals, das an zwei in Ausbreitungsrichtung hintereinander gelegenen Messpunkten der Distanz Δs aufgezeichnet wurde, über die Nutzung der Phasen-Entfernungsbeziehungen (E2–12), die Geschwindigkeit der Oberflächenwelle frequenzselektiv ermittelt [32]. Das Ergebnis dieser Messung liefert im ersten Schritt die Abbildung der Phasengeschwindigkeit c_R gegen die Frequenz f.

$$c_R(f) = \frac{\Delta s \cdot 2\pi f}{\Theta_{ij}(f)} \quad \text{mit} \quad \Theta_{ij}(f) = \operatorname{atan}\left(\frac{\operatorname{Im}\left(R_{ij}(f)\right)}{\operatorname{Re}\left(R_{ij}(f)\right)}\right) \tag{E2–12}$$

Für einfache Bodenprofile mit in der Tiefe zunehmender Steifigkeit (siehe Bild E1–7), kann die Scherwellengeschwindigkeit wie bei der Rayleighwellen-Dispersionsmessung nach Abschnitt E2-2.2.2.6 aus der Dispersionskurve bestimmt werden. Sind im Untergrund Schichten kleinerer Wellengeschwindigkeiten eingebettet (siehe Bild E1–8) müssen numerische Inversionsrechnungen durchgeführt werden.

2.2.2.8 Korrelationen aus statischen Feldversuchen

Es existiert eine Reihe von Korrelationen zwischen den bodendynamischen Kennwerten und den Ergebnissen von Sondierungen [38], [43]. Grundsätzlich sind diese empirischen Gleichungen vorsichtig anzuwenden, da sie standortbezogen sind und entsprechend der lokalen Bedingungen mehr oder weniger große Abweichungen entstehen können [44], [45]. Eine Kombination mit seismischen Messungen zur Validierung der CPT-Ergebnisse ist empfehlenswert.

2.2.3 Laborversuche

2.2.3.1 Allgemeines

Man unterscheidet zyklische Versuche (i. a. bei Frequenzen zwischen 0,1 Hz und 5 Hz), dynamische Versuche, bei denen die Frequenz je nach Probe und Gerät meist zwischen 50 Hz und 250 Hz liegt, und Durchschallungsmessungen im Kilohertz-Bereich. Bei dynamischen Versuchen sind im Gegensatz zu zyklischen Versuchen Trägheitskräfte eine wesentliche Größe. Im Hinblick auf die dynamischen Eigenschaften des Bodens bestehen jedoch zwischen zyklischen und dynamischen Beanspruchungen keine wesentlichen Unterschiede.

2.2.3.2 Zyklische Versuche

Diese Versuchsverfahren wurden aus den bekannten bodenmechanischen Laborversuchen

- Triaxialversuch
- Einfacher Scherversuch (Simple-Shear)
- Torsionsversuch

weiterentwickelt.

Mit den zyklischen Versuchsgeräten lassen sich die Einflüsse des statischen Spannungszustandes und der zyklischen Verzerrungsamplitude erfassen, siehe auch die Beispiele in den Abschnitten E2-3.3.1 und E2-3.3.2. Sie sind darüber hinaus auch zur Bestimmung anderer Eigenschaften des Bodens geeignet, wie z. B. der dynamischen Festigkeit oder des Verflüssigungsverhaltens bei zyklischer Beanspruchung [33].

Zyklischer Triaxialversuch

Im zyklischen Triaxialversuch wird eine zylindrische Bodenprobe von einem konstanten statischen Spannungszustand (σ_1, σ_3) ausgehend zusätzlich mit einer vertikalen zyklischen Spannungsamplitude σ_d kraftgesteuert belastet. Eine Wegsteuerung erfolgt durch eine zyklische Aufbringung einer vertikalen Dehnung ε_d. Durch Messung der entsprechenden Größen erhält man eine hysteretische Spannungs-Verzerrungs-Beziehung, aus welcher der dynamische Elastizitätsmodul E_d bei unbehinderter Seitendehnung ermittelt wird. Das Versuchsprinzip ist in Bild E2–11 dargestellt. Aus den Flächen der Hystereseschleife errechnet sich – wie in Abschnitt E2-2.1.4 erläutert – der Dämpfungsgrad D. Siehe auch das Beispiel in Abschnitt E2-3.3.1.

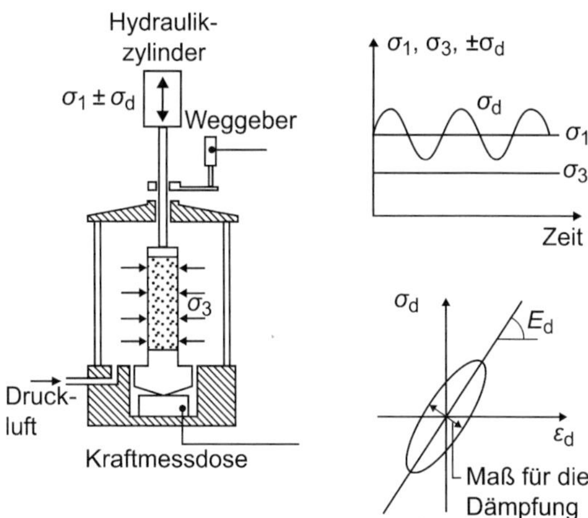

Bild E2-11 Zyklischer Triaxialversuch

Zyklischer Einfachscherversuch

Im Einfachscherversuch wird eine gedrungene Bodenprobe bei behinderter Seitendehnung und unter einer vertikal aufgebrachten Spannung durch eine horizontal aufgebrachte zyklische Schubspannung oder Scherverformung belastet (Bild E2–12). Durch diese Versuchsbedingungen lässt sich z. B. das Bodenverhalten unter vertikal propagierenden S-Wellen (Erdbebeneinwirkung) sehr gut simulieren. Der Dämpfungsgrad D kann aus der Hysterese ermittelt werden (E2-2.1.4). Siehe auch das Beispiel in Abschnitt E2-3.3.2.

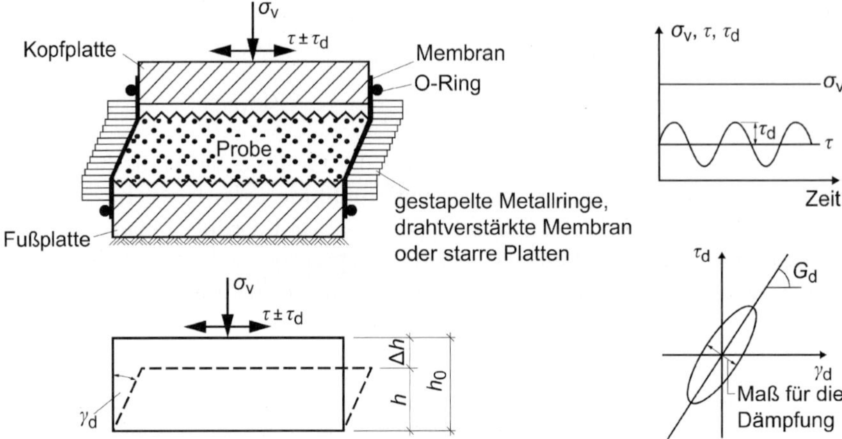

Bild E2-12 Prinzip des Einfachscherversuchs mit Darstellung der Spannungen und Dehnungen bei Scherbelastung in horizontaler-Richtung

2.2.3.3 Dynamische Versuche

Bei der üblicherweise verwendeten Form des Resonanzversuchs (Resonant-Column-Test) trägt eine zylindrische, aufrecht stehende Bodenprobe, die fest mit der Grundplatte des Gerätes verbunden ist, am oberen Ende eine Antriebs- und Messapparatur (siehe Bild E2–13). Damit wird auf elektro-dynamischem Wege ein oszillierendes Drehmoment $T(t)$ erzeugt, mit dem die Bodenprobe in Torsionsschwingungen um die Längsachse versetzt wird. Durch Variation der Frequenz des antreibenden Momentes wird die niedrigste Resonanzfrequenz des schwingenden Systems gesucht. Hieraus ist unter Verwendung der Proben- und Gerätedaten die Scherwellengeschwindigkeit in der Bodenprobe zu bestimmen. Die Materialdämpfung ergibt sich entweder aus der Resonanzkurve des Systems oder aus seinem Ausschwingverhalten bei plötzlichem Abschalten des antreibenden Momentes [34].

Die Versuchsauswertung erlaubt es, den dynamischen Schubmodul G_d und den Dämpfungsgrad D als Funktion des allseitigen Druckes $\sigma_1 = \sigma_3$ und der Schubverzerrungsamplitude γ_d zu ermitteln. Siehe auch das Beispiel in Abschnitt E2-3.3.3.

Neben der vorstehend beschriebenen Versuchsanordnung mit einer fest eingespannten und einer freien Stirnfläche der Probe (fest/frei) gibt es auch Ausführungsvarianten mit den Randbedingungen frei/frei, fest/federnd, frei/federnd usw.

2.2.3.4 Durchschallungsmessungen und Piezo-Biegeelement-Messungen (bender elements)

An Boden- und Felsproben kann mittels Ultraschall durch die Messung der Laufzeit von Impulsen die Kompressions- bzw. Scherwellengeschwindigkeit ermittelt werden. Allerdings ist die Größe der dynamischen Dehnung nur in geringem Umfang variierbar.

Neben den Durchschallungsmessungen in Boden- und Felsproben werden in den geotechnischen Laboren zunehmend Piezo-Biege- und Druckelemente zur Ermittlung der Scher- und Kompressionswellengeschwindigkeiten in Lockerböden eingesetzt [37]. Diese einfachen Elemente können in fast jedem üblichen geotechnischen Laborgerät installiert werden. Im Allgemeinen wird über die Messung der Laufzeit die Wellenge-

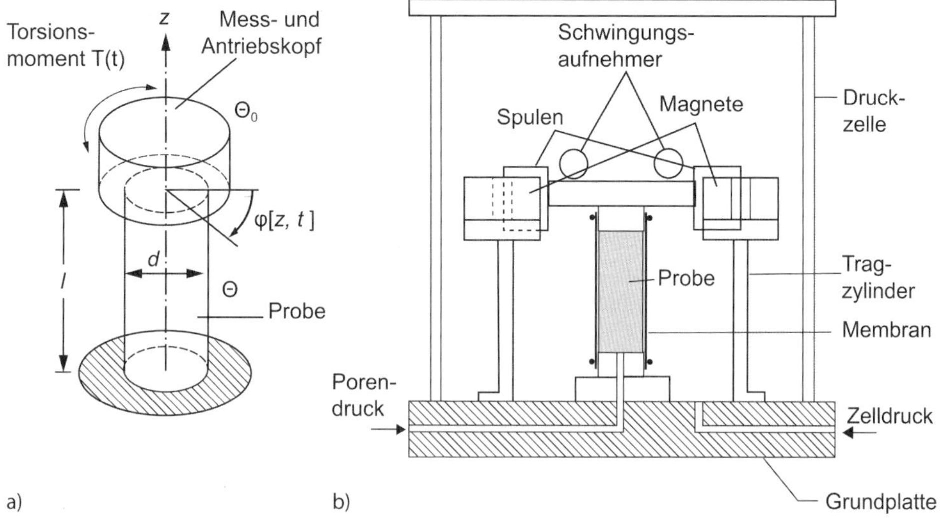

Bild E2-13 Resonant-Column-Gerät: Mechanisches Modell (a) und Prinzip des Versuchsgeräts (b).

schwindigkeit bestimmt. Der daraus ermittelte Schubmodul entspricht dem Wert bei sehr kleinen Dehnungen G_{d0}.

2.2.4 Anwendungsbereiche der Versuchsverfahren

Ungefähre Anhaltswerte für den mit den einzelnen Verfahren bzw. Geräten üblicherweise abdeckbaren Bereich der dynamischen Verzerrung (Längsdehnung bzw. Schubverzerrung) sind in Tabelle E2–3 zusammengestellt. Vergleichende Untersuchungen von Feld- und Labormessungen wurden z. B. vom Arbeitskreis 1.4 durchgeführt [30].

Tabelle E2-3 Verzerrungsbereiche verschiedener Versuche

Verfahren	Verzerrungsamplitude γ [–]	Frequenzbereich in Hz
Feldversuche	10^{-7} – 10^{-5}	3 – 120
Zyklische Laborversuche	$10^{-4} - 5 \times 10^{-2}$	0,1 – 5
Resonant-Column-Versuche	$10^{-7} - 5 \times 10^{-3}$	30 – 250
Durchschallungsmessungen	10^{-6}	$1 \times 10^3 - 100 \times 10^3$

2.2.5 Mindestanforderungen

Dynamische Labor- und Feldversuche stellen hohe Anforderungen an die messtechnische Ausrüstung und die Erfahrung der durchführenden Institute. Wegen des entsprechend hohen Aufwandes ist nicht in jedem Fall einer bodendynamischen Problemstellung eine eingehende Untersuchung gerechtfertigt.

Bei kleinen und relativ unkritischen dynamisch belasteten Gründungen und einfachem Untergrundaufbau kann mit sinnvoll gewählten und innerhalb einer großzügigen Bandbreite variierten Werten aus Tabelle E2–1 bzw. nach Gleichungen (E2–2) bis (E2–6) oder Beziehungen aus [24] bis [27] gerechnet werden.

Fundamente für empfindliche Maschinen und Einrichtungen mit strengen Immissionsbedingungen erfordern für eine zutreffende Berechnung in jedem Fall eine experimentelle Bestimmung der dynamischen Bodenparameter mittels Messungen: Refraktionsmessungen, Oberflächenwellen-Dispersionsmessungen und Down-Hole-/Up-Hole-Messungen in Bohrungen, die für Bodenaufschlüsse niedergebracht wurden, sowie andere Verfahren, die ebenfalls zusammen mit in-situ Baugrunduntersuchungen durchgeführt werden können [35]. In Fällen, in denen eine komplizierte Schichtung vorliegt, oder die Baustelle räumlich beengt ist, sollten *Cross-Hole*-Messungen durchgeführt werden [31].

Bei Erdbebenanalysen von sicherheitsrelevanten Bauwerken sind unabhängig vom Untergrundaufbau die vorstehend genannten Felduntersuchungen und zusätzliche Laborversuche zur Bestimmung der Spannungs- und Schubverzerrungsabhängigkeit der dynamischen Kennwerte sowie des Verdichtungs- und Verflüssigungspotentials in einer der Fragestellung angemessenen Anzahl vorzunehmen.

Für die Durchführung von Felduntersuchungen sollte der Untergrundaufbau mindestens in groben Umrissen (Schichtung, Bodenart, Grundwasser) aus Bohrungen bekannt sein. Bei Oberflächenmessungen können dann die Messabstände so gewählt werden, dass Aussagen über den Boden bis in ausreichende Tiefe möglich sind. Bei allen Bohrlochmessungen kann mit der Wahl der Abstände zwischen Schwingungsquelle und Messpunkt sichergestellt werden, dass auch dünnere steifere oder weichere Bodenschichten, d. h. unter Umständen kritische Bodenschichten, sicher erfasst werden.

Die Entnahme und Behandlung von Bodenproben für dynamische Laborversuche hat außerordentlich sorgfältig zu erfolgen. Das Gleiche gilt für die Herstellung von Probekörpern und deren Einbau in das Versuchsgerät, da das Maß der Probenstörung, d. h. die Abweichung von den natürlichen Lagerungsbedingungen, entscheidenden Einfluss auf die Zuverlässigkeit der erhaltenen Bodenparameter aus Laborversuchen hat. Es sind solche Geräte zu bevorzugen, bei denen der Probeneinbau einfach und schnell zu bewerkstelligen ist. Die Art des Versuchs und sein Ablauf sind der Fragestellung anzupassen.

3 Anwendungsbeispiele

3.1 Bestimmung dynamischer Bodenkennwerte aus einem geotechnischen Bericht

Für ein Bauvorhaben wurde bis in eine Tiefe von 23,50 m unter GOK das nebenstehende Bodenprofil ermittelt. Der Grundwasserstand liegt bei $z = 3$ m unter GOK. Der dynamische Schubmodul G_{d0} und die dazugehörige Scherwellengeschwindigkeit c_{S0} sind zu ermitteln.

Kenngrößen der Auffüllung:

Feuchtwichte: $\gamma = 16\ \text{kN/m}^3$

Kenngrößen des sandigen Schluffes:

Feuchtwichte: $\gamma = 18\ \text{kN/m}^3$
Kornwichte: $\gamma_S = 26{,}5\ \text{kN/m}^3$
Wichte unter Auftrieb: $\gamma' = 11{,}0\ \text{kN/m}^3$
Wichte wassergesättigt: $\gamma_r = 21{,}0\ \text{kN/m}^3$
Reibungswinkel: $\varphi' = 30°$
Plastizitätszahl: $I_P \approx 0$

Kenngrößen des mitteldichten Sandes:

Feuchtwichte: $\gamma = 18{,}5\ \text{kN/m}^3$
Kornwichte: $\gamma_S = 26{,}5\ \text{kN/m}^3$
Wichte unter Auftrieb: $\gamma' = 11{,}0\ \text{kN/m}^3$
Wichte wassergesättigt: $\gamma_r = 21{,}0\ \text{kN/m}^3$
Reibungswinkel: $\varphi' = 35°$
Plastizitätszahl: $I_P \approx 0$

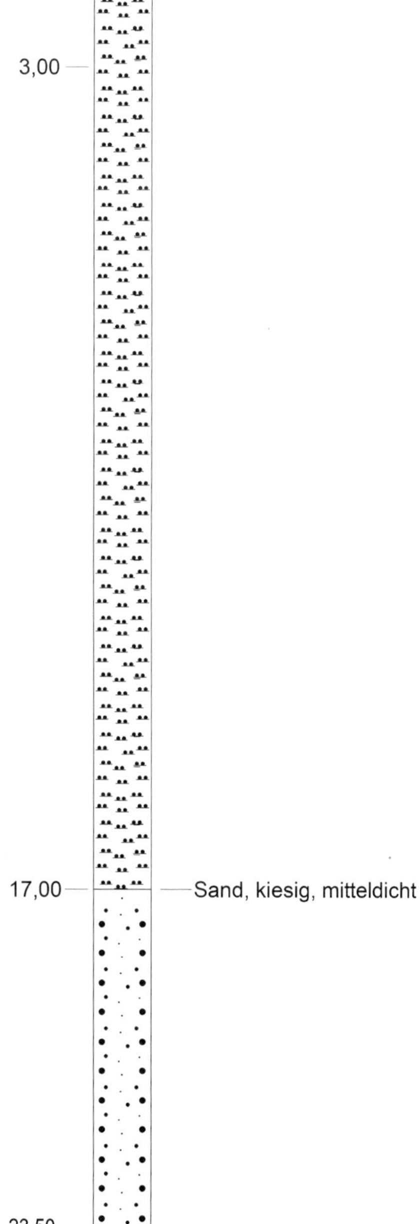

Bild E2-14 Grafische Darstellung des Bodenprofils

Der Spannungsverlauf aus Bodeneigengewicht ist in Bild E2–15 dargestellt.

Die Ermittlung des Schubmoduls erfolgt nach (E2–2). Die Porenzahlen für Schluff und Sand ergeben sich aus der Beziehung

$$e = \frac{\gamma_s - \gamma_r}{\gamma_r - \gamma_w} \qquad \text{(E2–13)}$$

zu

Schluff: $e = 0{,}50$
Sand: $e = 0{,}50$

Zur Bestimmung des mittleren allseitigen Drucks $\bar{\sigma}'$ wird ein Erdruhedruckkoeffizient nach Jaky von

$$k_0 = 1 - \sin \varphi' \qquad \text{(E2–14)}$$

angesetzt. Dann ergibt sich aus (E2–2) der Verlauf des dynamischen Schubmoduls gemäß Bild E2–16 links. Für die Bestimmung der Scherwellengeschwindigkeit wird im erdfeuchten Boden die Feuchtdichte verwendet, und im Bereich unterhalb des Grundwasserspiegels die Dichte des wassergesättigten Bodens. Dann ergibt sich aus (E1–3) der Verlauf der Scherwellengeschwindigkeit nach Bild E2–16 rechts.

Im hier vorliegenden Beispiel entspricht der Boden näherungsweise einem Halbraum, dessen Schubmodul mit der Wurzel der Tiefe zunimmt. Für ein solches Bodenprofil lässt sich die Ausbreitungsgeschwindigkeit c_R der Oberflächenwelle näherungsweise nach (E1–9) ermitteln. Weil die Länge der Rayleighwelle $\lambda_R = c_R / f$ selbst wiederum von der Ausbreitungsgeschwindigkeit und der Anregungsfrequenz abhängt, muss der Wert für jede Frequenz iterativ bestimmt werden. Das Ergebnis für den Frequenzbereich von 1 Hz bis 80 Hz und für $\beta = 0{,}25$, $\beta = 0{,}33$ und $\beta = 0{,}40$ ist in Bild E2–17 dargestellt. Für die Auffüllung wurden vereinfachend die dynamischen Eigenschaften der Schluffschicht angesetzt.

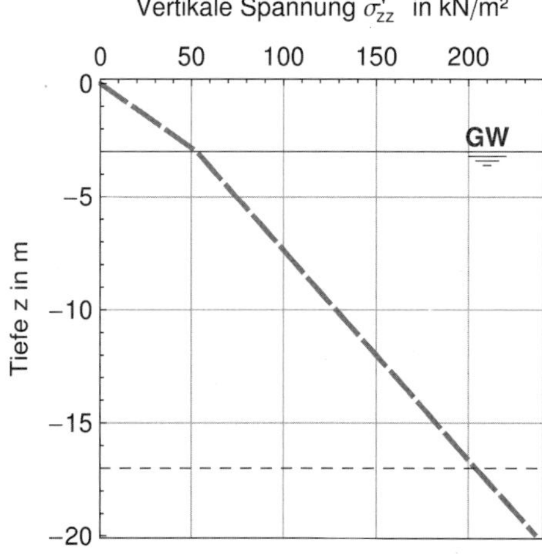

Bild E2-15 Vertikale effektive Spannungen durch Bodeneigengewicht

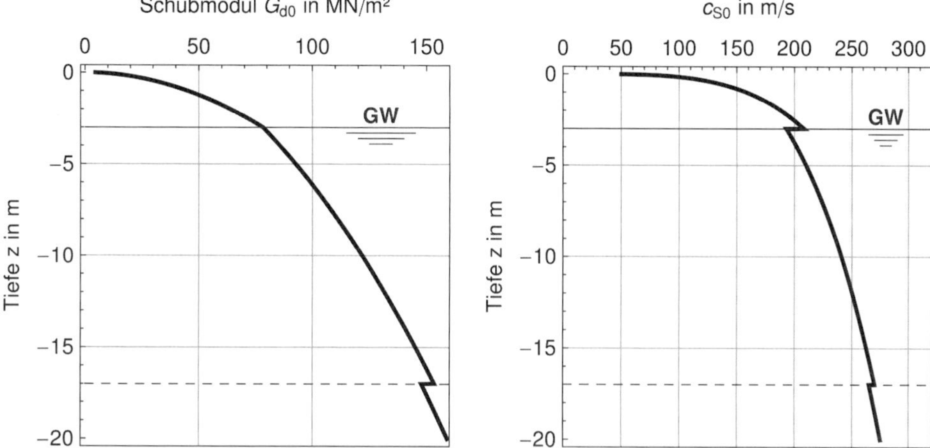

Bild E2-16 Verlauf des Schubmoduls (links) und der Scherwellengeschwindigkeit (rechts) über die Tiefe

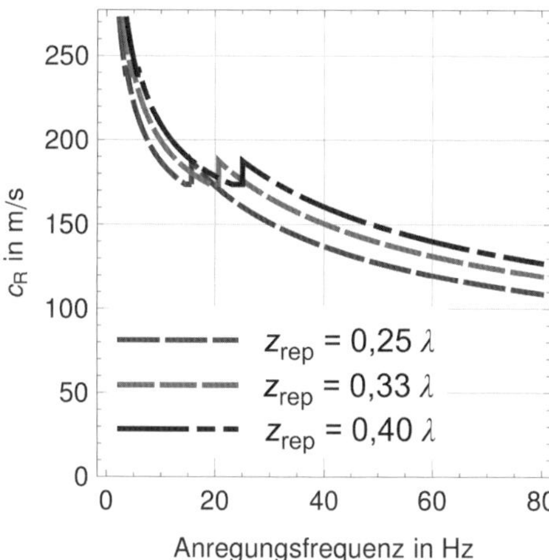

Bild E2-17 Näherungslösungen für die Ausbreitungsgeschwindigkeit der Oberflächenwelle für das untersuchte Bodenprofil bei verschiedenen Ansätzen für die repräsentative Tiefe z_{rep}

3.2 Feldversuche

3.2.1 Beispiel für seismische Drucksondenmessungen (S-CPT)

Bei der seismischen Drucksondenmessung werden gleichzeitig die Spitzendrücke, Mantelreibungen, Porenwasserdrücke und die seismischen Geschwindigkeiten über die Tiefe registriert. Zur Bestimmung der seismischen Geschwindigkeiten wird alle 0,5 m oder 1 m ein P- und S-Wellenimpuls von der Oberfläche gesendet. Das überlagerte seismische Profil ergibt die Laufzeit über die Tiefe. Mit Hilfe der Gl. (E2–11), (E2–12), sowie der Kenntnis der Dichte bzw. der näherungsweisen Bestimmung der Dichte aus den Spitzendruck und Mantelreibung, können die entsprechenden Steifigkeiten E_{Sd} und G_d bestimmt werden.

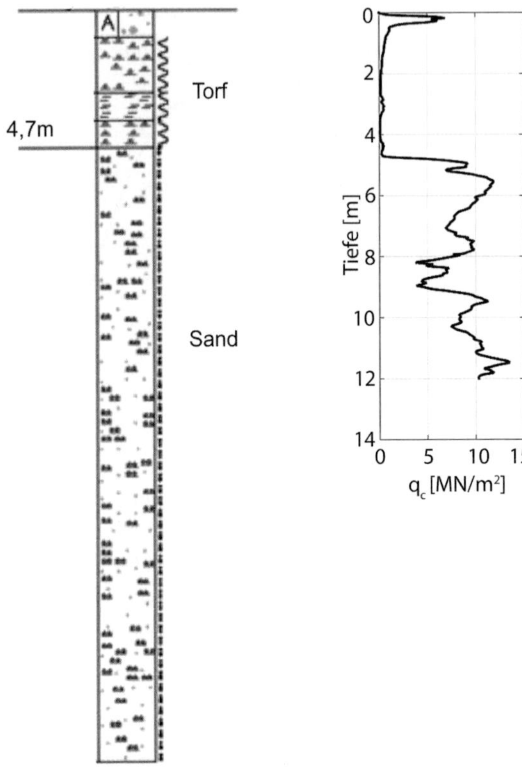

Bild E2-18 Ergebnis der Bodenansprache und der Auswertung des CPT-Spitzendrucks [36]

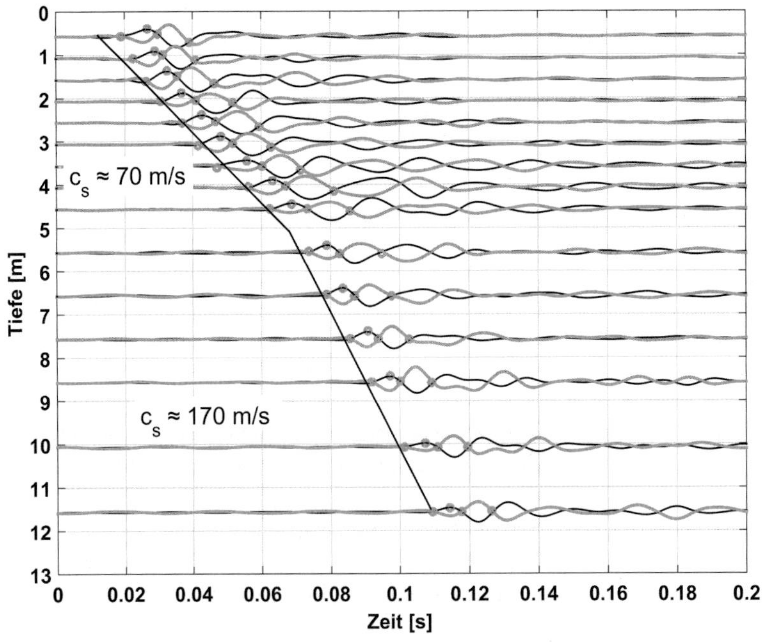

Bild E2-19 Beispiel für eine Downhole-S-CPT-Messung [36].

3.2.2 Beispiel für eine Korrelation aus Drucksondenmessungen (CPT)

In Bild E2–20 ist einem korrelativ bestimmten Scherwellenprofil das Ergebnis einer SASW-Auswertung gegenübergestellt.

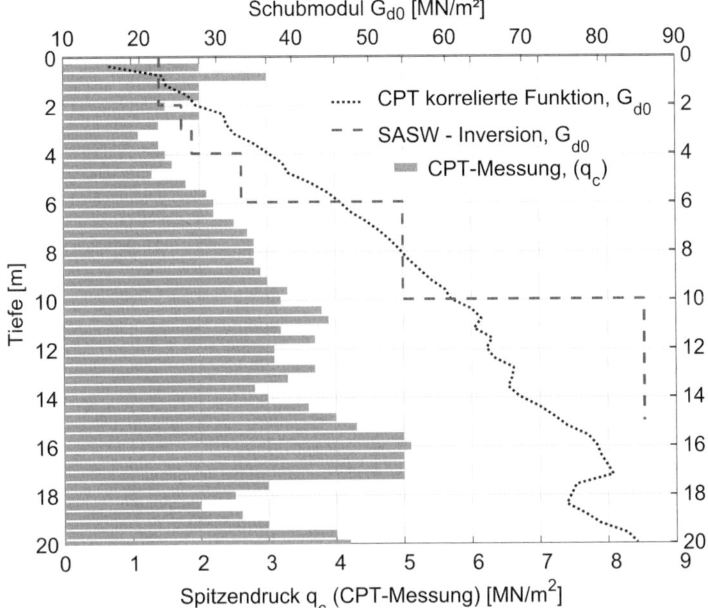

Bild E2-20 Auswertung der Dispersion durch Inversion und Bestimmung der in-situ Steifigkeiten G_{d0} über die Tiefe zuzüglich des Ergebnisvergleichs gegenüber einer Korrelation aus CPT

3.3 Laborversuche

3.3.1 Beispiel für einen zyklischen Triaxialversuch

Die Ergebnisse eines dränierten kraftgesteuerten Triaxialversuchs mit einem Feinsand-Mittelsand sind in Bild E2–21 dargestellt. Die Funktionsweise des verwendeten Geräts entspricht der Prinzipdarstellung in Bild E2–11.

Der Sand wurde trocken in eine zylindrische Probenform mit einem Durchmesser von 50 mm und einer Höhe von 100 mm eingerieselt. Nach vollständiger Wassersättigung des Materials erfolgte eine anisotrope Konsolidierung der Probe mit der lateralen Spannung $\sigma_3 = 167$ kPa und einer vertikalen Spannung $\sigma_1 = 267$ kPa. Die relative Lagerungsdichte des Sandes entsprach nach Abschluss der Konsolidierung $I_{D0} = 0{,}60$. Der Ausgangszustand stellte sich mit einer mittleren effektiven Spannung $\bar{\sigma}' = (\sigma'_1 + 2\sigma'_3)/3 = 200$ kPa und einer Deviatorspannung $q = (\sigma_1 - \sigma_3) = 100$ kPa dar. Die zyklische Scherung wurde durch eine vertikale Spannungsamplitude in Höhe von $\sigma_d = 100$ kPa mit offenen Dränageleitungen mit einer Frequenz von 0,01 Hz aufgebracht. Damit entsprach die Belastung einer zyklischen Schwellbelastung im Kompressionsbereich.

Bei Aufbringen des ersten Belastungszyklus zeigte sich eine große vertikale und volumetrische Dehnungsamplitude. Mit fortschreitender Wiederholung der Belastung nahm die vertikale Dehnungsamplitude ab, was für eine Verfestigung des Materials charakteristisch ist (q-ε_1-Diagramm in Bild E2–20). Außerdem verdichtete sich die Sandprobe mit weiterer Belastung. Dies konnte durch die Akkumulation der vertikalen und volumetrischen Dehnungen ε_1 und ε_v beobachtet werden.

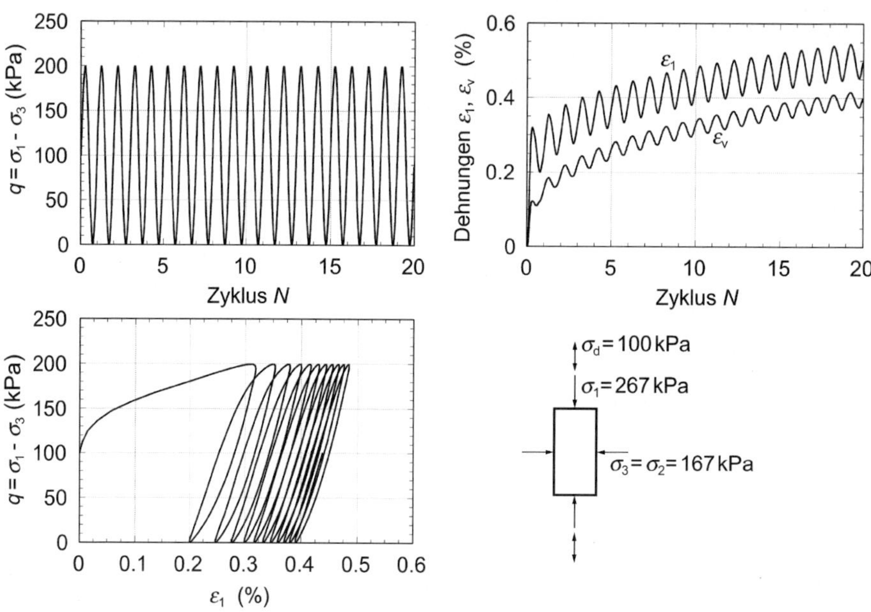

Bild E2-21 Ergebnisse eines anisotropen zyklischen Triaxialversuchs mit Sand ($I_D = 0{,}60$) unter dränierten Bedingungen mit einer konstanten horizontalen Spannung $\sigma_3 = 167$ kPa, einer konstanten vertikalen Spannungs $\sigma_1 = 267$ kPa und einer zyklischen vertikalen Spannungsamplitude $\sigma_d = 100$ kPa

Bei der Variante mit isotroper Konsolidierungsspannung $\sigma_3 = \sigma_1$ handelt es sich um den am häufigsten angewandten zyklischen Triaxialversuch.

3.3.2 Beispiel für einen zyklischen Einfach-Scherversuch

In Bild E2–22 sind die Ergebnisse eines spannungsgesteuerten zyklischen Einfachscherversuchs mit konstanter Auflastspannung mit einem Feinsand-Mittelsand dargestellt. Das verwendete Versuchsgerät entspricht dem Aufbau in Bild E2–12. Die seitliche Stützung der Probe erfolgt über aufgestapelte Metallringe. Der gedrungene zylindrische Probekörper hat einen Durchmesser von 90 mm und eine Höhe von 20 mm.

Der Sand wurde trocken eingerieselt und hatte nach Aufbringen der vertikalen Konsolidierungsspannung von 200 kPa eine relative Lagerungsdichte in Höhe von $I_{D0} = 0{,}60$. Die zyklische einfache Scherung wurde durch eine Schubspannungsamplitude in Höhe von $\tau_d = 20$ kPa mit einer Frequenz in Höhe von 0,5 Hz bei konstanter vertikaler Spannung aufgebracht.

Im ersten Belastungszyklus zeigte sich die größte Schubverzerrungsamplitude. Im Schubspanungs-Schubverzerrungs-Diagramm ist dies durch die größte Hysterese zu erkennen. Mit zunehmender Belastung konnte eine Verfestigung beobachtet werden, was sich in einer abnehmenden Schubverzerrungsamplitude ausdrückte. Weiterhin wurde eine kontinuierliche Verdichtung des Sandes durch Akkumulation der volumetrischen Dehnung ε_v festgestellt. Bei Auswertung der zyklischen Parameter des Sandes ergab sich ein Schubmodul in Höhe von $G_d \approx 32$ MPa im ersten Zyklus, der bei fortschreitender Belastung auf einen Wert von $G_d \approx 63$ MPa nach 100 Zyklen anstieg. Während der Dämpfungsgrad im ersten Belastungszyklus bei $D \approx 24$ % lag, reduzierte sich der Wert kontinuierlich mit fortschreitender Wiederholung der Belastung, was sich auch in den schmaleren Hysteresen im Schubspannungs-Schubverzerrungs-Diagramm zeigte.

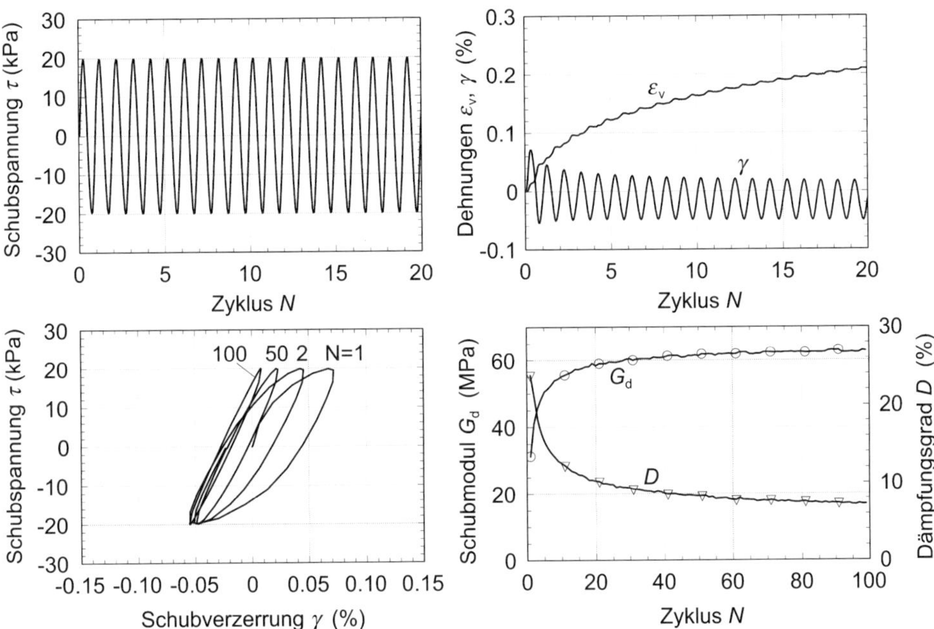

Bild E2-22 Ergebnisse eines zyklischen Einfachscherversuchs mit Sand (I_D=0,60) unter konstanter Auflastspannung $\sigma_v = 200$ kPa und einer Schubspannungsamplitude $\tau_d = 20$ kPa

3.3.3 Beispiel für einen Resonant-Column-Versuch

Das Bild E2–23 zeigt die Ergebnisse eines Resonant-Column-Versuches zur Ermittlung der dynamischen Parameter eines Feinsand-Mittelsandes und deren Abhängigkeit von der auftretenden Schubverzerrungsamplitude. Das verwendete Gerät entspricht der Anordnung in Bild E2–13 mit einer fest eingespannten Stirnfläche unten und einer freien Stirnfläche am Kopf der Probe. Der zylindrische Probekörper hat einen Durchmesser von 50 mm und eine Höhe von 100 mm.

Der Sand wurde trocken eingerieselt und die Probe hatte eine relative Lagerungsdichte von $I_{D0} = 0{,}64$. Es wurden die maximalen Schubmoduln bei drei verschiedenen isotropen Konsolidierungsspannungen ermittelt. Beim größten Spannungsniveau wurde zusätzlich die Degradation des Schubmoduls und die Materialdämpfung im plastischen Verformungsbereich untersucht.

Zu Beginn wurde ein Zelldruck in Höhe von 50 kPa aufgebracht, der allseitig auf die Probe wirkte. Nachdem die niedrigste Resonanzfrequenz gefunden war, wurden für verschiedene Schubverzerrungsamplituden im elastischen Dehnungsbereich des Probenmaterials bis maximal $\gamma_d = 10^{-5}$ der Schubmodul ermittelt. Er lag für alle Schubverzerrungsamplituden bei $G_d \approx 95$ MN/m². Danach wurde der Zelldruck auf 100 kPa erhöht und die Prozedur wiederholt. Es ergab sich ein wesentlich größerer Schubmodul in Höhe von $G_d \approx 132$ MN/m². Bei der höchsten Konsolidierungsspannung mit einem Zelldruck von 200 kPa wurde zunächst wie zuvor die Schubverzerrungsamplitude im elastischen Dehnungsbereich variiert. Es ergab sich ein Schubmodul $G_d \approx 186$ MN/m². Anschließend wurde zusätzlich die Schubverzerrungsamplitude bis auf $\gamma_d = 4 \cdot 10^{-4}$ erhöht, so dass die Probe auch plastische Verformungen erfuhr. Es zeigte sich eine Abnahme des Schubmoduls vom maximalen Niveau im elastischen Verformungsbereich auf einen Wert von $G_d = 136$ MN/m² bei größter Schubverzerrungsamplitude. Mit zunehmender plastischer Verformung der Probe erhöhte sich auch der Dämpfungsgrad.

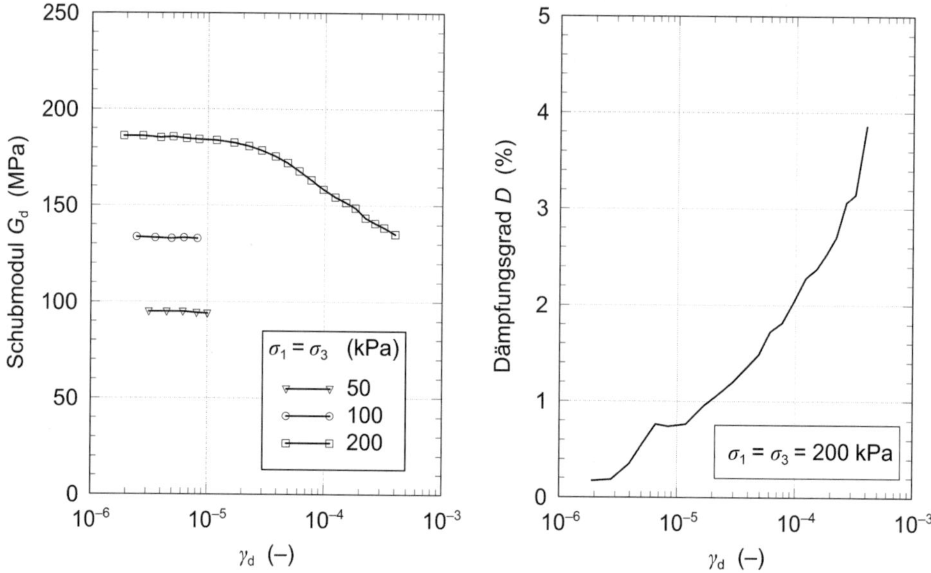

Bild E2-23 Ergebnisse eines Resonant Column Versuchs mit Sand ($I_{D0} = 0{,}64$) unter variierendem Zelldruck σ'_v =50, 100, 200 kPa; links: Schubmodul G_d und rechts: Dämpfung für Zelldruck $\sigma'_v = 200$ kPa

3.3.4 Beispiel für Piezoelement-Messungen

Innerhalb einer Triaxialzelle mit $\sigma_1 = \sigma_3 =$ const ist ein S-Wellen-Piezoelement an der Kopf- und Grundplatte eingebaut. Für die Durchschallung sollte eine Frequenz genutzt werden, welche mit der vorhandenen Wellengeschwindigkeit des Materials eine Wellenlänge kleiner als ein Drittel der Probenhöhe besitzt. Zusätzlich sollte die Wellenlänge größer als das 10fache des größten Korndurchmessers sein, so dass die Wellenfront keine starke Zerstreuung erfährt. Bei dem untersuchten Material in der Triaxialzelle wurde in Bild E2–24 zwischen dem Probeneintrittsimpuls (gestrichelter Zeitverlauf) und dem Probenaustrittssignal (durchgezogener Zeitverlauf) eine Zeitdifferenz von

$\Delta t = 0{,}0005$ s registriert. Mit dem Spitzenabstand der S-Wellen-Piezoelemente von $\Delta s = 0{,}184$ m ergibt sich eine Wellengeschwindigkeit von $c_S = 368$ m/s. Mit Hilfe der bekannten Probendichte kann der dynamische Schubmodul G_{d0} für den gegebenen konstanten allseitigen Druck $\sigma_1 = \sigma_3$ über Gl. (E2–11) einfach bestimmt werden.

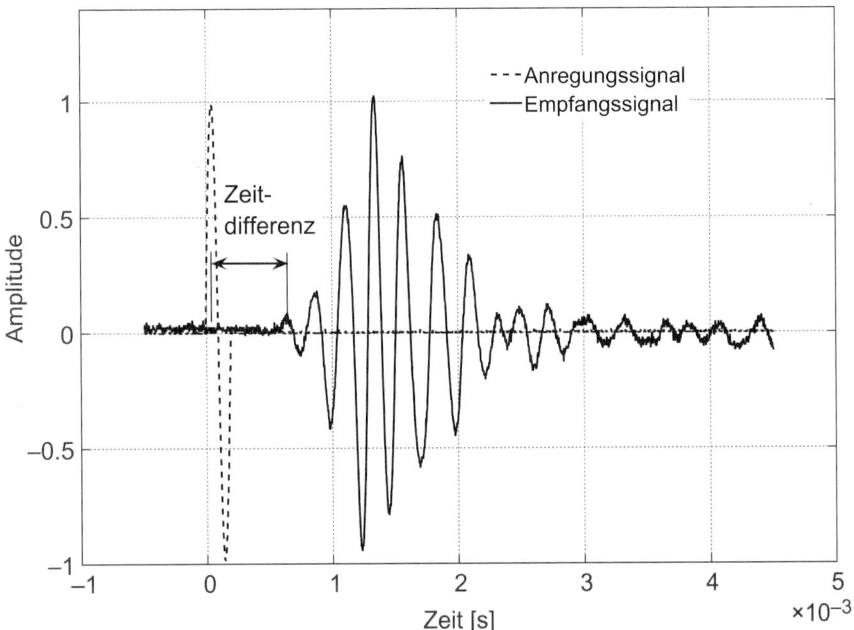

Bild E2-24 Beispiel für eine Durchschallungsmessung im Labor.

Literatur

22 Klein, G.: Bodendynamik und Erdbeben. In: Grundbau-Taschenbuch, Teil 1, 6. Auflage 2001

23 Richart, F.E.; Hall, J.R.; Woods, R.D.: Vibrations of Soils and Foundations. Prentice-Hall Inc., Englewood Cliffs, N.J. 1970

24 Hardin, B.O.; Black, W.L.: Vibration Modulus of Normally Consolidated Clay. Proc. ASCE No. SM2, March 1968. Closure: Proc. ASCE No. SM6, Nov. 1969

25 Hardin, B.O.: The nature of stress-strain behavior of soils. Proceedings of the ASCE Geotechnical Engineering Div. Specialty Conference, Pasadena, CA, June 19-21, 1978. New York, NY: ASCE

26 Haupt, W.: Dynamische Bodeneigenschaften und ihre Ermittlung. In: Bodendynamik, Grundlagen und Anwendung, Vieweg-Verlag, Braunschweig/Wiesbaden 1986

27 Haupt, W.; Herrmann, R.: Querschnittsbericht 1986 „Dynamische Bodenkennwerte". Veröffentlichung des Grundbauinstitutes der LGA, Heft 48, Nürnberg 1987

28 Haupt, W.; Kumar, S.: Laboratory Measurement of the Dynamic Shear Modulus of Soils. In: Structural Dynamics, Vol. I, A.A. Balkema, Rotterdam/Brookfield 1991

29 Seed, H.B.; Idriss, I.M.: Soil Moduli and Damping Factors for Dynamic Response Analyses. Report No. EERC 70-10, Earthqu. Eng. Res. Center, Univ. of Cal., Dec. 1970

30 Kramer, H.: Forschungsarbeit „Erschütterungsschutz". Abschlußbericht Bundesminister für Raumordnung, Bauwesen und Städtebau, B I 5-80 01 88-12, Mai 1991

31 Haupt, W.: Ermittlung der dynamischen Bodenkennwerte für Maschinengründungen. VDI-Bericht Nr 320, 1978

32 Stokoe, K.H.; Wright, S.G.; Bay, J.A.; Roesset,J.M.: Characterization of Geotechnical Sites by SASW Method. In: Geophysical Characterization of Sites. XIII ICSMFE, Oxford + Publishing Co. Pvt. Ltd., New Delhi, 1994

33 Savidis, S.; Schuppe, R.: Dynamisches Triaxialgerät zur Untersuchung des Verflüssigungsverhaltens von isotrop und anisotrop konsolidierten Sanden. Die Bautechnik 1/1982

34 Haupt, W.: Ermittlung der Bodendämpfung im ResCol-Gerät. VDI-Bericht 627, 1987

35 Wuttke, F., Krumb, M.: SeismicCone & MagCone - Entwicklungen und Anwendungen in Cone Penetration Tests. 5. Hans-Lorenz-Symposium, Berlin, 2009

36 Wuttke, F., Beitrag zur Standortidentifizierung mit Oberflächenwellen., Dissertationsschrift, Bauhaus-Universität Weimar, 2005

37 Wuttke, F., Markwardt, K., Schanz, T.: Anwendung der Wavelet-Transformation in bodendynamischen ex- und in-situ Untersuchungen, VDI-Bericht 2063, 2009

38 Vrettos Ch. (2008) Bodendynamik. In: Witt K. J. (Hrsg.) Grundbautaschenbuch, Teil 1, 7. Auflage. Ernst & Sohn, S. 451–500

39 Studer, J. A.; Laue, J.; Koller, M. G. (2007) Bodendynamik. 3. Auflage, Berlin: Springer-Verlag.

40 Wichtmann, T., Triantafyllidis, T. (2006) Über die Korrelation der ödometrischen und der „dynamischen" Steifigkeit nichtbindiger Böden. Bautechnik 83(7):482–491. DOI 10.1002/bate.200610041

41 Benz, T., Vermeer, P., Wichtmann, T., Triantafyllidis, T. (2007) Zuschriften und Erwiderung zu: Wichtmann, T., Triantafyllidis, Th.: Über die Korrelation der ödometrischen und der dynamischen Steifigkeit nichtbindiger Böden. Bautechnik 84(5):361–366. DOI 10.1002/bate.200790104

42 Wichtmann, T., Triantafyllidis, T. (2009) On the correlation of 'static' and 'dynamic' stiffness moduli of non-cohesive soils. Bautechnik 86(S1):28–39. DOI 10.1002/bate.200910039

43 Wair, B. R., DeJong, J. T., Shantz, T (2010) Guidelines for Estimation of Shear Wave Velocity Profiles. PEER Report 2012/08, Pacific Earthquake Engineering Research Center, College of Engineering, University of California, Berkeley. Elektronische Ressource, http://peer.berkeley.edu/publications/peer_reports/reports_2012/web-PEER-2012-08-DeJong.pdf, letzter Zugriff 2016-08-04

44 McGann, C. R., Bradley, B. A., Taylor, M. L., Wotherspoon, L. M., Cubrinovski, M. (2015) Development of an empirical correlation for predicting shear wave velocity of Christchurch soils from cone penetration test data. Soil Dynamics & Earthquake Engineering 75, S. 66–75. DOI 10.1016/j.soildyn.2015.03.023

45 McGann, C. R., Bradley, B. A., Taylor, M. L., Wotherspoon, L. M., Cubrinovski, M. (2015) Applicability of existing empirical shear wave velocity correlations to seismic cone penetration test data in Christchurch New Zealand. Soil Dynamics & Earthquake Engineering 75, S. 76–86. DOI 10.1016/j.soildyn.2015.03.021

46 Wichtmann, T., Triantafyllidis, T. (2014) Stiffness and Damping of Clean Quartz Sand with Various Grain-Size Distribution Curves. J Geotech Geoenviron 140(3):06013003. doi: 10.1061/(ASCE)GT.1943-5606.0000977

E3

Dynamisch belastete starre Fundamente

1 Allgemeines

Bei dynamischer Anregung bilden Bauwerke mit dem Baugrund ein gekoppeltes schwingungsfähiges System, bei dem die dynamischen Wechselwirkungen zwischen Bauwerk und Baugrund im allgemeinen Falle berücksichtigt werden müssen. Die Quelle der Erregung kann im Bauwerk sein, etwa wenn Maschinen im Bauwerk dynamische Kräfte auf ihre Auflager übertragen. Man spricht dann von *direkter Erregung*. Liegt die Quelle der Erregung außerhalb des Bauwerkes, etwa bei Verkehrserschütterungen, Baustellenbetrieb, Sprengungen oder Erdbeben, so spricht man von *indirekter Erregung*. Bei linearem Systemverhalten können mit Hilfe der Substrukturtechnik Bauwerk und Baugrund zunächst als Teilsysteme betrachtet werden, die anschließend entlang der Koppelfuge zwischen Bauwerk und Baugrund durch Verschiebungs- und Gleichgewichtsbedingungen gekoppelt werden. Der einfachste Fall eines „Bauwerkes" ist ein Maschinenfundament, das als starrer massebehafteter Block mit drei Verschiebungs- und drei Drehfreiheitsgraden modelliert wird. Das Teilsystem Boden wird in diesem Fall – bei vollständigem Kontakt zwischen Fundament und Boden – durch die Steifigkeit der starren Kontaktfläche zwischen Fundament und Baugrund gebildet. Diese Steifigkeit, die auch als dynamische Bodensteifigkeit bezeichnet wird, beschreibt das dynamische Verhalten des starren, masselosen Fundamentes auf dem Baugrund.

Bei dynamischen Berechnungen von Blockfundamenten kann für die betrachteten Freiheitsgrade das Verhalten des Baugrunds durch ein System von Ersatzfedern und Ersatzdämpfern dargestellt werden, die grundsätzlich frequenzabhängig sind. Die Federn beschreiben das elastische Verhalten des Baugrunds, während die Dämpfer die Abstrahlung der Schwingungsenergie in den Baugrund berücksichtigen. Die Materialdämpfung des Bodens wird vernachlässigt. Die Ermittlung der Federsteifigkeit und der Abstrahlungsdämpfung des Baugrunds für starre Fundamente ist Gegenstand der Empfehlung E3.

Das vorgeschlagene Berechnungsverfahren verwendet Federsteifigkeiten und Dämpfungswerte, die sich aus dem Produkt von einem frequenzunabhängigen und einem frequenzabhängigen Anteil zusammensetzt. Für Überschlagsberechnungen von kreis- und rechteckförmigen Fundamenten kann der frequenzabhängige Anteil vernachlässigt werden [47]. Für eine genauere Analyse werden frequenzabhängige Federsteifigkeits- und Dämpfungsfunktionen zur Verfügung gestellt, die sich aus dem Vergleich der Ergebnisse mehrerer unabhängig voneinander ausgeführter Berechnungen ergeben haben ([52], [56], [57], [59], [60], [61], [62], [63], [64], [65], [66], [67], [68]).

Empfehlungen des Arbeitskreises Baugrunddynamik, 2. Auflage,
Herausgegeben von der Deutschen Gesellschaft für Geotechnik e.V. (DGGT).

Im Arbeitskreis 1.4 der DGGT wurde auch im Rahmen eines Forschungsprojektes [48] das dynamische Verhalten dreier Blockfundamente aus Beton untersucht. In [49] werden die Grunddaten der Fundamente und des Bodens angegeben. Die vollständigen Daten der Versuche sind in den Berichten [48], [50] und [51] zu finden. Ziel des Projektes war erstens die experimentelle Ermittlung des Schwingungsverhaltens der Blockfundamente infolge dynamischer Erregung und zweitens die Bereitstellung von Daten zum Vergleich des wirklichen Schwingungsverhaltens mit theoretisch prognostizierten Werten, die etwa nach dem in diesen Empfehlungen gegebenen Verfahren ermittelt werden.

In der Veröffentlichung [49] werden die Daten der drei Fundamente aus [48] sowie aus einem weiteren Versuch mit einem Blockfundament in Berlin [51] verwendet, um daraus die dynamischen Steifigkeiten der Fundamente in Form frequenzabhängiger äquivalenter Federsteifigkeiten und Dämpfungen zu bestimmen.

Der Vergleich ergibt, dass die dynamischen Steifigkeiten von Blockfundamenten bei kleinen Bodendeformationen durch die in diesen Empfehlungen gegebenen Beziehungen ermittelt werden können. Die Untersuchungen haben jedoch auch gezeigt, dass die tatsächlichen dynamischen Steifigkeiten durch die nichthomogenen Bodeneigenschaften unterhalb des Fundamentes und durch den ungleichförmigen Kontakt zwischen Fundament und Boden beeinflusst werden.

Eine weitere Erkenntnis aus den Versuchsergebnissen war, dass das homogene Halbraummodell die Abstrahlungsdämpfung im sandigen Boden stark überschätzt. Dies gilt besonders für horizontale und vertikale Bewegungen.

Die Untersuchung hat außerdem gezeigt, dass die experimentelle Ermittlung der dynamischen Steifigkeit eine genaue und sorgfältige Aufzeichnung der Fundamentbewegung und der Erregerkraft sowie gleichermaßen eine sorgfältige Auswertung der Ergebnisse verlangt.

Der Einfluss der Einbettung eines Fundaments in den Untergrund ist gekennzeichnet durch:

- Abnahme der Resonanzamplitude durch Erhöhung der Dämpfung,
- Erhöhung der Eigenfrequenz durch Zunahme der Federsteifigkeit.

Die durch die Einbettung hervorgerufene Steifigkeitszunahme ist dabei im Allgemeinen gering. Von größerer Bedeutung ist jedoch oftmals die nicht unbeträchtliche Zunahme der Dämpfung, insbesondere bei Kipp- und Torsionsschwingungen [63].

Im Vergleich zu Oberflächenfundamenten kommen bei eingebetteten Fundamenten zwei Parameter hinzu, und zwar die Tiefe der Einbettung und die Höhe der Kontaktfläche zwischen Fundamentseitenfläche und Boden. Die meisten der in der Literatur vorliegenden Untersuchungen gehen von einem vollen Kontakt zwischen Fundament und Boden über die gesamte Einbettungstiefe aus. Es ist daher zu betonen, dass die im folgenden aufgeführten Impedanzen nur dann anwendbar sind, wenn stets ein voller Kontakt zwischen Fundamentseitenwand und Boden gewährleistet ist.

2 Voraussetzungen und Berechnungsverfahren

2.1 Annahmen

In diesen Empfehlungen werden nur sogenannte „starre" Fundamente mit endlicher Ausdehnung betrachtet. Auf diesen Fundamenten können sich starre oder elastische Aufbauten befinden. Zur Veranschaulichung des Verfahrens werden hier nur starre Aufbauten angenommen, sodass das Gesamtsystem als ein Körper mit 6 Freiheitsgraden angenommen werden kann, siehe Bild E3–1. Für die drei translatorischen Freiheitsgrade werden die Indizes „x", „y" und „z", und für die drei rotatorischen Freiheitsgrade die Indizes „φ_x", „φ_y" und „φ_z" verwendet.

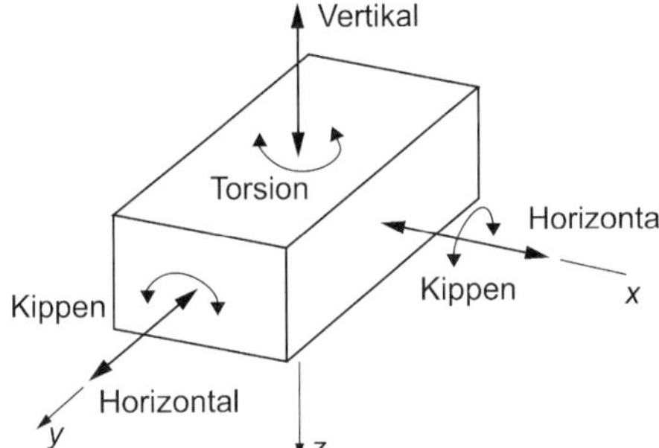

Bild E3-1 Starrkörperfreiheitsgrade eines Fundamentes

Der Baugrund wird linear-elastisch, homogen, isotrop und mit unendlicher Ausdehnung angenommen. Seine Oberfläche ist eben. Ein solches Kontinuum wird als linear-elastischer Halbraum bezeichnet, der durch die Kenngrößen dynamischer Schubmodul G_d, Querdehnzahl ν und Materialdichte ρ vollständig charakterisiert ist (siehe auch Empfehlung E2).

Reale Bodenverhältnisse weichen wegen der Spannungsabhängigkeit des dynamischen Schubmoduls selbst bei Böden mit bis in große Tiefe gleichbleibender Kornzusammensetzung von dieser Idealisierung ab. Anwendungshinweise und Grenzen der Übertragbarkeit auf reale Bodenverhältnisse sind in Abschnitt E3–4 enthalten.

Die nachfolgenden Ausführungen sind nicht auf elastische Fundamente übertragbar.

2.2 Direkte Erregung

Für einen starren Körper auf Federn und Dämpfern, der durch äußere Kräfte und Momente in seinen sechs Freiheitsgraden j (Bild E3–1) direkt erregt wird, ergibt sich die das dynamische Verhalten beschreibende Bewegungsgleichung in Matrizenschreibweise.

$$\mathbf{M} \cdot \ddot{\mathbf{u}}(t) + \mathbf{C} \cdot \dot{\mathbf{u}}(t) + \mathbf{K} \cdot \mathbf{u}(t) = \mathbf{p}(t) \tag{E3–1}$$

Es wird ein harmonischer Erregervektor der Form

$$\mathbf{p}(t) = \left\{ p_j(t) \right\} = \left\{ P_j \cdot \cos\left(\Omega t + \alpha_{0,j} \right) \right\} \tag{E3–2}$$

unterstellt. Um die Vorteile der komplexen Rechenweise nutzen zu können, wird der reellwertige Erregervektor $\mathbf{p}(t)$ nach (E3–2) zu einem komplexwertigen Vektor

$$\hat{\mathbf{p}}(t) = \hat{\mathrm{P}} \cdot e^{\mathrm{i}\Omega t} \tag{E3–3}$$

erweitert, zweckmäßigerweise derart, dass

$$\mathbf{p}(t) = \mathrm{Re}(\hat{\mathbf{p}}(t)) = \mathrm{Re}\left(\hat{\mathbf{P}}\right) \cdot \cos(\Omega t) - \mathrm{Im}\left(\hat{\mathbf{P}}\right) \cdot \sin(\Omega t) \tag{E3–4}$$

gilt. Das ist erfüllt, wenn als komplexer Erregeramplitudenvektor

$$\hat{\mathbf{P}} = \left\{\hat{P}_j\right\} = \left\{P_j\left(\cos(\alpha_{0,j}) + \mathrm{i} \cdot \sin(\alpha_{0,j})\right)\right\} \tag{E3–5}$$

verwendet wird. Für die Verschiebung wird ein komplexwertiger harmonischer Ansatz der Form

$$\hat{\mathbf{u}}(t) = \hat{\mathbf{U}} \cdot e^{\mathrm{i}\Omega t} \tag{E3–6}$$

gemacht. Mit diesem Ansatz ergibt sich aus (E3–1) die komplex erweiterte Bewegungsgleichung

$$\mathbf{M} \cdot \ddot{\hat{\mathbf{u}}}(t) + \mathbf{C} \cdot \dot{\hat{\mathbf{u}}}(t) + \mathbf{K} \cdot \hat{\mathbf{u}} = \hat{\mathbf{P}} \cdot e^{\mathrm{i}\Omega t} \tag{E3–7}$$

Durch Einsetzen des komplexwertigen Ansatzes aus (E3–6) in (E3–7) und nach Kürzen des gemeinsamen Zeitfaktors $e^{\mathrm{i}\Omega t}$ erhält man folgende zeitunabhängige Gleichung

$$-\mathbf{M}\Omega^2\hat{\mathbf{U}} + (\mathbf{K} + \mathrm{i}\Omega\mathbf{C})\hat{\mathbf{U}} = \hat{\mathbf{P}} \tag{E3–8}$$

woraus die komplexe Verschiebungsamplitude $\hat{\mathbf{U}}$ gemäß

$$\hat{\mathbf{U}} = \left[\mathbf{K} - \Omega^2\mathbf{M} + \mathrm{i}\Omega\mathbf{C}\right]^{-1} \cdot \hat{\mathbf{P}} \tag{E3–9}$$

berechnet werden kann. Die reellwertige Lösung $\mathbf{u}(t)$ der Bewegungsgleichung (E3–1) ergibt sich anschließend aus der Beziehung

$$\mathbf{u}(t) = \mathrm{Re}(\hat{\mathbf{u}}(t)) = \mathrm{Re}\left(\hat{\mathbf{U}}\right) \cdot \cos(\Omega t) - \mathrm{Im}\left(\hat{\mathbf{U}}\right) \cdot \sin(\Omega t) \tag{E3–10}$$

In den Gleichungen (E3–1) bis)(E3–10) sind

$\mathrm{i} = \sqrt{-1}$	imaginäre Einheit
$\mathbf{M}$	Matrix der translatorischen Massen und rotatorischen Massenträgheitsmomente des Gesamtsystems
$\mathbf{K}$	Matrix der translatorischen und rotatorischen Steifigkeit des Baugrundes
$\mathbf{C}$	Matrix der translatorischen und rotatorischen Dämpfung des Baugrundes
Ω	Erregerkreisfrequenz
α_j	Phasenwinkel der Verschiebungen bzw. Verdrehungen des Freiheitsgrades j

$\alpha_{0,j}$	Nullphasenwinkel der Erregerkraft bzw. des Erregermomentes des Freiheitsgrades j
$\mathbf{u}(t), \mathbf{p}(t)$	Spaltenvektoren (6 × 1) der zeitabhängigen, reellen Verschiebungen und Verdrehungen bzw. der reellen äußeren Kräfte und Momente
$\hat{\mathbf{u}}(t), \hat{\mathbf{p}}(t)$	Spaltenvektoren (6 × 1) der zeitabhängigen, komplexen Verschiebungen und Verdrehungen bzw. der komplexen äußeren Kräfte und Momente
$\mathbf{U}, \mathbf{P}$	Spaltenvektoren (6 × 1) der zeitunabhängigen, reellen Amplituden der Verschiebungen und Verdrehungen bzw. der reellen äußeren Kräfte und Momente
$\hat{\mathbf{U}}, \hat{\mathbf{P}}$	Spaltenvektoren (6 × 1) der zeitunabhängigen, komplexen Amplituden der Verschiebungen und Verdrehungen bzw. komplexen der äußeren Kräfte und Momente.

Für jeden Freiheitsgrad j lässt sich die komplexe Amplitude wie folgt definieren:

$$\hat{U}_j = U_j^{\mathrm{Re}} + \mathrm{i}U_j^{\mathrm{Im}} = \left|\hat{U}_j\right| \cdot e^{\mathrm{i}\alpha_j} = U_j \cdot e^{\mathrm{i}\alpha_j} \tag{E3–11}$$

wobei

$$U_j = \left|\hat{U}_j\right| = \sqrt{\left(U_j^{\mathrm{Re}}\right)^2 + \left(U_j^{\mathrm{Im}}\right)^2} \tag{E3–12}$$

$$\alpha_j = \arctan\frac{U_j^{\mathrm{Im}}}{U_j^{\mathrm{Re}}} \tag{E3–13}$$

mit

U_j	Amplitude (max. Auslenkung) der Verschiebungen bzw. der Verdrehungen
α_j	Phasenwinkel

Alle hier verwendeten Größen müssen bezüglich ein und desselben Bezugspunktes formuliert werden.

K und **C** sind die Matrizen der im Allgemeinen frequenzabhängigen Federsteifigkeiten und Dämpfungen des Baugrundes, die man in der Baugrunddynamik üblicherweise als dynamische oder komplexe Steifigkeitsmatrix **S** in der Form

$$\mathbf{S}(\Omega) = \mathbf{K}(\Omega) + \mathrm{i}\,\Omega\mathbf{C}(\Omega) \tag{E3–14}$$

schreibt.

Im Allgemeinen Fall hängen diese komplexen Steifigkeiten in jedem Freiheitsgrad von der Fundamentgeometrie, dem Schubmodul G_{d}, der Querdehnzahl ν und Dichte ρ des Baugrunds sowie von der Erregerkreisfrequenz $\boldsymbol{\Omega}$ ab.

Die in diesen Empfehlungen angegebenen Federsteifigkeiten und Dämpfungen des masselosen, starren, im Baugrund eingebetteten Rechteckfundamentes sind auf den Mittelpunkt der Sohlfläche und auf Bewegungsrichtungen parallel zu den Symmetrieachsen des Fundamentes bezogen. Die Matrizen **K** und **C** sind dann folgendermaßen belegt:

$$\mathbf{K}(\Omega)=\begin{bmatrix} K_{xx}(\Omega) & 0 & 0 & 0 & K_{x\varphi_y}(\Omega) & 0 \\ 0 & K_{yy}(\Omega) & 0 & K_{y\varphi_x}(\Omega) & 0 & 0 \\ 0 & 0 & K_{zz}(\Omega) & 0 & 0 & 0 \\ 0 & K_{\varphi_x y}(\Omega) & 0 & K_{\varphi_x\varphi_x}(\Omega) & 0 & 0 \\ K_{\varphi_y x}(\Omega) & 0 & 0 & 0 & K_{\varphi_y\varphi_y}(\Omega) & 0 \\ 0 & 0 & 0 & 0 & 0 & K_{\varphi_z\varphi_z}(\Omega) \end{bmatrix} \quad \text{(E3–15)}$$

$$\mathbf{C}(\Omega)=\begin{bmatrix} C_{xx}(\Omega) & 0 & 0 & 0 & C_{x\varphi_y}(\Omega) & 0 \\ 0 & C_{yy}(\Omega) & 0 & C_{y\varphi_x}(\Omega) & 0 & 0 \\ 0 & 0 & C_{zz}(\Omega) & 0 & 0 & 0 \\ 0 & C_{\varphi_x y}(\Omega) & 0 & C_{\varphi_x\varphi_x}(\Omega) & 0 & 0 \\ C_{\varphi_y x}(\Omega) & 0 & 0 & 0 & C_{\varphi_y\varphi_y}(\Omega) & 0 \\ 0 & 0 & 0 & 0 & 0 & C_{\varphi_z\varphi_z}(\Omega) \end{bmatrix} \quad \text{(E3–16)}$$

Die Matrizen (E3–15) und (E3–16) sind symmetrisch, so dass bei den Matrixelementen, die nicht auf der Hauptdiagonalen liegen, die Indizes vertauschbar sind:

$$K_{x\varphi_y}(\Omega)\equiv K_{\varphi_y x}(\Omega),\ K_{y\varphi_x}(\Omega)\equiv K_{\varphi_x y}(\Omega) \quad \text{(E3–17)}$$

$$C_{x\varphi_y}(\Omega)\equiv C_{\varphi_y x}(\Omega),\ C_{y\varphi_x}(\Omega)\equiv C_{\varphi_x y}(\Omega) \quad \text{(E3–18)}$$

Bei Kreisfundamenten gilt aus Symmetriegründen ferner:

$$K_{yy}(\Omega)\equiv K_{xx}(\Omega),\ K_{y\varphi_x}(\Omega)=-K_{x\varphi_y}(\Omega) \quad \text{(E3–19)}$$

$$C_{yy}(\Omega)\equiv C_{xx}(\Omega),\ C_{y\varphi_x}(\Omega)=-C_{x\varphi_y}(\Omega) \quad \text{(E3–20)}$$

Wenn die Bewegungsgleichung (E3–1) nicht bezüglich des Mittelpunktes der Fundamentsohle aufgestellt wurde, muss die dynamische Steifigkeitsmatrix auf den gewählten Bezugspunkt transformiert werden. Die Transformation der komplexen Steifigkeitsmatrix (E3–14) auf andere Punkte – wie beispielsweise auf den Fundamentschwerpunkt – lässt sich zweckmäßig über eine Koordinatentransformation durchführen. Es ist

$$\mathbf{S}_B\cdot\hat{\mathbf{U}}_B=\hat{\mathbf{P}}_B \quad \text{(E3–21)}$$

die auf den Mittelpunkt „B“ der Fundamentfläche bezogene komplexe zeitunabhängige Bewegungsgleichung eines starren masselosen Fundamentes nach (E3–8), und

$$\mathbf{S}_S\cdot\hat{\mathbf{U}}_S=\hat{\mathbf{P}}_S \quad \text{(E3–22)}$$

das Gegenstück bezogen auf den Fundamentschwerpunkt „S“. Die Koeffizienten der auf die Punkte „B“ und „S“ bezogenen Freiheitsgrade lassen sich stets über eine Transformationsmatrix $\mathbf{T}_{BS}$ ineinander überführen, für die folgende Beziehung gilt:

$$\hat{\mathbf{U}}_\mathrm{B} = \mathbf{T}_\mathrm{BS} \cdot \hat{\mathbf{U}}_\mathrm{S} \text{ und } \hat{\mathbf{P}}_\mathrm{S} = \mathbf{T}_\mathrm{BS}^\mathrm{T} \cdot \hat{\mathbf{P}}_\mathrm{B} \tag{E3–23}$$

Man erhält die komplexe Steifigkeitsmatrix bezüglich des Schwerpunktes:

$$\mathbf{S}_\mathrm{S} = \mathbf{T}_\mathrm{BS}^\mathrm{T} \cdot \mathbf{S}_\mathrm{B} \cdot \mathbf{T}_\mathrm{BS} \tag{E3–24}$$

Eine Anwendung der Vorgehensweise ist im Beispiel in Abschnitt E3-7.3 zu finden.

2.3 Indirekte Erregung

2.3.1 Oberflächenfundamente

Für ein indirekt über Bodenschwingungen $\mathbf{u}_0(t)$ erregtes Fundament, dessen Abmessungen klein gegenüber der Wellenlänge der Bodenschwingung sind, lautet die Bewegungsgleichung

$$\mathbf{M}\ddot{\mathbf{u}}(t) + \mathbf{C}\left[\dot{\mathbf{u}}(t) - \dot{\mathbf{u}}_0(t)\right] + \mathbf{K}\left[\mathbf{u}(t) - \mathbf{u}_0(t)\right] = \mathbf{0} \tag{E3–25}$$

Hierin ist $\mathbf{u}_0(t)$ der Spaltenvektor der Verschiebung der freien Bodenoberfläche (Freifeldverschiebung) vor der Fundamentaufstellung und $\mathbf{u}(t)$ ist der Spaltenvektor der Verschiebung des Fundamentes.

Bei einer harmonischen Oberflächenerregung $\hat{\mathbf{u}}_0(t) = \hat{\mathbf{U}}_0 \cdot e^{\mathrm{i}\Omega t}$ ergibt sich analog zu Gleichung (E3–8) aus Gleichung (E3–25) die zeitunabhängige algebraische Gleichung

$$-\mathbf{M}\Omega^2\hat{\mathbf{U}} + (\mathbf{K} + \mathrm{i}\Omega\mathbf{C})\hat{\mathbf{U}} = (\mathbf{K} + \mathrm{i}\Omega\mathbf{C})\hat{\mathbf{U}}_\mathbf{0} \tag{E3–26}$$

Gleichung (E3–26) kann nach $\hat{\mathbf{U}}$ aufgelöst werden. Durch das indirekt angeregte Fundament wird die Schwingung des ursprünglichen Freifeldes nicht nur am Ort des Fundamentes, sondern auch in seiner Umgebung verändert.

Sind die Abmessungen des Fundamentes in einer ähnlichen Größenordnung wie die halbe Wellenlänge der Bodenschwingung oder kleiner, so ergeben sich bei Erregung durch Oberflächenwellen sowohl vertikale Schwingungen, als auch Kippschwingungen und Horizontalschwingungen (Bild E3–2). Ein Beispiel für eine Berechnung der resultierenden Kippschwingungen findet sich in [58].

Ist die halbe Wellenlänge der Bodenschwingung klein gegenüber den Abmessungen des Fundamentes, so sind genauere Untersuchungen der sich ergebenden indirekten Erregung notwendig.

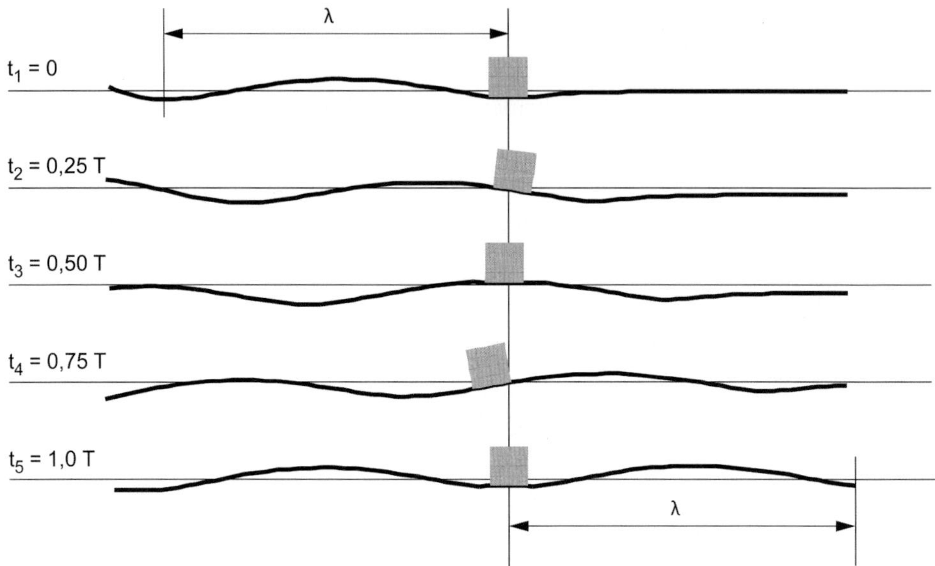

Bild E3-2 Kipp- und Horizontalschwingungen eines indirekt erregten Oberflächenfundamentes innerhalb einer Periode der Länge T

2.3.2 Eingebettete Fundamente

Durch die Einbettung eines Fundamentes wird die Ausbreitung einer induzierten Bodenschwingung erheblich gestört. Die bei Oberflächenfundamenten benutzte Vorgehensweise liefert nur bei sehr geringen Einbindetiefen eine brauchbare Näherung. Im Allgemeinen müssen die effektiven Fußpunkterregungen gesondert ermittelt werden.

2.4 Notation und Bezugsgrößen

Die in den nachfolgenden Abschnitten dargestellten Steifigkeiten und Dämpfungen sind bezogene Größen und damit dimensionslos. Als Bezugsgröße dienen für jeden Freiheitsgrad Näherungswerte für die Steifigkeit eines korrespondierenden Oberflächenkreisfundamentes nach Abschnitt 3.1.

Eine Ausnahme von dieser Regel sind die Koppelsteifigkeiten zwischen Momentenbelastung und horizontaler Verschiebung bzw. horizontaler Belastung und Rotation eingebetteter Fundamente, da die korrespondierenden Koppelsteifigkeiten eines Oberflächenfundamentes vernachlässigbar gering und somit als Bezugsgröße ungeeignet sind. Ersatzweise wird auf das Produkt der translatorischen Steifigkeit des korrespondierenden Oberflächenfundamentes mit einer geeigneten charakteristischen Länge zurückgegriffen.

Die Bezeichnungen dimensionsbehafteter Größen beginnen jeweils mit einem Großbuchstaben, und zwar „*K*“ für Steifigkeiten und „*C*“ für Dämpfungen. Der untere Index gibt neben der Bezeichnung des Freiheitsgrades an, ob es sich um eine statische Steifigkeit (Index „0“) oder um eine frequenzabhängige Steifigkeit bzw. Dämpfung (Index „Ω“) handelt. Der obere Index schließlich gibt mit einer Kombination aus einem Groß- und einem Kleinbuchstaben an, ob es sich um die Steifigkeit bzw. Dämpfung eines Kreisfundamentes („K“) oder eines Rechteckfundamentes („R“) an der Oberfläche („s“) oder mit Einbettung („e“) handelt.

Die Bezeichnungen dimensionsloser Größen beginnen dagegen stets mit einem Kleinbuchstaben. Der Buchstabe „*k*“ steht für einen Steifigkeitskoeffizienten, und „*d*“ für einen Dämpfungskoeffizienten. Ein Steifigkeitskoeffizient ist stets das Verhältnis zweier Steifigkeiten. Ein Dämpfungskoeffizient ist das Verhältnis zwischen einer Dämpfung und einer korrespondierenden statischen Steifigkeit, das noch mit einem Faktor mit der Dimension „1/Zeit“ multipliziert wird, damit es dimensionslos wird. Im oberen und unteren Index werden durch einen Pfeil getrennt Angaben zu Art der bezogenen Größe und der Bezugsgröße gemacht. Links des Pfeils stehen jeweils die Art derjenigen dimensionsbehafteten Größe, auf welche die dimensionslose Größe bezogen wird, während rechts des Pfeils die Parameter derjenigen dimensionsbehafteten Größe stehen, die berechnet werden soll. Die dabei benutzten Symbole haben die gleiche Bedeutung wie bei den dimensionsbehafteten Größen.

Beispiele:

1. $k_{\mathrm{zz},0\rightarrow\Omega}^{\mathrm{Ks}\rightarrow\mathrm{Rs}}=\dfrac{K_{\mathrm{zz},\Omega}^{\mathrm{Rs}}}{K_{\mathrm{zz},0}^{\mathrm{Ks}}}$

   mit $K_{\mathrm{zz},\Omega}^{\mathrm{Rs}}$ der dynamischen Steifigkeit des Oberflächenrechteckfundamentes und $K_{\mathrm{zz},0}^{\mathrm{Ks}}$ der statischen Steifigkeit des korrespondierenden Oberflächenkreisfundamentes.

2. $d_{\mathrm{zz},0\rightarrow\Omega}^{\mathrm{Ks}\rightarrow\mathrm{Rs}}=\dfrac{C_{\mathrm{zz},\Omega}^{\mathrm{Rs}}}{K_{\mathrm{zz},0}^{\mathrm{Ks}}}\cdot\dfrac{\Omega}{a_0}$

   Bei der Dämpfung muss stets berücksichtigt werden, dass die dimensionslose Größe zwei dimensionsbehaftete Größen mit unterschiedlicher Dimension miteinander kombiniert. Dadurch ergibt sich der zusätzliche Faktor auf der rechten Seite.

3. $k_{\mathrm{x}\varphi_\mathrm{y},0\rightarrow\Omega}^{\mathrm{Ks}\rightarrow\mathrm{Re}}=\dfrac{K_{\mathrm{x}\varphi_\mathrm{y},\Omega}^{\mathrm{Re}}}{r_{0x}\cdot K_{\mathrm{xx},0}^{\mathrm{Ks}}}$

   Bei den Koppelgliedern wird als Bezugsgröße das Produkt aus der Bezugssteifigkeit des translatorischen Freiheitsgrades und dem Ersatzradius eines flächengleichen Kreisfundamentes benutzt. Für die dimensionslose Dämpfung wird dieselbe Bezugsgröße verwendet.

3 Homogener Baugrund

3.1 Frequenzunabhängige Federsteifigkeiten und Dämpfungen

3.1.1 Kreisförmige Oberflächenfundamente

In [47] sind frequenzunabhängige Näherungswerte für Federsteifigkeiten (Federkonstanten) und Dämpfer (Dämpferkonstanten) kreisförmiger Oberflächenfundamente wie folgt angegeben:

vertikal

$$K_{\mathrm{zz},0}^{\mathrm{Ks}} = \frac{4G_{\mathrm{d}}r}{1-\nu} \qquad \text{(E3–27)}$$

$$C_{\mathrm{zz},0}^{\mathrm{Ks}} = \frac{3{,}4 \cdot r^2}{1-\nu}\sqrt{\rho G_{\mathrm{d}}} \qquad \text{(E3–28)}$$

horizontal

$$K_{\mathrm{xx},0}^{\mathrm{Ks}} = K_{\mathrm{yy},0}^{\mathrm{Ks}} = \frac{8G_{\mathrm{d}}r}{2-\nu} \qquad \text{(E3–29)}$$

$$C_{\mathrm{xx},0}^{\mathrm{Ks}} = C_{\mathrm{yy},0}^{\mathrm{Ks}} = \frac{4{,}6r^2}{2-\nu}\sqrt{\rho G_{\mathrm{d}}} \qquad \text{(E3–30)}$$

Kippen

$$K_{\varphi_{\mathrm{x}}\varphi_{\mathrm{x}},0}^{\mathrm{Ks}} = K_{\varphi_{\mathrm{y}}\varphi_{\mathrm{y}},0}^{\mathrm{Ks}} = \frac{8G_{\mathrm{d}}r^3}{3(1-\nu)} \qquad \text{(E3–31)}$$

$$C_{\varphi_i\varphi_i,0}^{\mathrm{Ks}} = \frac{0{,}8r^4}{(1-\nu)\left(1+B_{\varphi_i}\right)}\sqrt{\rho G_{\mathrm{d}}}, \quad B_{\varphi_i} = \frac{3(1-\nu)\theta_i}{8\rho r^5}, \quad i = \mathrm{x,y} \qquad \text{(E3–32)}$$

Torsion

$$K_{\varphi_{\mathrm{z}}\varphi_{\mathrm{z}},0}^{\mathrm{Ks}} = \frac{16G_{\mathrm{d}}r^3}{3} \qquad \text{(E3–33)}$$

$$C_{\varphi_{\mathrm{z}}\varphi_{\mathrm{z}},0}^{\mathrm{Ks}} = \frac{2{,}3r^4}{1+2B_{\varphi_{\mathrm{z}}}}\sqrt{B_{\varphi_{\mathrm{z}}}\rho G_{\mathrm{d}}}, B_{\varphi_{\mathrm{z}}} = \frac{\theta_{\mathrm{z}}}{\rho r^5} \qquad \text{(E3–34)}$$

Darin sind

$K_{jj,0}^{\mathrm{Ks}}$ Federkonstante für den Freiheitsgrad *jj*.
Dimension: Kraft/Länge (translat.) bzw. Moment/Winkel (rotat.)

$C_{jj,0}^{\mathrm{Ks}}$ Dämpferkonstante für den Freiheitsgrad *jj*.
Dimension: Moment/Geschwindigkeit (translat.) bzw. Moment/Winkelgeschwindigkeit (rotat.)

r Radius des Kreisfundaments.
Dimension: Länge

G_{d} Dynamischer Schubmodul des Baugrunds.
Dimension: Kraft/Länge^2

ν Querdehnzahl des Baugrunds. Dimensionslos.

ρ Materialdichte des Baugrunds.
Dimension: Masse/Länge^3

θ_j Massenträgheitsmomente um die jeweilige Achse *j* durch den Mittelpunkt der Grundfläche.
Dimension: Masse × Länge^2

Die Koppelsteifigkeiten von kreisförmigen Oberflächenfundamenten sind sehr gering und können vernachlässigt werden.

Die angegebenen Steifigkeiten und Dämpfungen wurden nach [47] so gewählt, dass die Verschiebung eines Einmassenschwingers mit den o. a. Federsteifigkeiten und Dämpfungswerten eine gute Übereinstimmung mit den entsprechenden Verschiebungen eines Kreisfundamentes auf einem homogenen Halbraum ergeben. Die Federsteifigkeiten entsprechen dabei genau den statischen Steifigkeiten eines Kreisfundamentes auf einem homogenen Halbraum. Daraus folgt, dass für überschlägliche Berechnungen die statische Steifigkeit eines masselosen Oberflächenfundamentes eine gute Näherung für die frequenzabhängige Steifigkeit ist.

3.1.2 Kreisförmige eingebettete Fundamente

Für eingebettete Kreisfundamente sind keine geschlossenen Formeln für Näherungswerte bekannt. Dasselbe gilt für die statischen Steifigkeiten. Für näherungsweise Berechnungen können als Federsteifigkeiten die statischen Steifigkeiten eingebetteter Kreisfundamente nach Bild E3–3 zusammen mit den Dämpfungswerten der korrespondierenden Oberflächenkreisfundamente verwendet werden.

Es gilt:

$$K_{jj,0}^{\mathrm{Ke}} = K_{jj,0}^{\mathrm{Ks}} \cdot k_{jj,0\to 0}^{\mathrm{Ks}\to\mathrm{Ke}} \text{ bzw. } K_{ji,0}^{\mathrm{Ke}} = r \cdot K_{jj,0}^{\mathrm{Ks}} \cdot k_{ji,0\to 0}^{\mathrm{Ks}\to\mathrm{Ke}} \qquad \text{(E3–35)}$$

Darin sind:

$K_{jj,0}^{\mathrm{Ke}}, K_{ji,0}^{\mathrm{Ke}}$ Federkonstante eines eingebetteten Kreisfundamentes für das Hauptdiagonalglied *jj* bzw. das Koppelglied *ji*

$K_{jj,0}^{\mathrm{Ks}}$ Federkonstante des korrespondierenden Oberflächenkreisfundamentes

$k_{jj,0\to 0}^{\mathrm{Ks}\to\mathrm{Ke}}$ Dimensionsloser Koeffizient gemäß Bild E3–3

$k_{ji,0\to 0}^{\mathrm{Ks}\to\mathrm{Ke}}$ Dimensionsloser Koeffizient gemäß Bild E3–3

r Fundamentradius

$jj = \mathrm{xx}, \mathrm{zz}, \varphi_y\varphi_y, \varphi_z\varphi_z, ji = \mathrm{x}\varphi_y$

3.1.3 Rechteckförmige Oberflächenfundamente

Frequenzunabhängige Näherungswerte für Federsteifigkeiten und Dämpfungen für Oberflächenfundamente mit rechteckigem Grundriss können aus den in Abschnitt 3.1.1 angegebenen Beziehungen für kreisförmige Fundamente näherungsweise ermittelt werden, indem man die Rechteckfundamente durch korrespondierende Kreisfundamente ersetzt.

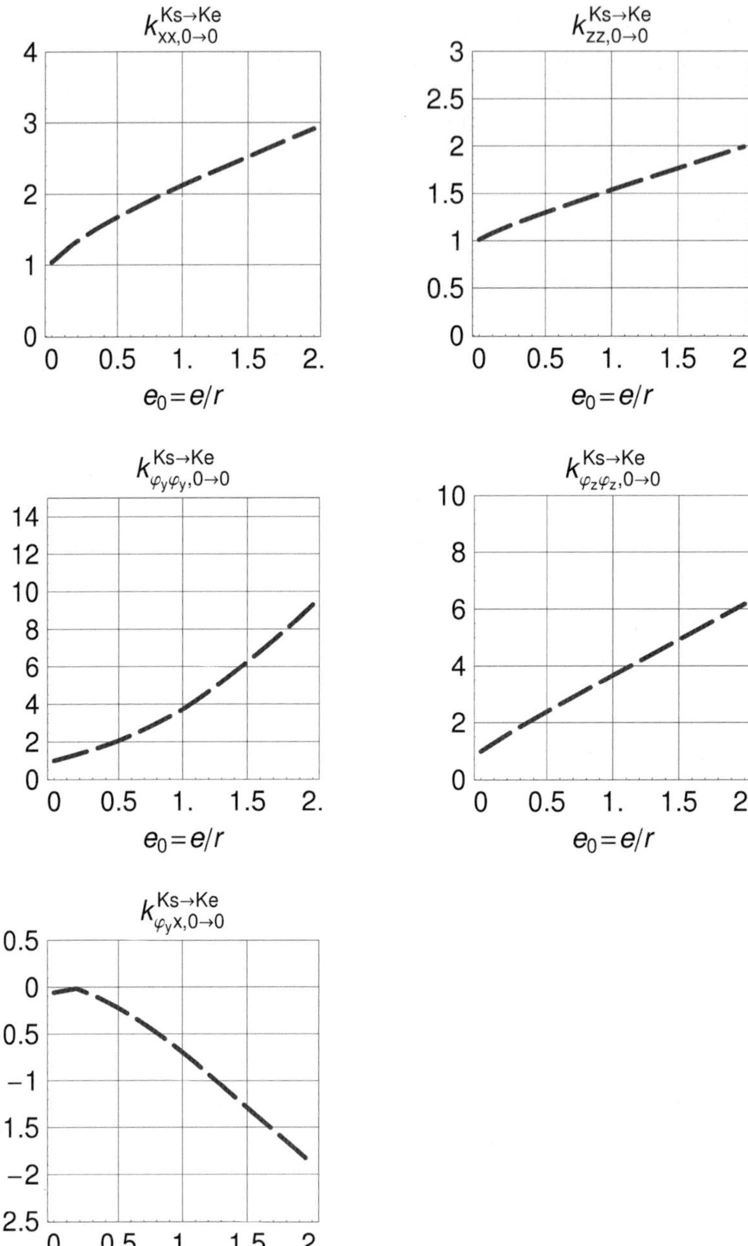

Bild E3-3 Dimensionslose Koeffizienten zur Berechnung der statischen Steifigkeit eines eingebetteten Kreisfundamentes, $\nu = 0{,}4$

Es ist e die Einbindetiefe, und e_0 die auf den jeweiligen Ersatzradius bezogene Einbindetiefe. Die Ersatzradien r_{0j} für ein Rechteck mit den Kantenlängen $2a$ und $2b$ (siehe Bild E3–4) errechnen sich wie folgt:

Translation

$$r_{0x} = r_{0y} = r_{0z} = \sqrt{\frac{4ab}{\pi}} \tag{E3–36}$$

Kippen um x

$$r_{0\varphi_x} = \sqrt[4]{\frac{16ab^3}{3\pi}} \tag{E3–37}$$

Kippen um y

$$r_{0\varphi_y} = \sqrt[4]{\frac{16a^3b}{3\pi}} \tag{E3–38}$$

Torsion

$$r_{0\varphi_z} = \sqrt[4]{\frac{8ab\left(a^2+b^2\right)}{3\pi}} \tag{E3–39}$$

Es gilt: $2b \geq 2a$; die y-Achse verläuft parallel zu $2b$.

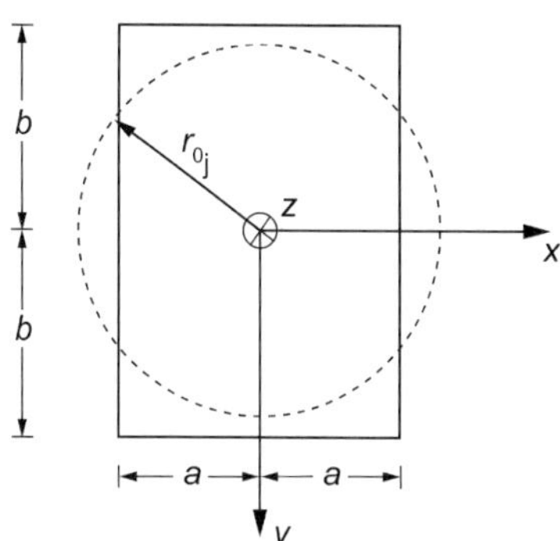

Bild E3-4 Rechteckfundament mit Ersatzradius r_{0j}

3.1.4 Rechteckförmige eingebettete Fundamente

Für eingebettete Rechteckfundamente lassen sich die frequenzunabhängigen Federsteifigkeiten mit Hilfe von Bild E3–5 und Bild E3–6 ermitteln. Es gilt:

$$K_{jj,0}^{\text{Re}} = K_{jj,0}^{\text{Ks}} \cdot k_{jj,0\to 0}^{\text{Ks}\to\text{Re}} \text{ bzw. } K_{ji,0}^{\text{Re}} = r \cdot K_{jj,0}^{\text{Ks}} \cdot k_{ji,0\to 0}^{\text{Ks}\to\text{Re}} \tag{E3–40}$$

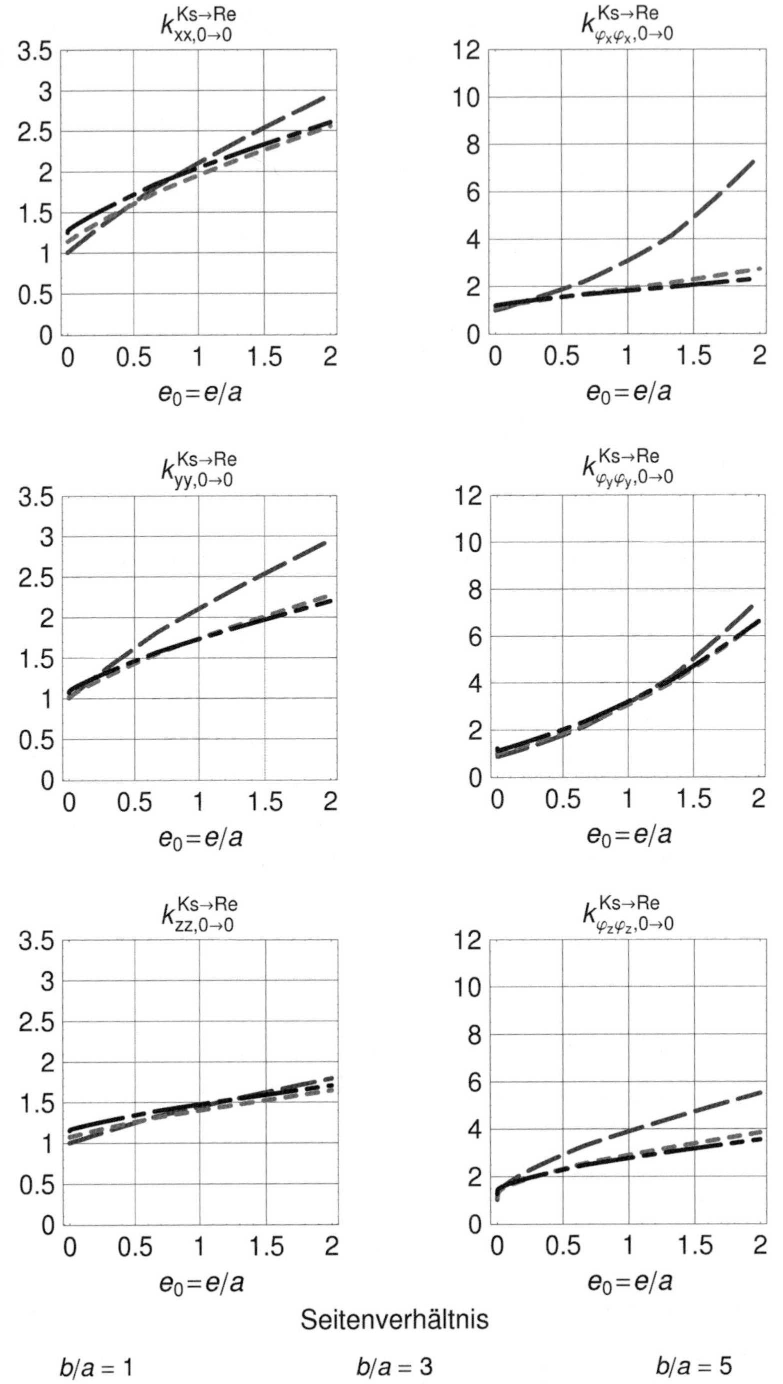

Bild E3-5 Dimensionslose Koeffizienten zur Berechnung der statischen Federsteifigkeit von Rechteckfundamenten. $\nu = 0{,}4$; *translatorische und rotatorische Freiheitsgrade*

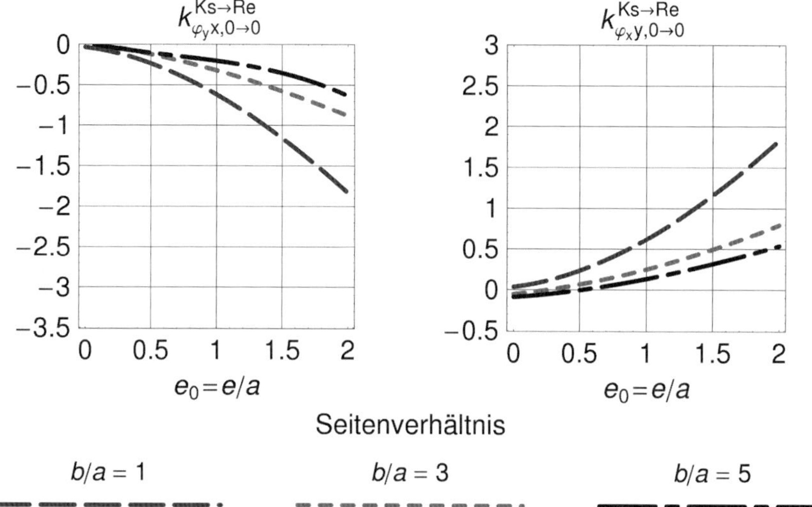

Bild E3-6 Dimensionslose Koeffizienten zur Berechnung der statischen Federsteifigkeit von Rechteckfundamenten. $\nu = 0{,}4$; *Koppelglieder*

Darin sind:

$K^{Re}_{jj,0}$, $K^{Re}_{ji,0}$	Federkonstante eines Oberflächen-Rechteckfundamentes für das Hauptdiagonalglied *jj* bzw. das Koppelglied *ji*
$K^{Ks}_{jj,0}$	Federkonstante des korrespondierenden Kreisfundamentes für den Freiheitsgrad *jj* bzw. den Koppelfreiheitsgrad *ji*
$k^{Ks \to Rs}_{jj,0 \to 0}$	Dimensionsloser Koeffizient gemäß Bild E3–5
$k^{Ks \to Rs}_{ji,0 \to 0}$	Dimensionsloser Koeffizient gemäß Bild E3–6
r_{0j}	Ersatzradius des korrespondierenden Oberflächenkreisfundamentes

$jj = \mathrm{xx, yy, zz}, \varphi_x\varphi_x, \varphi_y\varphi_y, \varphi_z\varphi_z$

$ji = \mathrm{x}\varphi_y, \mathrm{y}\varphi_x$

3.2 Frequenzabhängige Federsteifigkeiten und Dämpfungen

Die in Abschnitt 3.1 angegebenen Steifigkeitswerte für Kreis- und Rechteckfundamente sind für dynamische Berechnungen nur näherungsweise gültig. Mit zunehmender Erregerfrequenz kommen mehr und mehr die Trägheit und die Wellenabstrahlung des Baugrunds zum Tragen. Bei einem unendlich ausgedehnten Kontinuum bewirken diese Effekte eine Frequenzabhängigkeit von Federsteifigkeit und Dämpfung.

3.2.1 Kreisförmige Fundamente

Die beiden Teile der komplexen Steifigkeitsfunktionen für kreisförmige Fundamente berechnen sich für die Hauptdiagonalglieder der komplexen Steifigkeitsmatrix zu

$$K^{Ke}_{jj,\Omega}(\Omega) = K^{Ks}_{jj,0} \cdot k^{Ks \to Ke}_{jj,0 \to \Omega}(e_0, a_0) \tag{E3–41}$$

$$\Omega C_{jj,0}^{\mathrm{Ke}}(\Omega) = K_{jj,0}^{\mathrm{Ks}} \cdot a_0 \cdot d_{jj,0\to\Omega}^{\mathrm{Ks}\to\mathrm{Ke}}(e_0, a_0) \tag{E3–42}$$

$jj = \mathrm{xx},\ \mathrm{zz},\ \varphi_y\varphi_y,\ \varphi_z\varphi_z$

bzw. für die Koppelglieder zu

$$K_{ji,\Omega}^{\mathrm{Ke}}(\Omega) = r \cdot K_{jj,0}^{\mathrm{Ks}} \cdot k_{ji,0\to\Omega}^{\mathrm{Ks}\to\mathrm{Ke}}(e_0, a_0) \tag{E3–43}$$

$$\Omega K_{ji,\Omega}^{\mathrm{Ks}}(\Omega) = r \cdot K_{jj,0}^{\mathrm{Ks}} \cdot a_0 \cdot d_{ji,0\to\Omega}^{\mathrm{Ks}\to\mathrm{Ks}}(e_0, a_0) \tag{E3–44}$$

$ji = \mathrm{x}\varphi_y$

mit

$K_{jj,\Omega}^{\mathrm{Ke}}(\Omega)$	frequenzabhängige Federsteifigkeit auf der Hauptdiagonale der Steifigkeitsmatrix
$K_{ji,\Omega}^{\mathrm{Ke}}(\Omega)$	frequenzabhängige Federsteifigkeit der Koppelglieder der Steifigkeitsmatrix
$C_{jj,\Omega}^{\mathrm{Ke}}(\Omega)$	frequenzabhängige Dämpfung auf der Hauptdiagonale der Steifigkeitsmatrix
$C_{ji,\Omega}^{\mathrm{Ke}}(\Omega)$	frequenzabhängige Dämpfung der Koppelglieder der Steifigkeitsmatrix
$K_{jj,0}^{\mathrm{Ks}}$	Federsteifigkeit des korrespondierenden Kreisfundaments
$k_{jj,0\to\Omega}^{\mathrm{Ks}\to\mathrm{Ke}}(e_0, a_0)$	die im Bild E3–7 und im Bild E3–8 dargestellten dimensionslosen frequenzabhängigen Federsteifigkeiten der Hauptdiagonalglieder der Steifigkeitsmatrix
$k_{ji,0\to\Omega}^{\mathrm{Ks}\to\mathrm{Ke}}(e_0, a_0)$	die im Bild E3–8 dargestellten dimensionslosen frequenzabhängigen Federsteifigkeiten der Koppelglieder der Steifigkeitsmatrix
$d_{jj,0\to\Omega}^{\mathrm{Ks}\to\mathrm{Ks}}(e_0, a_0)$	die im Bild E3–7 und im Bild E3–8 dargestellten dimensionslosen frequenzabhängigen Dämpfungskennwerte der Hauptdiagonalglieder der Steifigkeitsmatrix
$d_{ji,0\to\Omega}^{\mathrm{Ks}\to\mathrm{Ke}}(e_0, a_0)$	die im Bild E3–8 dargestellten dimensionslosen frequenzabhängigen Dämpfungskennwerte der Hauptdiagonalglieder der Steifigkeitsmatrix
e	Einbettungstiefe
r	Fundamentradius
$e_0 = e/r$	Dimensionslose Einbettungstiefe
Ω	Erregerkreisfrequenz
c_S	Scherwellengeschwindigkeit
$a_0 = \dfrac{r\Omega}{c_S}$	dimensionslose Frequenz

Alle im Bild E3–7 und im Bild E3–8 dargestellten dimensionslosen Federsteifigkeiten und Dämpfungen gelten für eine Querdehnzahl von $\nu = 0{,}4$.

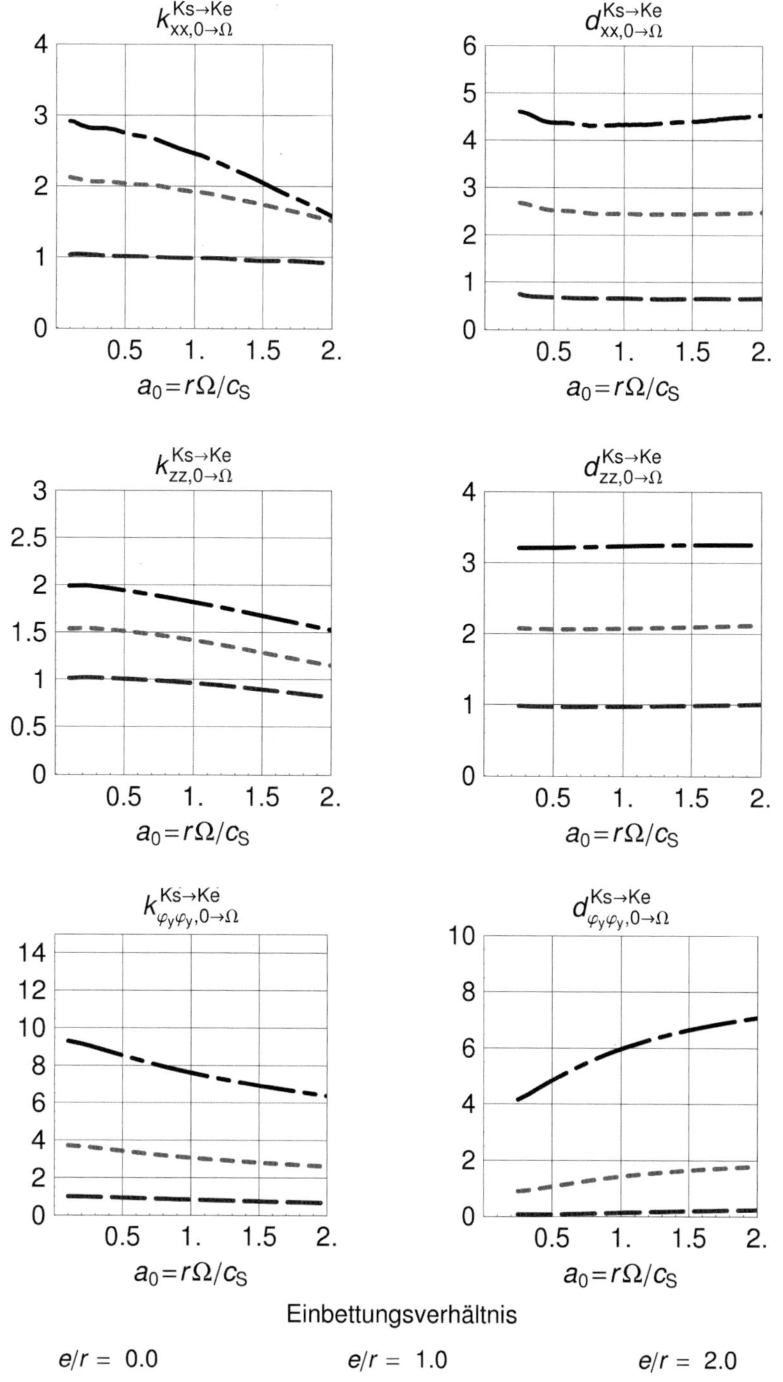

Bild E3-7 Dimensionslose Federsteifigkeiten und Dämpfungen von Kreisfundamenten, $\nu = 0{,}4$

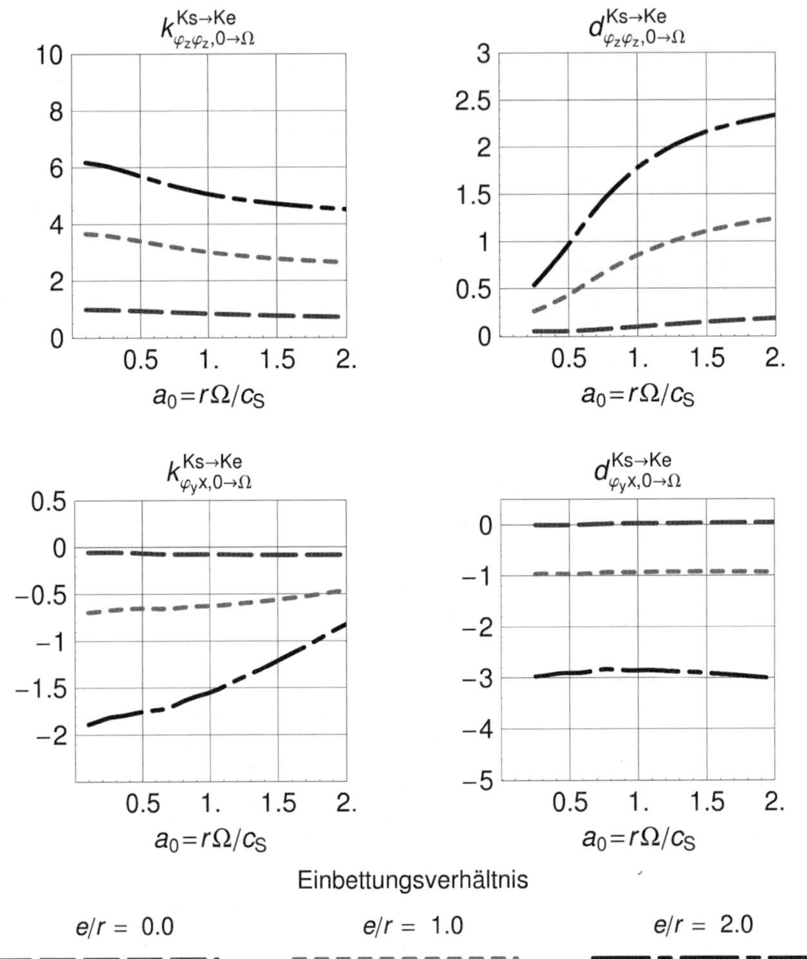

Bild E3-8 Dimensionslose Federsteifigkeiten und Dämpfungen von Kreisfundamenten, $\nu = 0{,}4$

3.2.2 Rechteckförmige Fundamente

Die beiden Teile der komplexen Steifigkeitsfunktionen für eingebettete Rechteckfundamente berechnen sich für jedes Hauptdiagonalelement *jj* der Steifigkeitsmatrix zu

$$K^{\mathrm{Re}}_{jj,\Omega}(\Omega) = K^{\mathrm{Ks}}_{jj,0}(r_{0j}) \cdot k^{\mathrm{Ks}\to\mathrm{Re}}_{jj,0\to\Omega}(b_0, e_0, a_0) \tag{E3–45}$$

$$\Omega C^{\mathrm{Re}}_{jj,\Omega}(\Omega) = K^{\mathrm{Ks}}_{jj,0}(r_{0j}) \cdot a_0 \cdot d^{\mathrm{Ks}\to\mathrm{Re}}_{jj,0\to\Omega}(b_0, e_0, a_0) \tag{E3–46}$$

$jj = \mathrm{xx, yy, zz}, \varphi_x\varphi_x, \varphi_y\varphi_y, \varphi_z\varphi_z$

bzw. für jedes Koppelglied *ji* der Steifigkeitsmatrix zu

$$K^{\mathrm{Re}}_{jj,\Omega}(\Omega) = r_{0j} \cdot K^{\mathrm{Ks}}_{jj,0}(r_{0j}) \cdot k^{\mathrm{Ks}\to\mathrm{Re}}_{ji,0\to\Omega}(b_0, e_0, a_0) \tag{E3–47}$$

$$\Omega C^{\mathrm{Re}}_{ji,\Omega}(\Omega) = r_{0j} \cdot K^{\mathrm{Ks}}_{ji,0}(r_{0j}) \cdot a_0 \cdot d^{\mathrm{Ks}\to\mathrm{Re}}_{ji,0\to\Omega}(b_0, e_0, a_0) \qquad \text{(E3–48)}$$

$ji = x\varphi_y,\ y\varphi_x$

mit

$K^{\mathrm{Re}}_{jj,\Omega}(\Omega)$	frequenzabhängige Federsteifigkeit der Hauptdiagonalglieder der Steifigkeitsmatrix
$K^{\mathrm{Re}}_{ji,\Omega}(\Omega)$	frequenzabhängige Federsteifigkeit der Koppelglieder der Steifigkeitsmatrix
$C^{\mathrm{Re}}_{jj,\Omega}(\Omega)$	frequenzabhängige Dämpfung der Hauptdiagonalglieder der Steifigkeitsmatrix
$C^{\mathrm{Re}}_{ji,\Omega}(\Omega)$	frequenzabhängige Dämpfung der Koppelglieder der Steifigkeitsmatrix
$K^{\mathrm{Ks}}_{jj,\Omega}(r_{0j})$	Federsteifigkeit des korrespondierenden Oberflächenkreisfundamentes nach Abschnitt 3.1.1
r_{0j}	Radius des korrespondierenden Oberflächenkreisfundamentes nach Abschnitt 3.1.1
$k^{\mathrm{Ks}\to\mathrm{Re}}_{jj,0\to\Omega}(b_0, e_0, a_0)$	die in Bild E3–9 bis Bild E3–17 dargestellten dimensionslosen Steifigkeitskoeffizienten der Hauptdiagonalglieder der Steifigkeitsmatrix von eingebetteten Rechteckfundamenten
$k^{\mathrm{Ks}\to\mathrm{Re}}_{ji,0\to\Omega}(b_0, e_0, a_0)$	die in Bild E3–9 bis Bild E3–17 dargestellten dimensionslosen Steifigkeitskoeffizienten der Koppelglieder der Steifigkeitsmatrix von eingebetteten Rechteckfundamenten
$d^{\mathrm{Ks}\to\mathrm{Re}}_{jj,0\to\Omega}(b_0, e_0, a_0)$	die in Bild E3–9 bis Bild E3–17 dargestellten dimensionslosen Dämpfungskoeffizienten der Hauptdiagonalglieder der Steifigkeitsmatrix von eingebetteten Rechteckfundamenten
$d^{\mathrm{Ks}\to\mathrm{Re}}_{ji,0\to\Omega}(b_0, e_0, a_0)$	die in Bild E3–9 bis Bild E3–17 dargestellten dimensionslosen Dämpfungskoeffizienten der Koppelglieder der Steifigkeitsmatrix von eingebetteten Rechteckfundamenten
$b_0 = b / a$	Seitenlängenverhältnis gemäß Bild E3–4
$e_0 = e / a$	dimensionslose Einbettung
e	Einbettung
a	kürzere halbe Fundamentbreite
Ω	Erregerkreisfrequenz
c_S	Scherwellengeschwindigkeit
$a_0 = a \cdot \Omega / c_S$	dimensionslose Frequenz

Alle in Bild E3-9 bis Bild E3-17 dargestellten dimensionslosen Federsteifigkeiten und Dämpfungen gelten für eine Querdehnzahl von $\nu = 0{,}4$.

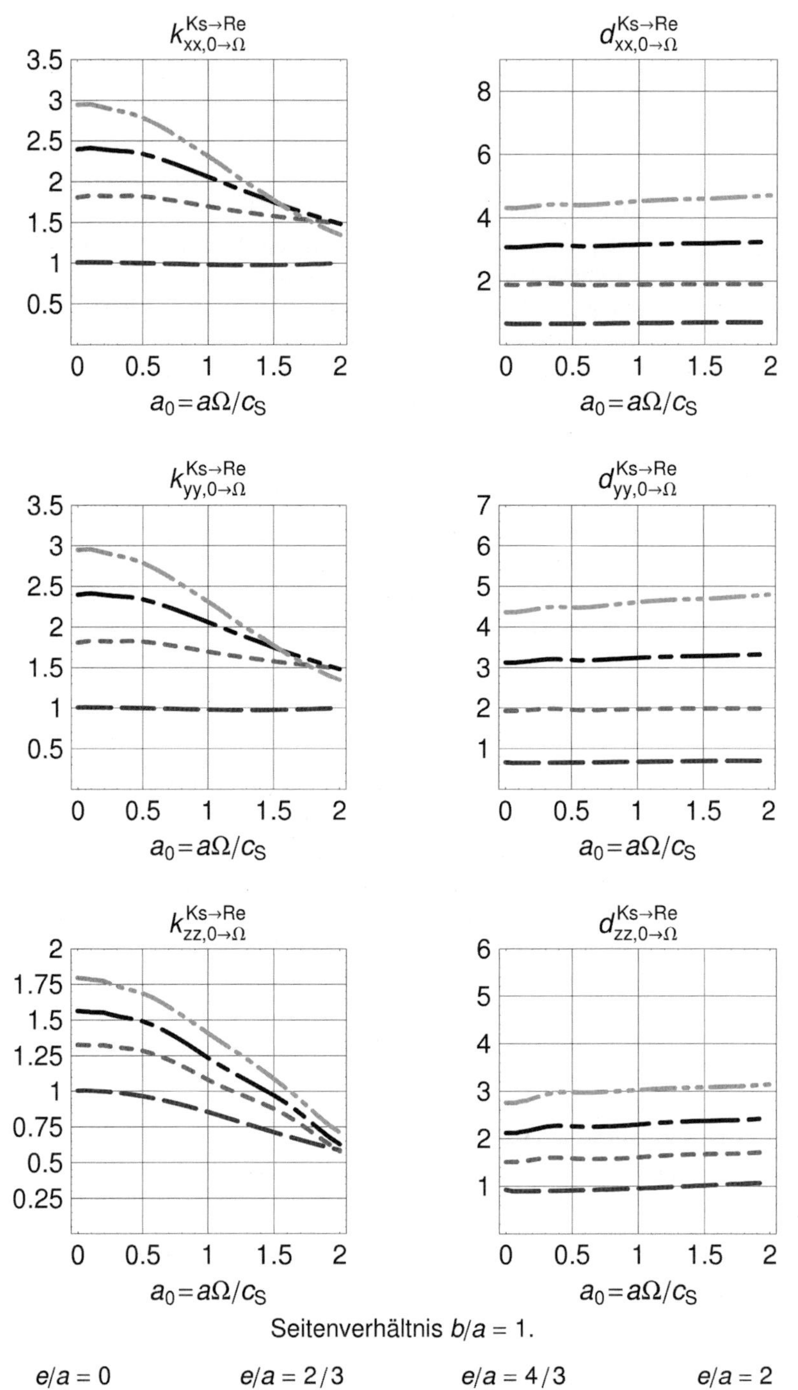

Bild E3-9 Dimensionslose Koeffizienten zur Berechnung der Federsteifigkeiten und Dämpfungen von Rechteckfundamenten, $\nu = 0{,}4$, $b_0 = 1$; *translatorische Freiheitsgrade*

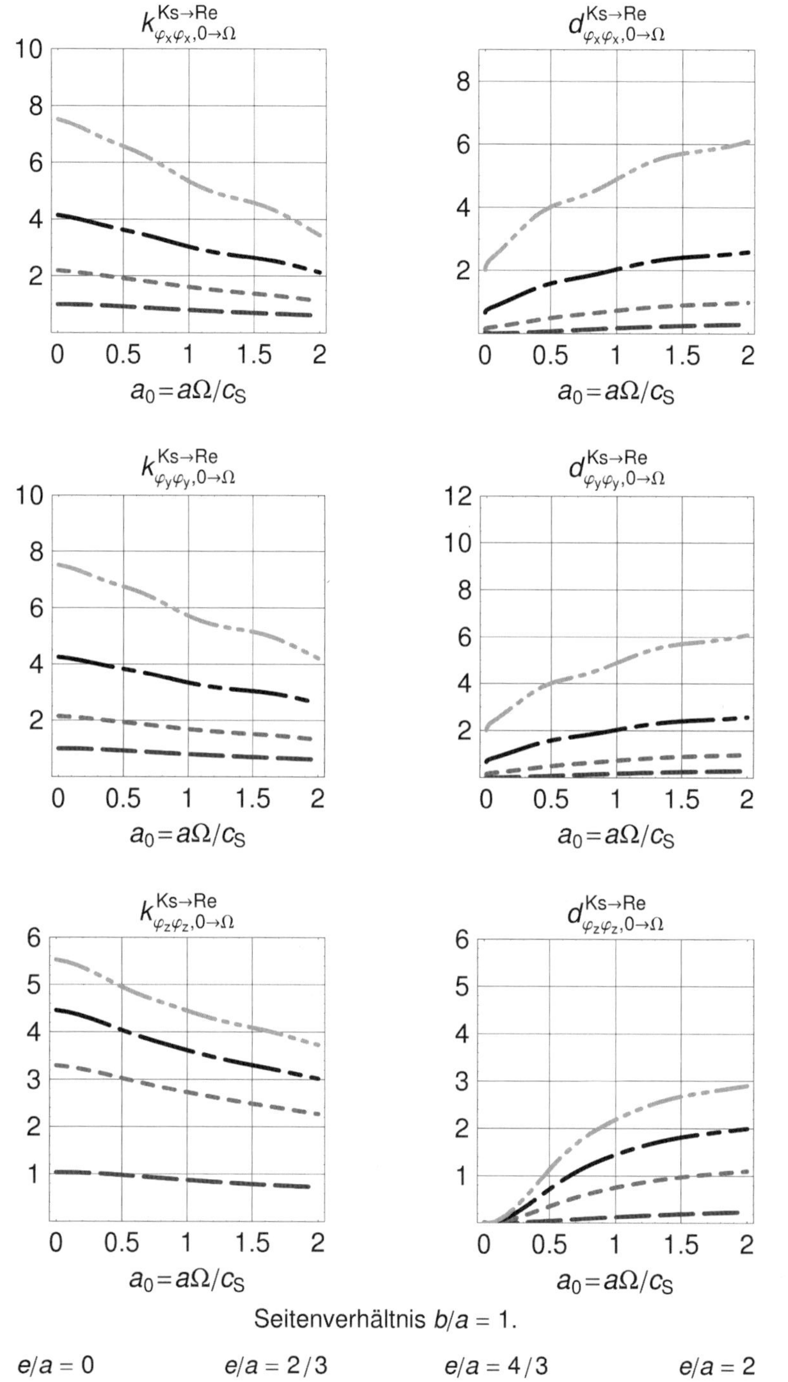

Bild E3-10 Dimensionslose Koeffizienten zur Berechnung der Federsteifigkeiten und Dämpfungen von Rechteckfundamenten, $\nu = 0{,}4$, $b_0 = 1$; *rotatorische Freiheitsgrade*

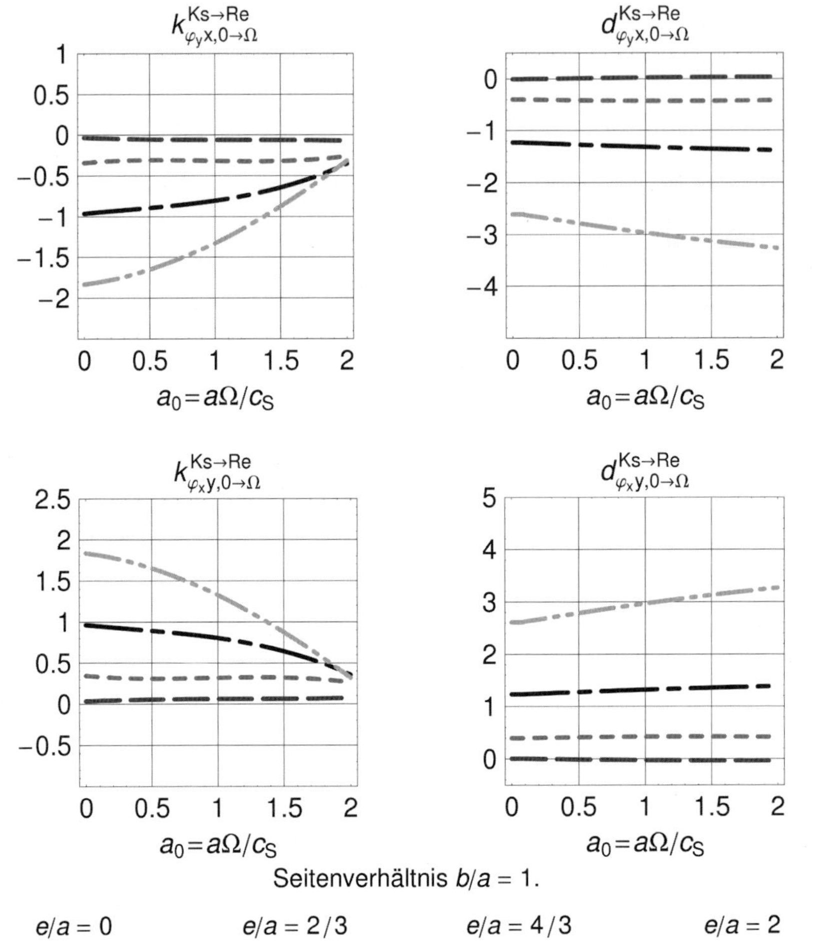

Bild E3-11 Dimensionslose Koeffizienten zur Berechnung der Federsteifigkeiten und Dämpfungen von Rechteckfundamenten, $\nu = 0{,}4$, $b_0 = 1$; *Koppelglieder*

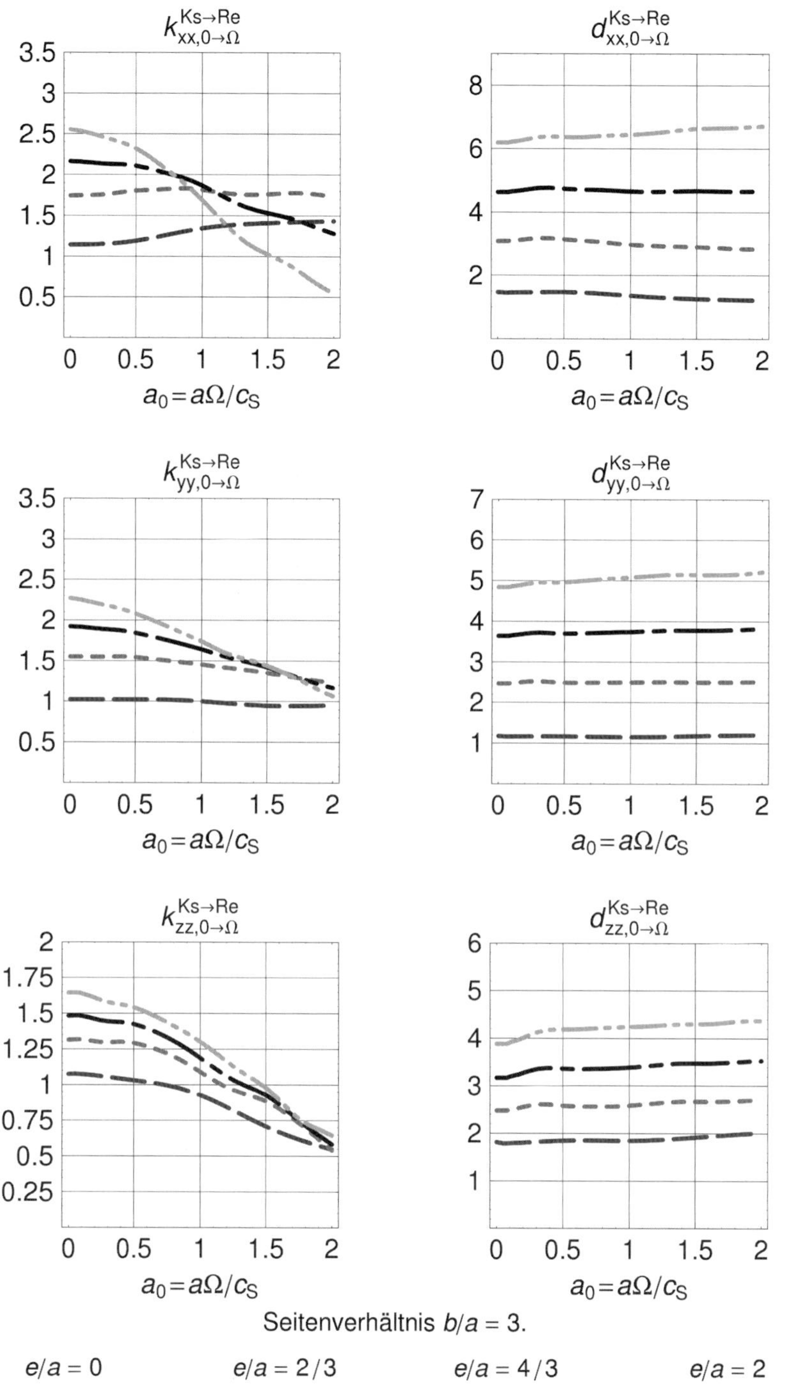

Bild E3-12 Dimensionslose Koeffizienten zur Berechnung der Federsteifigkeiten und Dämpfungen von Rechteckfundamenten, $\nu = 0{,}4$, $b_0 = 3$; *translatorische Freiheitsgrade*

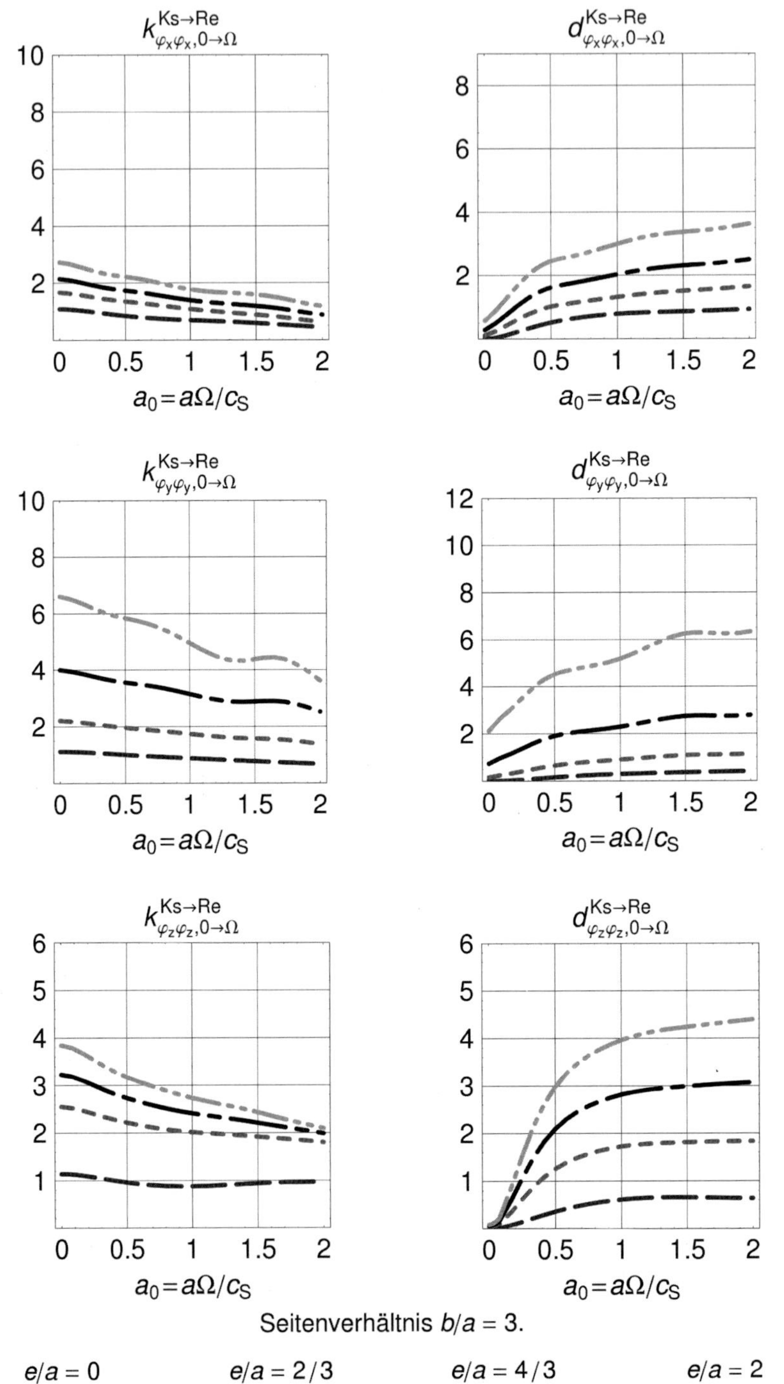

Bild E3-13 Dimensionslose Koeffizienten zur Berechnung der Federsteifigkeiten und Dämpfungen von Rechteckfundamenten, $\nu = 0{,}4$, $b_0 = 3$; *rotatorische Freiheitsgrade*

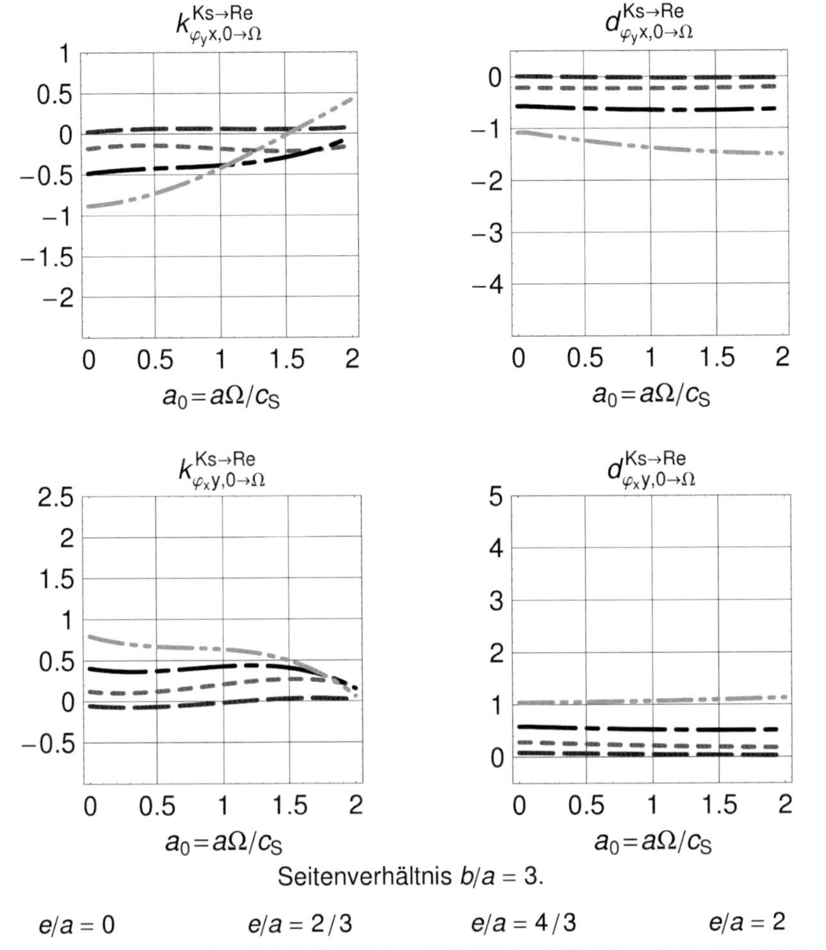

Bild E3-14 Dimensionslose Koeffizienten zur Berechnung der Federsteifigkeiten und Dämpfungen von Rechteckfundamenten, $\nu = 0{,}4$, $b_0 = 3$; *Koppelglieder*

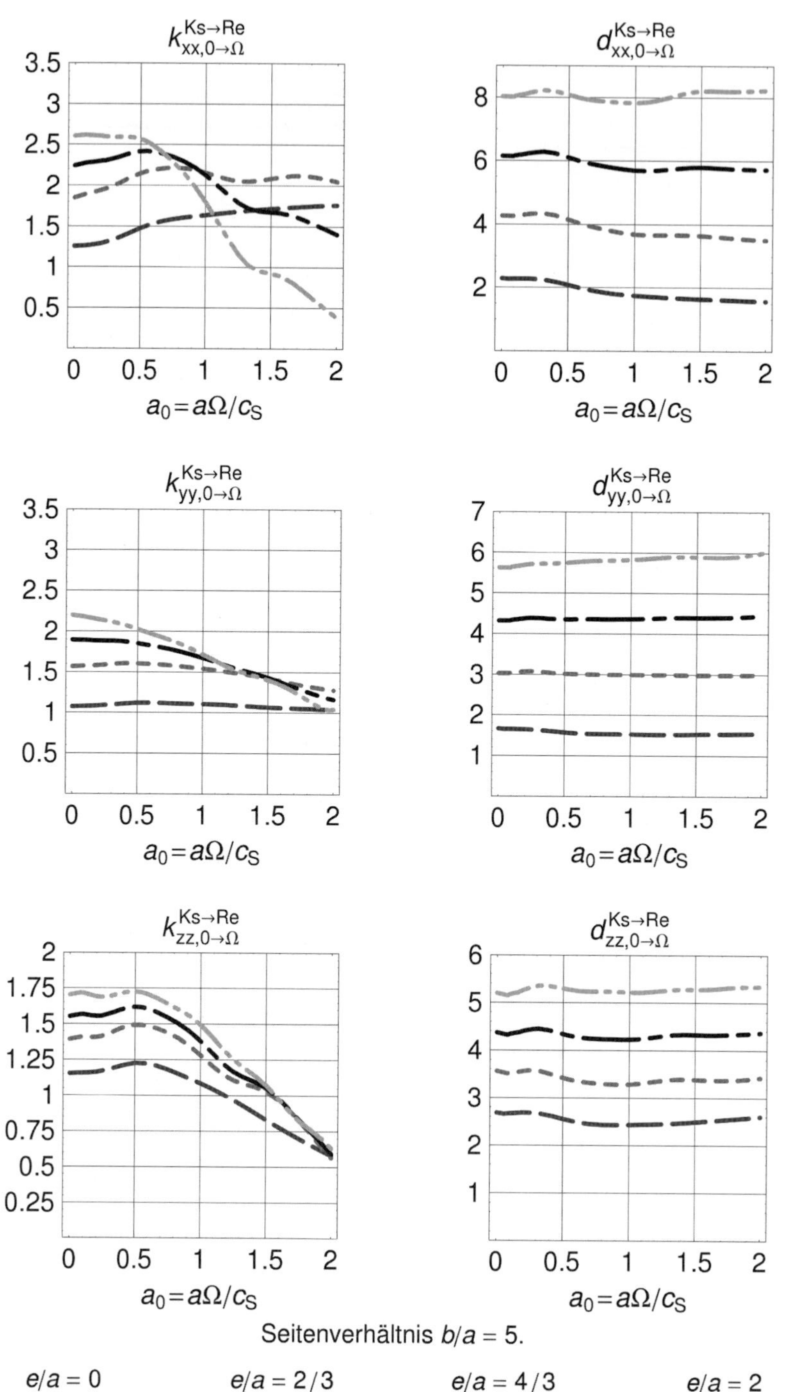

Bild E3-15 Dimensionslose Koeffizienten zur Berechnung der Federsteifigkeiten und Dämpfungen von Rechteckfundamenten, $\nu = 0{,}4$, $b_0 = 5$; *translatorische Freiheitsgrade*

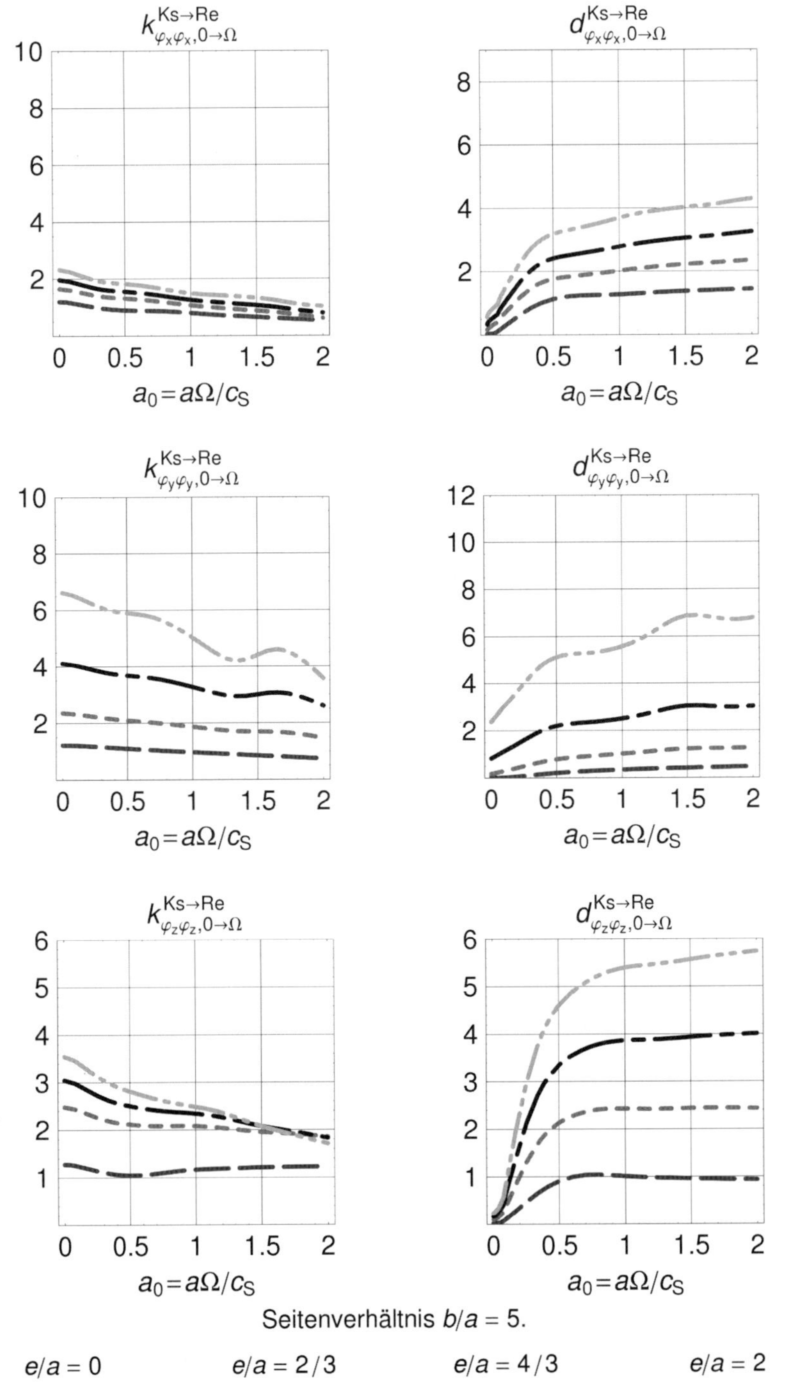

Bild E3-16 Dimensionslose Koeffizienten zur Berechnung der Federsteifigkeiten und Dämpfungen von Rechteckfundamenten, $\nu = 0{,}4$, $b_0 = 5$; *rotatorische Freiheitsgrade*

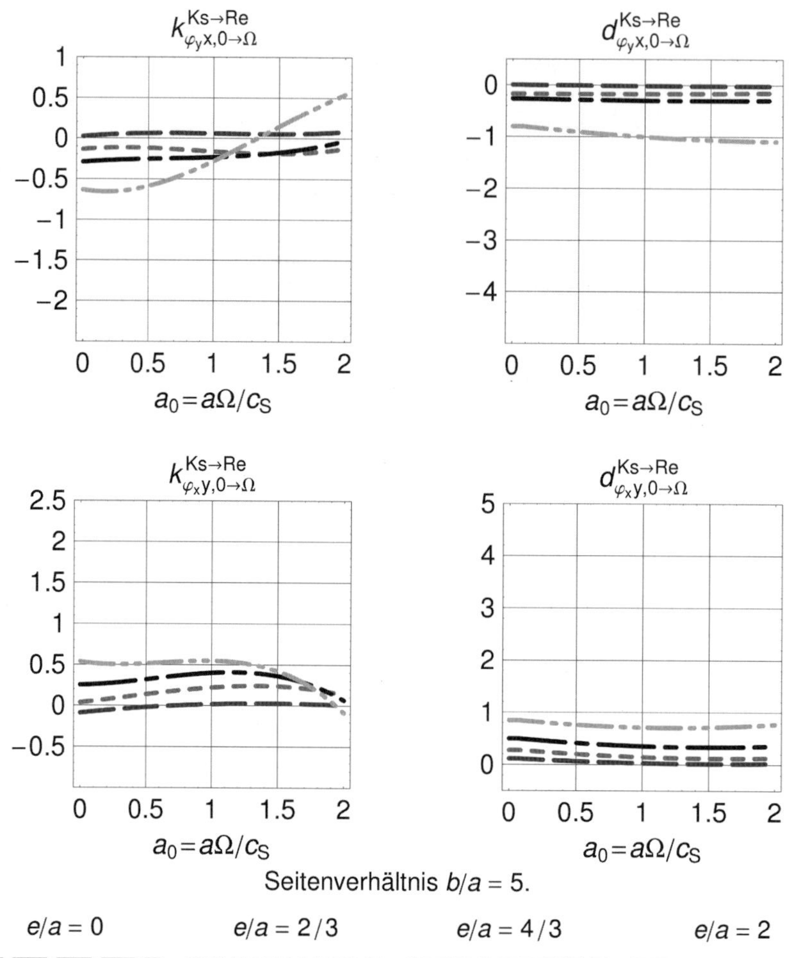

Bild E3-17 Dimensionslose Koeffizienten zur Berechnung der Federsteifigkeiten und Dämpfungen von Rechteckfundamenten, $\nu = 0{,}4$, $b_0 = 5$; *Koppelglieder*

Da bei Fundamenten mit größerem Seitenverhältnis die in den obigen Ergebnissen vorausgesetzte Bedingung der Starrheit insbesondere bei Oberflächenfundamenten im Allgemeinen nicht mehr erfüllt ist, können diese Beziehungen nur bis $b/a = 5$ angewandt werden. Weitere Kurven hierzu, auch zum Einfluss weiterer Parameter, siehe z. B. in [52], [53], [54], [55], [56], und [57].

4 Inhomogener Baugrund

Ein in der Natur vorkommender Untergrund weicht stets vom Idealfall eines homogenen Halbraums ab. Selbst in einem Boden mit bis in große Tiefe unveränderlicher Kornzusammensetzung und konstanter Dichte ergibt sich durch das Eigengewicht eine lineare Zunahme der vertikalen Spannungen mit der Tiefe, und dadurch nach Gleichung (E2–2) ein zur Quadratwurzel der Tiefe proportionaler Schubmodul bzw. eine zur vierten Wurzel der Tiefenkoordinate proportionale Scherwellengeschwindigkeit. Hinzu kommen bei Maschinengründungen die Spannungen aus Eigengewicht von Gründung und Maschine, wodurch sich eine zusätzliche Inhomogenität des Bodens einstellt, insbesondere eine erhöhte Steifigkeit des Bodens in unmittelbarer Nähe zur Fundamentsohle. Änderungen der Lagerungsdichte und der Kornzusammensetzung können zu einer deutlich ausgeprägten Schichtung des Boden führen, die mit Sprüngen in der Bodensteifigkeit an den Schichtgrenzen einhergeht.

Es hat sich gezeigt, dass Böden mit kontinuerlicher Zunahme der Bodensteifigkeit, die näherungsweise der Zunahme des Schubmoduls proportional zur Quadratwurzel der Tiefenkoordinate entspricht oder einen geringeren Gradienten aufweist, mit ausreichender Genauigkeit durch einen äquivalenten Halbraum abgebildet werden können. Bei deutlich ausgeprägten Schichtgrenzen treten Resonanzeffekte in Erscheingung, die durch die Impedanzen homogener Böden nicht ausreichend erfasst werden können. In solchen Fällen sind stets dedizierte dynamische Untersuchungen erforderlich.

4.1 Einfluss der Gründungslasten

Die Zusatzspannungen können mithilfe der klassischen Spannungsausbreitungsbeziehungen nach Boussinesq [75] und daraus abgeleiteter Beziehungen für spezielle Sohlspannungsverteilungen ermittelt werden. Anschließend kann der Schubmodul gemäß Abschnitt E2-2.1.1 abgeschätzt werden.

Die um den Einfluss von Gründungslasten korrigierten Scherwellengeschwindigkeiten unterhalb eines Fundamentes können nach [74] mit Gleichung (E3–49) approximiert werden.

$$c_{\mathrm{S,F}}(z) = c_{\mathrm{S}}(z)\left(\frac{\sigma'_{\mathrm{z}}(z) + \Delta\sigma'_{\mathrm{z}}(z)}{\sigma'_{\mathrm{z}}(z)}\right)^{n/2} \qquad \text{(E3–49)}$$

Darin sind

$c_{\mathrm{S,F}}(z)$ Korrigierte Scherwellengeschwindigkeit in der Tiefe z unterhalb der Gründungssohle

$c_{\mathrm{S}}(z)$ Scherwellengeschwindigkeit in der Tiefe z ohne Einfluss der Gründungslasten

$\sigma'_{\mathrm{z}}(z)$ Effektive Spannungen durch Bodeneigengewicht in der Tiefe z

$\Delta\sigma'_{\mathrm{z}}(z)$ Effektive Zusatzspannungen durch Gründungslasten

n Exponent des Faktors $\left(\bar{\sigma}' / p_{\mathrm{a}}\right)$ in Gl. (E2–2), Gl. (E2–3) oder ähnlichen Beziehungen, mit dem der Verlauf der Spannungszunahme mit der Tiefe beschrieben wird

Nach [74] beschränkt sich der Einfluss von Gründungslasten auf die Scherwellengeschwindigkeit auf eine halbe bis einfache Fundamentbreite.

4.2 Kontinuierliche Steifigkeitszunahme und Steifigkeitssprünge

Bei einer kontinuierlichen Steifigkeitszunahme, die nur durch das Bodeneigengewicht verursacht wird, aber nicht durch signifikante Änderungen der Kornzusammensetzung oder der Lagerungsdichte, haben numerische Untersuchungen gezeigt, dass die Impedanzkurven von Fundamenten auf derartigen Böden qualitativ gut mit den Impedanzkurven von Fundamenten auf einem homogenen Halbraum übereinstimmen. Es verbleibt lediglich die Aufgabe, eine für den inhomogenen Boden repräsentative Scherwellengeschwindigkeit zu finden, und den inhomogenen Halbraum durch einen homogenen Halbraum mit der so ermittelten Scherwellengeschwindigkeit bzw. mit einem analog ermittelten dynamischen Schubmodul zu approximieren.

Durch die Zunahme der Steifigkeit mit der Tiefe besitzt ein solcher Boden eine im Vergleich zu einem homogenen Halbraum geringere Abstrahldämpfung. Dies lässt sich dadurch veranschaulichen, dass man sich die Steifigkeitszunahme als dichte Folge sehr kleiner Steifigkeitssprünge vorstellt. Weil an jedem noch so kleinen Steifigkeitssprung Wellen reflektiert werden, wird die Wellenenergie nicht mehr vollständig in den tiefer liegenden Teil des Halbraums weitergeleitet, und kann sogar bis an die Oberfläche zurücktransportiert werden. Diese theoretischen Überlegungen decken sich mit den Ergebnissen der Versuche aus [49], siehe auch Abschnitt E3-1.

In der Literatur finden sich Hinweise zur Ermittlung einer mittleren repräsentativen Scherwellengeschwindigkeit für verschiedene Verläufe der kontinuierlichen Steifigkeitszunahme. In [74] wird vorgeschlagen, als repräsentative Scherwellengeschwindigkeit die mittlere Scherwellengeschwindigkeit über eine wirksame Tiefe z_p unterhalb der Fundamentsohle zu verwenden. Für ein Rechteckfundament wird als wirksame Tiefe z_p für translatorische Fundamentverschiebungen die halbe Breite eines flächengleichen Quadratfundamentes, und für rotatorische Verschiebungen die halbe Breite eine Quadratfundamentes mit identischem Flächenträgheitsmodul der Sohlfläche vorgeschlagen. Die repräsentative Scherwellengeschwindigkeit ergibt sich dann aus dem Verhältnis zwischen der wirksamen Tiefe z_p und der Laufzeit einer Scherwelle von der Fundamentsohle bis zur Tiefe z_p unterhalb der Fundamentsohle. Wenn man den Boden in dünne Schichten mit der Dicke Δz_i unterteilt, dann erhält man die repräsentative Scherwellengeschwindigkeit durch Auswertung von (E3–50)

$$c_{S,repr} = \frac{z_p}{\sum_{i=1}^{n} \left(\Delta z_i / c_{S,F}(z_i) \right)} \tag{E3–50}$$

Darin ist

$c_{S,repr}$ die repräsentative Scherwellengeschwindigkeit,
n die Anzahl der dünnen Schichten, und
z_i die mittlere Tiefe der i-ten dünnen Schicht.

In [64] werden Näherungsformeln für die statische Steifigkeit eines masselosen Quadratfundamentes auf Halbräumen mit verschiedenen Zunahmefunktionen des Schubmoduls angegeben. Für die dynamischen Steifigkeitskoeffizienten, d. h. für das Verhältnis zwischen der dynamischen und der statischen Steifigkeit des Halbraums mit zunehmendem Schubmodul, wird angegeben, dass mit ausreichender Genauigkeit die in [64] aufgeführten Koeffizienten für einen homogenen Halbraum $k_{jj,0\to\Omega}^{Re\to Re}$ bzw. $k_{ji,0\to\Omega}^{Re\to Re}$ verwendet werden können, wobei als Schubmodul der Schubmodul an der Oberfläche des inhomogenen Halbraums zu verwenden ist. Es wird in [64] deutlich darauf hingewiesen, dass die dort angegebenen Formeln mit großer Vorsicht angewendet werden müssen.

Weitere Hinweise finden sich in [76].

Der Einfluss einer relativ weichen Schicht über einer härteren auf das dynamische Verhalten eines Fundamentes zeigt sich dadurch, dass Resonanzen in den Schichteigenfrequenzen auftreten. Für den Grenzfall eines starren Untergrundes gilt

$$f_{\mathrm{ev}} = \frac{c_{\mathrm{P}}}{4H} \quad \text{bzw.} \quad f_{\mathrm{eh}} = f_{\mathrm{et}} = \frac{c_{\mathrm{S}}}{4H}$$

mit

c_{P}, c_{S}	Kompressions- bzw. Scherwellengeschwindigkeit in der Schicht, [m/s]
H	Schichtdicke, [m]
f_{ev}, f_{eh}, f_{et}	niedrigste Eigenfrequenz der Schicht bei vertikaler, horizontaler bzw. Torsionsanregung, [Hz]

Nach [74] kann eine feste Schicht als starr gegenüber einer benachbarten Schicht angesehen werden, wenn das Verhältnis der Scherwellengeschwindigkeit der festen Schicht zur Scherwellengeschwindigkeit der benachbarten Schicht 2:1 oder größer beträgt.

Die in den Abschnitten E3-3.1 und E3-3.2 angegebenen Federsteifigkeiten und Dämpfungen dürfen bei ausgeprägter Schichtung nicht angesetzt werden.

Die Auswirkungen einer kontinuierlichen Steifigkeitszunahme und eines ausgeprägte Steifigkeitssprunges sind in Bild E3–18 und Bild E3–19 beispielhaft dargestellt. Sie zeigen den vertikalen Steifigkeitskoeffizienten und den Kippsteifigkeitskoeffizienten eines starren masselosen Quadratfundamentes mit der Kantenlänge $2a = 4$ m auf den beiden geschichteten Halbräumen nach Bild E1–7. Die Steifigkeitskoeffizienten wurden für jede Schichtung auf die jeweilige statische Steifigkeit des korrespondierenden Kreisfundamentes auf einem homogenen Halbraum mit dem Schubmodul an der Oberfläche der Schichtung bezogen. Zum Vergleich sind jeweils die entsprechenden Steifigkeitskoeffizienten für das gleiche Fundament auf jenen homogenen Halbräumen ebenfalls dargestellt.

Es ist in Bild E3–18 deutlich zu erkennen, dass beim Profil (a), bei dem ein ausgeprägter Steifigkeitssprung in einer Tiefe von $h = 8$ m vorhanden ist, ein deutlich sichtbares schmalbandiges Abfallen der vertikalen Steifigkeit bei ca. 8,5 Hz auftritt, was durch die Schichtresonanz ausgelöst wird, die bei einem starren Halbraum unterhalb der Schicht bei 9,4 Hz liegen würde, und durch die Nachgiebigkeit des Halbraums hier etwas darunter liegt. Bei der dynamischen Steifigkeit von Fundamenten mit deutlich größerem Verhältnis von Fundamentbreite und Schichtdicke a/h treten noch erheblich stärkere Abweichungen von der Steifigkeit eines Fundamentes auf einem homogenen Halbraum auf. Bei Profil (b) hingegen, bei dem ein linearer Anstieg der Steifigkeit des Bodens mit der Tiefe vorliegt, ist eine größere qualitative Ähnlichkeit des Verlaufes der dynamischen Steifigkeit mit einem homogenen Halbraum zu erkennen. Im statischen Fall liegt eine größere dynamische Steifigkeit des Fundamentes als bei einem homogenen Halbraum vor, die sich zunächst mit zunehmender Frequenz dem homogenen Halbraum annähert. Mit weiter zunehmender Anregungsfrequenz treten jedoch wieder größere Abweichungen auf, insbesondere wenn die Abmessungen des Fundamentes ein ganzzahliges Vielfaches der Wellenlänge der Oberflächenwelle sind. Auch diese Effekte würden mit größerer Fundamentbreite deutlich ausgeprägter sein, insbesondere bei der Kippsteifigkeit, was aus den in Bild E3–19 gezeigten Kurven der hier untersuchten Beispiele aber noch nicht erkennbar wird.

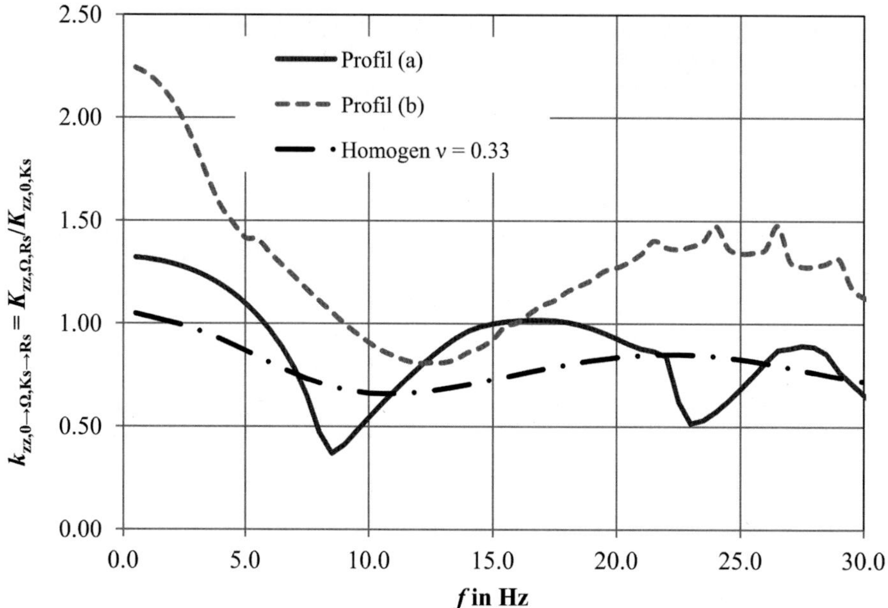

Bild E3-18 Steifigkeitskoeffizient der vertikalen Schwingung eines starren masselosen Quadratfundamentes mit Kantenlänge $2\,a = 4$ m auf der Oberfläche eines geschichteten Halbraums nach Bild E1–7

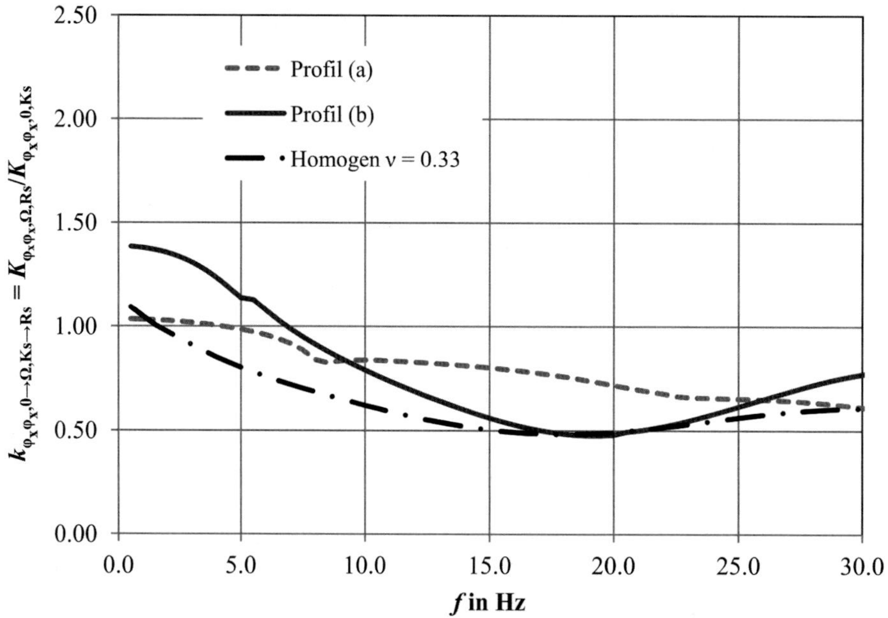

Bild E3-19 Steifigkeitskoeffizient der Kippschwingung eines starren masselosen Quadratfundamentes mit Kantenlänge $2\,a = 4$ m auf der Oberfläche eines geschichteten Halbraums nach Bild E1–7

5 Abschätzung des Einflusses weiterer Parameter

5.1 Querdehnzahl

Generell ist der Einfluss der Querdehnzahl auf die Federsteifigkeiten größer als auf die Dämpfungen und bei höheren Frequenzen größer als bei niedrigen. Bei allen Anregungsmoden ist die Beeinflussung gering bei Querdehnzahlen kleiner als $\nu = 0{,}4$. Größere Querdehnzahlen als $\nu = 0{,}4$ beeinflussen vorwiegend die Federsteifigkeiten der Vertikalschwingungen und der Kippschwingungen.

Bild E3–20 zeigt den vertikalen Steifigkeitskoeffizienten $k_{zz,0\rightarrow\Omega}^{Ks\rightarrow Rs}$ und Bild E3–21 den Kippsteifigkeitskoeffizienten $k_{\varphi_x\varphi_x,0\rightarrow\Omega}^{Ks\rightarrow Rs}$ eines starren masselosen Quadratfundamentes auf der Oberfläche eines homogenen Halbraums bezogen auf die statische Steifigkeit des jeweils korrespondierenden Kreisfundamentes. Die Berechnungen erfolgten mit einem Verfahren zur Kopplung der FE-Methode und der Randelementemethode [71].

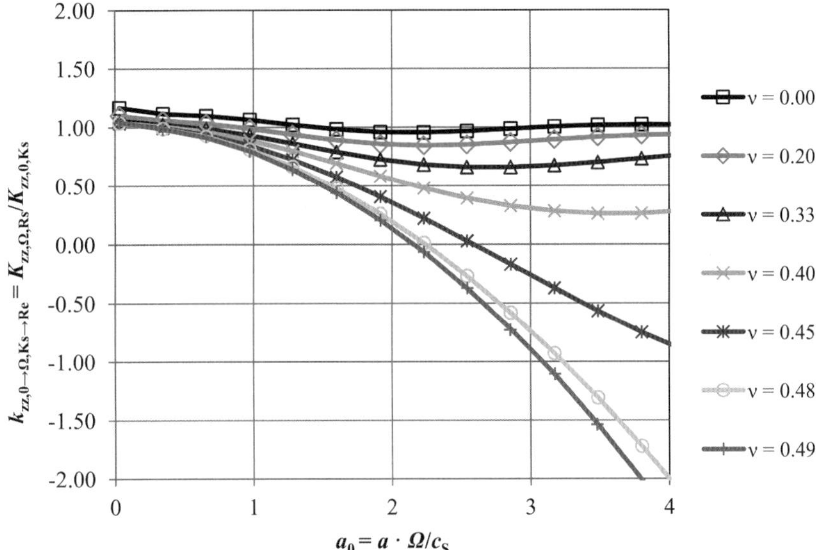

Bild E3-20 Einfluss der Querdehnzahl auf die Federsteifigkeiten der Vertikalschwingungen eines quadratischen Fundaments auf der Oberfläche eines homogenen Halbraums

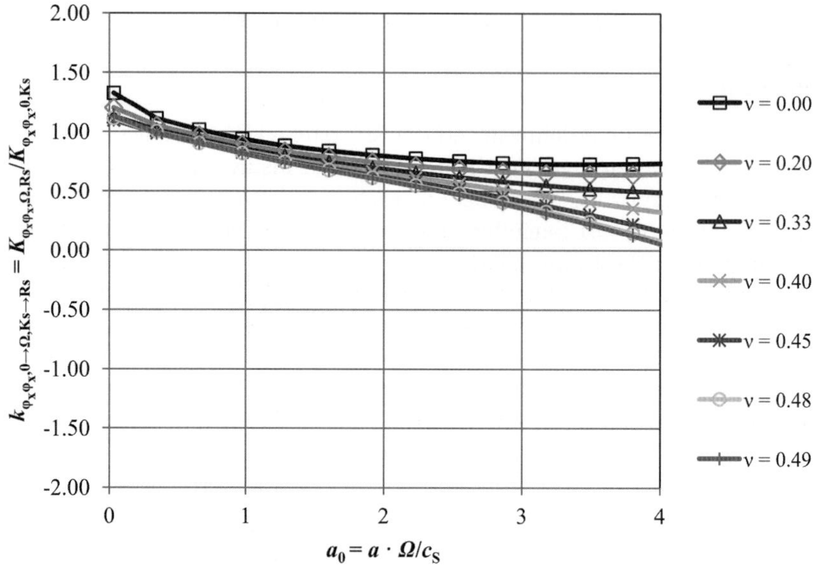

Bild E3-21 Einfluss der Querdehnzahl auf die Federsteifigkeit der Kippschwingungen eines quadratischen Fundaments auf der Oberfläche eines homogenen Halbraums

5.2 Streifenfundamente

Anzumerken ist, dass für den Fall sehr schlanker Fundamente häufig die Bedingung der Starrheit mit zunehmender Frequenz nicht mehr aufrecht erhalten werden kann. In diesen Fällen empfiehlt es sich, das Streifenfundament in Abschnitte mit $b/a = 5$ einzuteilen und diese getrennt mit den obigen Beziehungen zu berechnen.

6 Sensitivität der Fundamentschwingungen

Die Amplituden der Fundamentschwingungen sind nur wenig empfindlich gegenüber kleinen Ungenauigkeiten bei der Ablesung der Feder- und Dämpferkennwerte, sofern ein Maschinenfundament in ausreichendem Abstand von den Resonanzfrequenzen betrieben wird.

Bei Bemessung eines Maschinenfundamentes für den Betrieb nahe der Eigenfrequenz sind jedoch die berechneten Amplituden mit Sicherheitsbeiwerten zu beaufschlagen. Dabei ist zu berücksichtigen, dass durch die hohe Dämpfung des Bodens die Frequenz, bei der die maximalen Amplituden auftreten, einen deutlichen Abstand zur ungedämpften Eigenfrequenz haben kann.

7 Berechnungsbeispiele

7.1 Vorbemerkungen

Die folgenden Berechnungen sollen beispielhaft die Verwendung der in diesen Empfehlungen präsentierten Impedanzen verdeutlichen. Sie stellen insofern keine vollständige Fundamentbemessung dar.

Die dargestellten Zahlenwerte können Rundungsdifferenzen bis in den hohen einstelligen Prozentbereich enthalten. Abweichungen treten dadurch auf, dass berechnete Zahlenwerte je nach Rechenwerkzeug mit unterschiedlicher Anzahl Dezimalstellen in nachfolgende Berechnungschritte eingesetzt werden. In den Beispielen 7.2, 7.3.2 und 7.4 sind Zahlenwerte angegeben, wie sie sich bei einer Handrechnung mit ca. 3 Dezimalstellen ergeben würden. Beispiel 7.3.1 wurde mit einem Tabellenkalkulationsprogramm erarbeitet, bei dem Zwischenergebnisse stets mit voller Rechengenauigkeit in nachfolgenden Berechnungsschritten eingesetzt wurden.

7.2 Vertikale Schwingungen am starren Rechteckfundament

Für das im Bild E3–22 dargestellte starre Rechteckfundament wird in diesem Beispiel für den Fall der vertikalen Erregung die Abstimmung, d.h. das Verhältnis der Eigenfrequenz des Systems zur Erregerfrequenz, zur Erfüllung des erforderlichen Nachweises nach DIN 4024 [69] bestimmt. Hierzu werden zunächst die frequenzunabhängigen und die frequenzabhängigen Federsteifigkeiten und Dämpfungswerte ermittelt. Weiter wird die Bestimmung der frequenzabhängigen Verformungsgrößen (Weg- und Geschwindigkeitsamplituden) sowie der dynamischen Lastgrößen aufgezeigt.

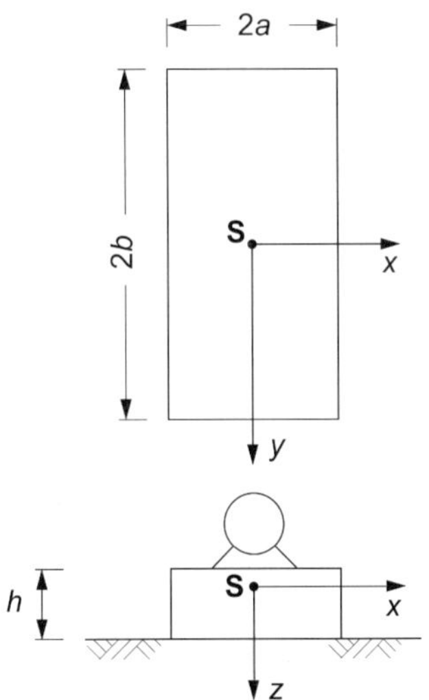

S: gemeinsamer Massenschwerpunkt von Maschine und Fundament

Bild E3-22 Fundamentgeometrie

1. Daten des Fundamentes (siehe Bild E3–22)

$$2a = 1{,}50\text{m}$$
$$2b = 4{,}50\text{m}$$

$$b/a = 3{,}0$$
$$h = 1{,}00\,\text{m}$$
$$\rho_{\text{Beton}} = 2{,}5\,\text{t/m}^3$$

Fundamentmasse:

$$m_F = 2a \cdot 2b \cdot h \cdot \rho_{\text{Beton}}$$
$$= 1{,}50 \cdot 2{,}50 \cdot 1{,}00 \cdot 2{,}5 = 16{,}9\,\text{t}$$

2. Daten der Maschine

Masse der Maschine: $m_M = 15{,}0$ t
Erregerfrequenz: $f = 16$ Hz
Vertikale Erregerkraftamplitude bei 16 Hz: $|\hat{P}_Z| = P_Z = 4{,}0$ kN
Erregerkreisfrequenz: $\Omega = 2 \cdot \pi \cdot f = 2 \cdot \pi \cdot 16 = 100{,}5\ \text{s}^{-1}$
Die harmonische Erregerkraft wirkt durch den Massenschwerpunkt der Maschine, der über dem Fundamentschwerpunkt angeordnet ist.

3. Gesamtmasse aus Maschine und Fundament

$$m = m_F + m_M = 31{,}9\ \text{t}$$

Im Hinblick auf die zusätzlich zu den statischen Lasten wirkende dynamische Belastung ist eine reichliche Grundbruchsicherheit erforderlich:

$$\sigma_{st} = \frac{m \cdot g}{4 \cdot a \cdot b} = \frac{31{,}9 \cdot 10}{4 \cdot 0{,}75 \cdot 2{,}25} = 47{,}3\,\text{kN/m}^2 \ll \sigma_{zul}$$

4. Bodendynamische Kennwerte

Es werden die Daten des Anwendungsbeispiels aus E2-3.1 verwendet. Es wird angenommen, dass vor Errichtung des Fundamentes die Auffüllung entfernt und durch den darunter anstehenden sandigen Schluff ersetzt wurde.

Feuchtwichte des Bodens: $\gamma = 18\ \text{kN/m}^3$
Kornwichte des Bodens: $\gamma_S = 26{,}5\ \text{kN/m}^3$
Wichte unter Auftrieb: $\gamma' = 11{,}0\ \text{kN/m}^3$
Wichte wassergesättigt: $\gamma_r = 21{,}0\ \text{kN/m}^3$
Porenzahl: $e = 0{,}50$
Querdehnzahl: $\nu = 0{,}4$

Bild E3–23 zeigt den Spannungsverlauf im Boden unter dem kennzeichnenden Punkt nach Kany.

Nach Gleichung (E2–2) ergibt sich der Verlauf des Schubmoduls und somit der Verlauf der Scherwellengeschwindigkeit wie in Bild E3–24 dargestellt.

Der Verlauf der Spannungen wird vom Bodeneigengewicht dominiert, wohingegen die Zusatzlast aus Maschine und Fundament bereits in einer Tiefe von 2 m keine signifikanten Spannungen mehr beisteuert. In solchen Fällen ist erfahrungsgemäß der Schubmodul in einer Tiefe von 1/3 bis 1/2 einer Rayleigh-Wellenlänge repräsentativ für einen äquivalenten homogenen Halbraum. Aus dem Verlauf der Scherwellengeschwindigkeit

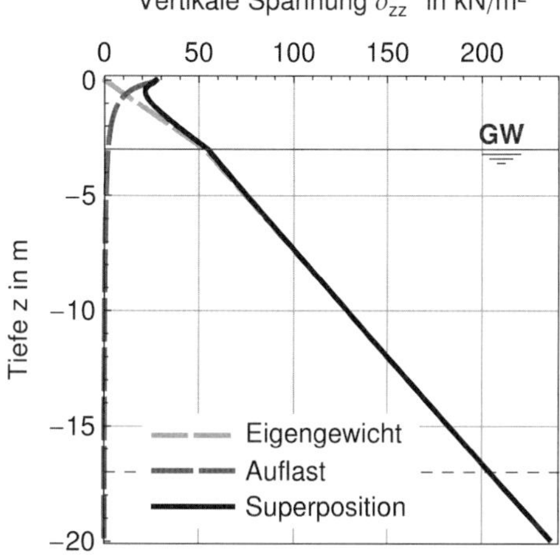

Bild E3-23 Spannungsverlauf unter dem kennzeichnenden Punkt des Fundamentes

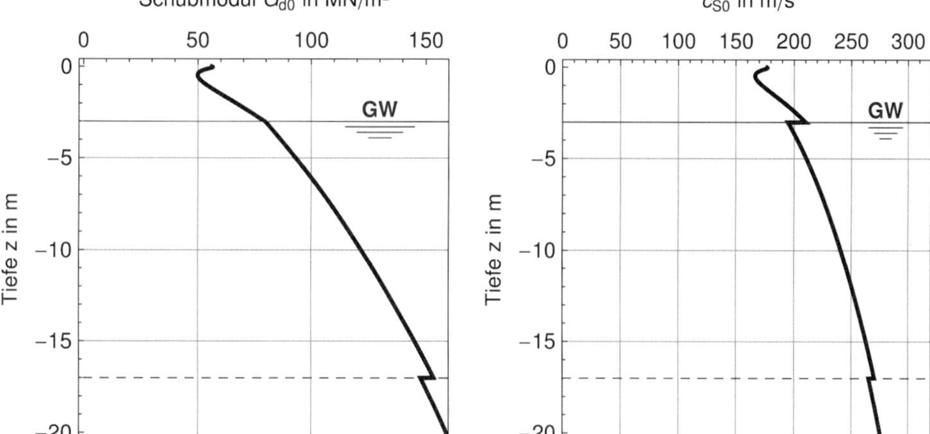

Bild E3-24 Verlauf von Schubmodul und Scherwellengeschwindigkeit über die Tiefe

in Bild E3–24 ist ersichtlich, dass die repräsentative Schwerwellengeschwindigkeit in der Nähe von $c_S \approx 200$ m/s liegen wird. Bei einer Anregungsfrequenz $f = 16$ Hz ergibt sich als Schätzwert für die Wellenlänge einer Rayleighwelle $\lambda_R \approx 200/16 = 12{,}5$ m.

Gewählter dynamischer Schubmodul: $G_{d0} = 80 \cdot 10^3$ kN/m²

Nach Gleichung (E2–11) ergibt sich: $c_S = \sqrt{\dfrac{G_{d0}}{\rho}} = \sqrt{\dfrac{80 \cdot 10^3}{1{,}8}} = 211\,\text{m/s}$

DIN ISO 10816-3 [73] liefert für eine Maschine der Gruppe 1 (große Maschinen mit einer Nennleistung über 300 kW, elektrische Maschinen mit einer Achshöhe

$H \geq 315$ mm), Bewertungszonengrenze A/B, starrer Unterbau, eine zulässige Schwinggeschwindigkeitsamplitude von

$$\left|\hat{V}\right| = V = 2\,\text{mm/s}$$

Die Schubverzerrungsamplitude im Boden ermittelt sich aus

$$\gamma = \frac{V}{c_S} = \frac{0{,}002}{211} < 10^{-5}$$

Nach Bild E2–5 ist somit keine Abminderung von G_d erforderlich. Für alle weiteren Berechnungen wird $G_d = G_{d0}$ angesetzt.

5. Ermittlung der frequenzunabhängigen Federsteifigkeit (Federkonstante) und Dämpfung (Dämpfungskonstante)

Ersatzradius nach Gleichung (E3–36):

$$r_{0z} = \sqrt{\frac{4 \cdot a \cdot b}{\pi}} = \sqrt{\frac{4 \cdot 0{,}75 \cdot 2{,}25}{\pi}} = 1{,}47\text{m}$$

Federsteifigkeit nach Gleichung (E3–27)

$$K_{zz,0} = \frac{4 \cdot G_d \cdot r_{0z}}{1-\nu} = \frac{4 \cdot 80 \cdot 10^3 \cdot 1{,}47}{1-0{,}4} = 784 \cdot 10^3\,\text{kN/m}$$

Dämpfung nach Gleichung (E3–28)

$$C_{zz,0} = \frac{3{,}4 \cdot r_{0z}}{1-\nu}\sqrt{\rho \cdot G_d} = \frac{3{,}4 \cdot 1{,}47^2}{1-0{,}4}\sqrt{1{,}8 \cdot 80 \cdot 10^3} = 4{,}65 \cdot 10^3\,\text{kN/}\left(\text{m/s}\right)$$

Kritische Dämpfung:

$$C_{zz,0,kr} = 2\sqrt{K_{zz,0} \cdot m} = 2\sqrt{784 \cdot 10^3 \cdot 31{,}9} = 10 \cdot 10^3\,\text{kN/}\left(\text{m/s}\right)$$

Dämpfungsgrad:

$$D = \frac{C_{zz,0}}{C_{zz,0,kr}} = \frac{4{,}65 \cdot 10^3}{10 \cdot 10^3} = 0{,}47$$

6. Ermittlung der ungedämpften Eigenfrequenz (ohne Berücksichtigung der Frequenzabhängigkeit der Federkennwerte)

$$\bar{f}_{ez} = \frac{\bar{\omega}_{ez}}{2\pi} = \frac{1}{2\pi}\sqrt{\frac{K_{zz,0}}{m}} = \frac{1}{2\pi}\sqrt{\frac{784 \cdot 10^3}{31{,}9}} = 25{,}0\text{Hz}$$

Bemerkung: Da das System gedämpft ist, tritt das Amplitudenmaximum nicht bei dem Wert der oben ermittelten ungedämpften Eigenfrequenz auf, sondern an einer anderen Stelle, die dämpfungs- und erregerabhängig ist.

Konstante Erregung:

$$f_{\text{max,z}} = \bar{f}_{\text{ez}} \sqrt{1-2D^2}$$

Quadratische Erregung:

$$f_{\text{max,z}} = \bar{f}_{\text{ez}} \frac{1}{\sqrt{1-2D^2}}$$

7. Ermittlung der frequenzabhängigen Federsteifigkeit und Dämpfung für vertikale Schwingungen

Aus der Erregerkreisfrequenz Ω ergibt sich die dimensionslose Frequenz a_0 zu:

$$a_0 = \frac{a \cdot \Omega}{c_S} = \frac{0,75 \cdot 100,5}{211} = 0,36$$

Für $a_0 = 0,36$ und $b/a = 3,0$ liefert Bild E3–13:

$$k_{\text{zz},0\to\Omega}^{\text{Ks}\to\text{Re}} = 1,07 \text{ und } d_{\text{zz},0\to\Omega}^{\text{Ks}\to\text{Re}} = 1,70$$

Somit erhält man aus Gleichung (E3–45) die frequenzabhängige Federsteifigkeit als Realteil der komplexen Steifigkeit $S(\Omega)$

$$K_{\text{zz},\Omega} = K_{\text{zz},0} \cdot k_{\text{zz},0\to\Omega}^{\text{Ks}\to\text{Re}}(a_0) = 784 \cdot 10^3 \cdot 1,07 = 839 \cdot 10^3 \text{ kN/m}$$

und aus Gleichung (E3–47) den Imaginärteil der komplexen Steifigkeit $S(\Omega)$

$$\Omega C_{\text{zz},\Omega}^{\text{Re}}(\Omega) = K_{\text{zz},0} \cdot a_0 \cdot d_{\text{zz},0\to\Omega}^{\text{Ks}\to\text{Re}}(a_0) = 784 \cdot 10^3 \cdot 0,36 \cdot 1,70 = 480 \cdot 10^3 \text{ kN/m}$$

bzw. die frequenzabhängige Dämpfung

$$C_{\text{zz},\Omega}(\Omega) = \frac{\Omega \cdot C_{\text{zz},\Omega}(\Omega)}{\Omega} = \frac{480 \cdot 10^3}{100,5} = 4,77 \cdot 10^3 \text{ kN/(m/s)}$$

8. Ermittlung der vertikalen Weg- und Geschwindigkeitsamplituden

Wegamplitude:

$$U_z = |\hat{U}_z| = \frac{P_z}{\sqrt{\left[K_{\text{zz},\Omega}(\Omega) - m\Omega^2\right]^2 + \left[\Omega \cdot C_{\text{zz},\Omega}(\Omega)\right]^2}}$$

Alle erforderlichen Werte sind unter Punkt 7 ermittelt worden und können in die obige Formel eingesetzt werden:

$$U_z = \frac{4,0}{\sqrt{\left(839 \cdot 10^3 - 31,9 \cdot 100,5^2\right)^2 + \left(480 \cdot 10^3\right)^2}} = 5,7 \cdot 10^{-6} \text{ m}$$

Geschwindigkeitsamplitude:

$$V_z = \Omega \cdot U_z = 100{,}5 \cdot 5{,}7 \cdot 10^{-6} = 5{,}7 \cdot 10^{-4}\,\mathrm{m/s}$$

Nach VDI-Richtlinie 2056 ergibt sich aus Tab. 2, z. B. Maschinengruppe K und M, dass für $V_{z,\mathrm{eff}} = V_z / \sqrt{2} = 4{,}0 \cdot 10^{-3}\,\mathrm{m/s}$ der Schwingungszustand des Fundamentes als „gut" beurteilt werden kann.

Phasenwinkel:

$$\tan\alpha = \frac{-\Omega \cdot C_{zz,\Omega}(\Omega)}{K_{zz,\Omega}(\Omega) - m\Omega^2} = \frac{-480 \cdot 10^3}{839 \cdot 10^3 - 31{,}9 \cdot 100{,}5^2} = -0{,}93$$

Daraus folgt $\alpha = -43°$, d. h. es handelt sich um ein Nachlaufen der Fundamentverschiebung gegenüber der Erregerkraft.

Die dynamische Kraft auf den Baugrund ergibt sich aus der zeitlichen Superposition der Feder- und Dämpfungskraft. Die Amplitude dieser Kraft lautet:

$$\begin{aligned} Q_z = \left|\hat{Q}_z\right| &= U_z \sqrt{K_{zz,\Omega}(\Omega)^2 + \left[\Omega \cdot C_{zz,\Omega}(\Omega)\right]^2} \\ &= 5{,}7 \cdot 10^{-6} \sqrt{\left(839 \cdot 10^3\right)^2 + \left(480 \cdot 10^3\right)^2} \\ &= 5{,}5\,\mathrm{kN} < \mathrm{m} \cdot \mathrm{g} = 31{,}9 \cdot 10 = 319\,\mathrm{kN} \end{aligned}$$

Der Nachweis gegen Abheben ist somit erbracht.

9. Ermittlung der ungedämpften Eigenfrequenz f_{ez} unter Berücksichtigung der Frequenzabhängigkeit

$$f_{ez} = \frac{\omega_{ez}}{2 \cdot \pi} = \frac{1}{2 \cdot \pi} \sqrt{\frac{K_{zz,0} \cdot k_{zz,0\to\Omega}^{\mathrm{Ks}\to\mathrm{Re}}(a_{0ez})}{m}}$$

$$\omega_{ez} = \sqrt{\frac{K_{0z}}{m}} \sqrt{k_{zz,0\to\Omega}^{\mathrm{Ks}\to\mathrm{Re}}(a_{0ez})} \quad \text{wobei } a_{0ez} = \frac{\omega_{ez} \cdot a}{c_S}$$

Somit ergibt sich

$$\begin{aligned} \omega_{ez} &= \bar{\omega}_{ez} \sqrt{k_{zz,0\to\Omega}^{\mathrm{Ks}\to\mathrm{Re}}(a_{0ez})} = \sqrt{\frac{784 \cdot 10^3}{31{,}9}} \sqrt{k_{zz,0\to\Omega}^{\mathrm{Ks}\to\mathrm{Re}}(a_{0ez})} \\ &= 156{,}8 \sqrt{k_{zz,0\to\Omega}^{\mathrm{Ks}\to\mathrm{Re}}(a_{0ez})} \end{aligned}$$

$\bar{\omega}_{ez}$ ist die frequenzunabhängige Eigenkreisfrequenz nach Punkt 6.

Diese Gleichung muss iterativ gelöst werden:

1. Iterationsschritt: geschätzt $k_{zz,0\to\Omega}^{\mathrm{Ks}\to\mathrm{Re}}(a_{0ez}) = 1 \Rightarrow \omega_{ez} = 156{,}8$

$$\Rightarrow a_{0ez} = \frac{156{,}8 \cdot 0{,}75}{211} = 0{,}56$$

aus Bild E3–12 $\Rightarrow k_{zz,0\to\Omega}^{\mathrm{Ks}\to\mathrm{Re}}(a_{0ez}) = k_{zz,0\to\Omega}^{\mathrm{Ks}\to\mathrm{Re}}(0{,}56) = 1{,}06$

2. Iterationsschritt: $k_{zz,0\to\Omega}^{Ks\to Re}(a_{0ez}) = 1{,}06 \Rightarrow \omega_{ez} = 161{,}4$

$$\Rightarrow a_{0ez} = \frac{161{,}4 \cdot 0{,}75}{211} = 0{,}57$$

aus Bild E3–12 $\Rightarrow k_{zz,0\to\Omega}^{Ks\to Re}(a_{0ez}) = k_{zz,0\to\Omega}^{Ks\to Re}(0{,}57) = 1{,}06$

Somit ergibt sich für die ungedämpfte Eigenfrequenz f_{ez}

$$f_{ez} = \frac{\omega_{ez}}{2 \cdot \pi} = \frac{161{,}4}{2 \cdot \pi} = 25{,}7\,\text{Hz}$$

Der Vergleich der ungedämpften Eigenfrequenz mit der Erregerfrequenz liefert für das hier hoch abgestimmte Fundament:

$$f_{ez} / f = 25{,}7 / 16 = 1{,}61 > 1{,}25$$

wie nach DIN 4024 verlangt wird.

Nach DIN 4024-2 wäre in diesem Fall ein Amplitudennachweis nicht erforderlich, wurde hier aber unter Punkt 8 beispielhaft durchgeführt.

10. Sensitivität der Ergebnisse gegenüber dem Ansatz für den dynamischen Schubmodul des Bodens

Weil für die Ermittlung der Bodensteifigkeit und Bodendämpfung ein äquivalenter konstanter Schubmodul gewählt werden muss, obwohl der Schubmodul vom Spannungszustand im Untergrund abhängig ist, ist es sinnvoll, die Sensitivität der Ergebnisse bzgl. des gewählten Schubmoduls zu untersuchen.

Die Veränderung der vertikalen Schwinggeschwindigkeitsamplitude nach Nr. 8 und der ungedämpften Eigenfrequenz gegenüber einer Veränderung des Schubmoduls ist in Bild E3–25 dargestellt. Es ist eine deutliche Veränderung der Schwinggeschwindigkeit bei Veränderung des Schubmoduls zu erkennen. Eine genauere Ermittlung des Schubmoduls ist somit beispielsweise bei Maschinen der Klasse I nach DIN ISO 10816-1, Tabelle B.1 [72], angezeigt, weil die mit einem Schubmodul unterhalb von 80 MN/m² ermittelten Schwinggeschwindigkeiten im Grenzbereich zwischen den Zonen A und B liegen.

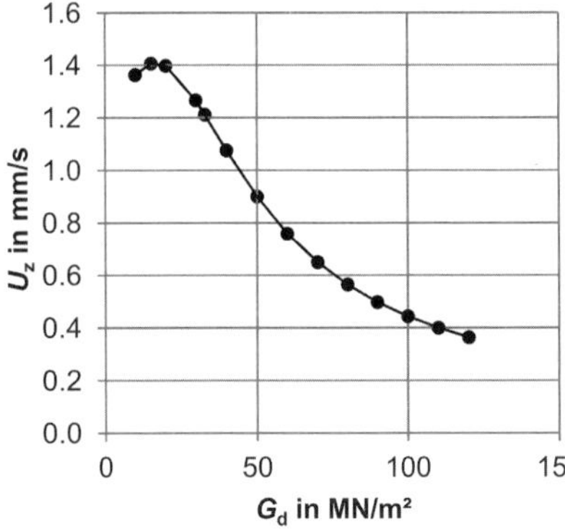

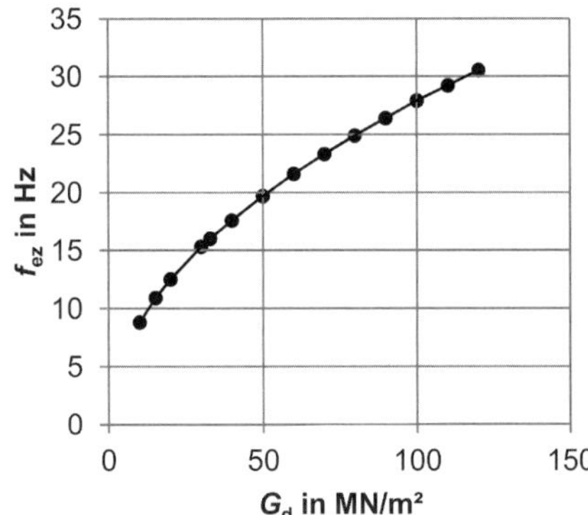

Bild E3-25 Sensitivität gegenüber einer Veränderung des angesetzten dynamischen Schubmoduls des Bodens. Links: Vertikale Schwinggeschwindigkeitsamplitude. Rechts: Ungedämpfte Eigenfrequenz

7.3 Gekoppelte Horizontal- und Kippschwingungen eines starren Rechteckfundamentes

In diesem Beispiel werden an einem starren Rechteckfundament unter Wirkung einer horizontalen Erregung die horizontalen und Kippschwingungen betrachtet. Es werden sowohl die frequenzunabhängigen als auch die frequenzabhängigen Federsteifigkeiten und Dämpfungen ermittelt. Die Bewegungsgleichungen werden für das gekoppelte System unter Verwendung der komplexen Schreibweise formuliert und nach den unbekannten Größen (horizontale Verschiebung u_x, Verdrehung φ_y) gelöst.

Das Beispiel wird mit und ohne Berücksichtigung der Einbettung durchgerechnet.

7.3.1 Berechnung mit Berücksichtigung der Einbettung

1. Daten des Fundamentes (siehe Bild E3–22)

$2a = 1{,}50$ m
$2b = 4{,}50$ m
$b_0 = b/a = 2{,}0$
$h = 1{,}00$ m
$\rho_{\text{Beton}} = 2{,}5$ t/m^3

Einbindetiefe: $d = 1{,}00$ m, $e_0 = d/a = 0{,}5$

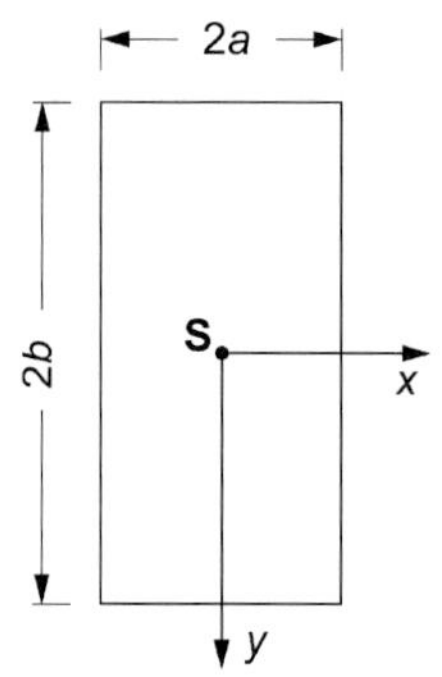

S_M, S_F: Massenschwerpunkt der Maschine bzw. des Fundamentes
S: Schwerpunkt des Gesamtsystems

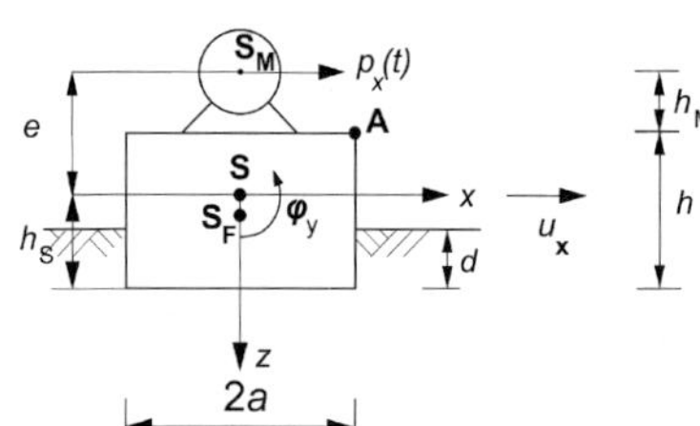

Bild E3-26 Geometrie von Fundament und Maschine

Horizontale, ebene Geländeoberfläche
Fundamentmasse:

$$\begin{aligned} m_F &= 2a \cdot 2b \cdot h \cdot \rho_{\text{Beton}} \\ &= 4{,}0 \cdot 8{,}0 \cdot 2{,}0 \cdot 2{,}5 = 160{,}0 \text{ t} \end{aligned}$$

Massenträgheitsmoment um die Längsachse durch den Fundamentschwerpunkt S_F:

$$\Theta_{Fy} = m_F \cdot \frac{(2a)^2 + h^2}{12} = 160 \cdot \frac{4^2 + 2^2}{12} = 266{,}7 \text{ t} \cdot \text{m}^2$$

2. Daten der Maschine

Masse der Maschine: $m_M = 50{,}0$ t

Lage des Maschinenschwerpunktes S_M über der Fundamentoberkante: $h_M = 1{,}0$ m

Das Massenträgheitsmoment der Maschine um die Längsachse durch den Maschinenschwerpunkt S_M ist gegeben zu

$$\Theta_{My} = 100 \text{ t} \cdot \text{m}^2$$

Am Maschinenschwerpunkt wirkt eine harmonische horizontale Erregerkraft $p_x(t)$ in x-Richtung mit der Amplitude

$$\left|\hat{P}_x\right| = P_x = 25{,}0 \text{ kN}$$

Erregerfrequenz: $f = 35$ Hz

Erregerkreisfrequenz: $\Omega = 2\pi f = 2 \cdot \pi \cdot 35 = 220 \text{ s}^{-1}$

3. Gesamtmasse und Gesamtmassenträgheitsmomente aus Maschine und Fundament

$$m = m_F + m_M - 160 + 50 - 210 \text{ t}$$

Im Hinblick auf die zusätzlich zu den statischen Lasten wirkende dynamische Belastung ist eine reichliche Grundbruchsicherheit erforderlich:

$$\sigma_{st} = \frac{m \cdot g}{4 \cdot a \cdot b} = \frac{210 \cdot 10}{4 \cdot 2{,}0 \cdot 4{,}0} = 65{,}6 \text{ kN/m}^2 \ll \sigma_{zul}$$

Lage des gemeinsamen Schwerpunktes S von Maschine und Fundament über der Gründungsebene:

$$h_S = \frac{m_F \cdot h/2 + m_M (h + h_M)}{m} = \frac{160 \cdot 1 + 50 \cdot (2 + 1)}{210} = 1{,}48 \text{ m}$$

Abstand des Maschinenschwerpunktes S_M vom gemeinsamen Schwerpunkt S:

$$e = h + h_M - h_S = 2 + 1 - 1{,}48 = 1{,}52 \text{ m}$$

Das Massenträgheitsmoment aus Maschine und Fundament bezogen auf die y-Achse durch den Schwerpunkt des Gesamtsystems S beträgt:

$$\Theta_{Sy} = \Theta_{Fy} + m_F \cdot (h_S - h/2)^2 + \Theta_{My} + m_M \cdot e^2$$
$$= 266{,}7 + 160 \cdot 0{,}48^2 + 100 + 50 \cdot 1{,}52^2 = 519{,}1 \text{ tm}^2$$

4. Bodendynamische Kennwerte

Bodenart: Dichter Kiessand
Dichte des Bodens: $\rho = 1{,}9\ \text{t/m}^3$
Querdehnzahl: $\nu = 0{,}3$

Zur Bestimmung des dynamischen Schubmoduls wurde mit einer Rayleighwellen-Dispersionsmessung (siehe Empfehlung E2, Abschnitt 2.2.2) eine Scherwellengeschwindigkeit von c_{S0} = 230 m/s für eine Tiefe von ca. 2 m unter Geländeoberkante ermittelt. Damit ergibt sich für den Zustand bei unbelasteter Oberfläche:

$$G_{du} = c_{S0}^2 \cdot \rho = 230^2 \cdot 1{,}9 = 100{,}5 \cdot 10^3\ \text{kN/m}^2$$

Für die Ermittlung des für den Spannungszustand unterhalb des Fundamentes repräsentativen Schubmoduls kann erfahrungsgemäß davon ausgegangen werden, dass die repräsentative Tiefe im Abstand von $2a/4$ unterhalb der Gründungsebene liegt. Die Berechnung von repräsentativem Schubmodul und repräsentativer Scherwellengeschwindigkeit erfolgt gemäß Gleichung (E3–49).

Spannungen infolge Bodeneigengewicht, ohne Fundament:

$$\sigma_{zu} = (d + 2 \cdot a/4) \cdot \rho \cdot g = 2 \cdot 1{,}9 \cdot 10 = 38{,}0\,\text{kN/m}^2$$

Mit Fundament und Maschine ergibt sich in der gleichen Tiefe bei einer Spannungsausbreitung näherungsweise unter 45° eine Ersatzfläche von:

$$\begin{aligned} A' &= (2a + 2 \cdot 2a/4)(2b + 2 \cdot 2a/4) \\ &= (4 + 2 \cdot 1) \cdot (8 + 2 \cdot 1) = 60\,\text{m}^2 \end{aligned}$$

und eine Gesamtspannung von

$$\begin{aligned} \sigma_{zF} &= \sigma_{z0} + \frac{m \cdot g - 2a \cdot 2b \cdot d \cdot \rho \cdot g}{A'} \\ &= 38{,}0 + \frac{210 \cdot 10 - 4 \cdot 8 \cdot 1 \cdot 1{,}9 \cdot 10}{60} = 62{,}9\,\text{kN/m}^2 \end{aligned}$$

Analog zu Formel (E2–2), welche die Abhängigkeit des Schubmoduls von der effektiven Spannung beschreibt, liefert eine Umrechnung vom Fall „ohne Fundament“ auf den Fall „mit Fundament“ unter Ansatz einer Wurzelfunktion für den dynamischen Schubmodul G_d nach dem gleichen Gesetz:

$$G_d = G_{du} \cdot \sqrt{\frac{\sigma_{zF}}{\sigma_{zu}}} = 100{,}5 \cdot 10^3 \cdot \sqrt{\frac{63{,}0}{38{,}0}} = 129{,}4 \cdot 10^3\ \text{kN/m}^2$$

Dieser Wert entspricht einer Scherwellengeschwindigkeit von

$$c_S = \sqrt{\frac{G_d}{\rho}} = \sqrt{\frac{129{,}4 \cdot 10^3}{1{,}9}} = 261\,\text{m/s}$$

5. Ermittlung der frequenzunabhängigen Federsteifigkeiten des korrespondierenden Oberflächenkreisfundamentes

Ersatzradien nach Gleichungen (E3–36) und (E3–38):

$$r_{0x} = \sqrt{\frac{4ab}{\pi}} = \sqrt{\frac{4 \cdot 2,0 \cdot 4,0}{\pi}} = 3,19\,\text{m}$$

$$r_{0\varphi_y} = \sqrt[4]{\frac{16a^3b}{3\pi}} = \sqrt[4]{\frac{16 \cdot 2^3 \cdot 4}{3 \cdot \pi}} = 2,71\,\text{m}$$

Federsteifigkeiten nach Gleichungen (E3–29) und (E3–31):

$$K^{\text{Ks}}_{\text{xx},0} = \frac{8 \cdot G_\text{d} \cdot r_{0x}}{2-\nu} = \frac{8 \cdot 129,4 \cdot 10^3 \cdot 3,19}{2-0,3} = 1,94 \cdot 10^6\ \text{kN/m}$$

$$K^{\text{Ks}}_{\varphi_y\varphi_y,0} = \frac{8 \cdot G_\text{d} \cdot r^3_{0\varphi_y}}{3(1-\nu)} = \frac{8 \cdot 129,4 \cdot 10^3 \cdot 2,71^3}{3 \cdot 0,7} = 9,86 \cdot 10^6\ \text{kNm}$$

6. Ermittlung der statischen Federwerte des eingebetteten Fundamentes

Die statischen Koeffizienten der Federkennwerte des eingebetteten Fundamentes $k^{\text{Ks}\to\text{Re}}_{jj,0\to 0}$ lassen sich aus den Kurven für die entsprechenden frequenzabhängigen Kennwerte ablesen.

Für $a_0 = 0$, $d/a = 0,5$ und $b/a = 2,0$ ergibt sich aus Bild E3–9 und Bild E3–12 durch Interpolation

$$k^{\text{Ks}\to\text{Re}}_{\text{xx},0\to 0} = 1,55,$$

aus Bild E3–10 und Bild E3–13

$$k^{\text{Ks}\to\text{Re}}_{\varphi_y\varphi_y,0\to 0} = 1,80,$$

und aus Bild E3–11 und Bild E3–14

$$k^{\text{Ks}\to\text{Re}}_{x\varphi_y,0\to 0} = -0,15.$$

Somit erhält man aus Gleichung (E3–45):

$$K^{\text{Re}}_{\text{xx},0} = K^{\text{Ks}}_{\text{xx},0} \cdot k^{\text{Ks}\to\text{Re}}_{\text{xx},0\to 0} = 1,94 \cdot 10^6 \cdot 1,55 = 3,0 \cdot 10^6\ \text{kN/m}$$

$$K^{\text{Re}}_{\varphi_y\varphi_y,0} = K^{\text{Ks}}_{\varphi_y\varphi_y,0} \cdot k^{\text{Ks}\to\text{Re}}_{\varphi_y\varphi_y,0\to 0} = 9,86 \cdot 10^6 \cdot 1,80 = 17,8 \cdot 10^6\ \text{kNm}$$

$$K^{\text{Re}}_{x\varphi_y,0} = r_{0x} \cdot K^{\text{Ks}}_{\text{xx},0} \cdot k^{\text{Ks}\to\text{Re}}_{x\varphi_y,0\to 0} = 3,19 \cdot 1,94 \cdot 10^6 \cdot (-0,15) = -0,91 \cdot 10^6\ \text{kN}$$

7. Ermittlung der frequenzabhängigen Feder- und Dämpferwerte

Für die dimensionslose Frequenz

$$a_0 = \frac{a \cdot \Omega}{c_S} = \frac{2 \cdot 220}{261} = 1,7,$$

$d/a = 0{,}5$ und $b/a = 0{,}5$ ergibt sich aus Bild E3–9ff[1)] durch Interpolation

$$k^{\mathrm{Ks\to Re}}_{\mathrm{xx},0\to\Omega} = 1{,}53,$$

$$d^{\mathrm{Ks\to Re}}_{\mathrm{xx},0\to\Omega} = 2{,}05,$$

$$k^{\mathrm{Ks\to Re}}_{\varphi_y\varphi_y,0\to\Omega} = 1{,}24\,,$$

$$d^{\mathrm{Ks\to Re}}_{\varphi_y\varphi_y,0\to\Omega} = 0{,}81,$$

$$k^{\mathrm{Ks\to Re}}_{\mathrm{x}\varphi_y,0\to\Omega} = -0{,}18,$$

$$d^{\mathrm{Ks\to Re}}_{\mathrm{x}\varphi_y,0\to\Omega} = -0{,}33.$$

Somit erhält man aus Gleichung (E3–45)

$$K^{\mathrm{Re}}_{\mathrm{xx},\Omega} = K^{\mathrm{Ks}}_{\mathrm{xx},0} \cdot k^{\mathrm{Ks\to Re}}_{\mathrm{xx},0\to\Omega} = 1{,}94 \cdot 10^6 \cdot 1{,}53 = 2{,}98 \cdot 10^6 \text{ kN/m}$$

$$K^{\mathrm{Re}}_{\varphi_y\varphi_y,\Omega} = K^{\mathrm{Ks}}_{\varphi_y\varphi_y,0} \cdot k^{\mathrm{Ks\to Re}}_{\varphi_y\varphi_y,0\to\Omega} = 9{,}86 \cdot 10^6 \cdot 1{,}24 = 12{,}3 \cdot 10^6 \text{ kNm}$$

$$K^{\mathrm{Re}}_{\mathrm{x}\varphi_y,\Omega} = r_{0\mathrm{x}} \cdot K^{\mathrm{Ks}}_{\mathrm{xx},0} \cdot k^{\mathrm{Ks\to Re}}_{\mathrm{x}\varphi_y,0\to\Omega} = 3{,}91 \cdot 1{,}94 \cdot 10^6 \cdot (-0{,}15) = -1{,}1 \cdot 10^6 \text{ kN},$$

und aus Gleichung (E3–47):

$$C^{\mathrm{Re}}_{\mathrm{xx},\Omega} = \frac{K^{\mathrm{Ks}}_{\mathrm{xx},0} \cdot a_0 \cdot d^{\mathrm{Ks\to Re}}_{\mathrm{xx},0\to\Omega}}{\Omega} = \frac{1{,}94 \cdot 10^6 \cdot 1{,}7 \cdot 2{,}05}{220} = 30{,}4 \cdot 10^3 \,\frac{\text{kN}}{\text{m/s}}$$

$$C^{\mathrm{Re}}_{\varphi_y\varphi_y,\Omega} = \frac{K^{\mathrm{Ks}}_{\varphi_y\varphi_y,0} \cdot a_0 \cdot d^{\mathrm{Ks\to Re}}_{\varphi_y\varphi_y,\Omega}}{\Omega} = \frac{9{,}86 \cdot 10^6 \cdot 1{,}7 \cdot 1{,}24}{220} = 60{,}1 \cdot 10^3 \,\frac{\text{kNm}}{1/\text{s}}$$

$$C^{\mathrm{Re}}_{x\varphi_y,\Omega} = \frac{r_{0\mathrm{x}} \cdot K^{\mathrm{Ks}}_{\mathrm{xx},0} \cdot a_0 \cdot d^{\mathrm{Ks\to Re}}_{x\varphi_y,\Omega}}{\Omega} = \frac{3{,}19 \cdot 1{,}94 \cdot 10^6 \cdot 1{,}7 \cdot (-0{,}33)}{220} = -15{,}6 \cdot 10^3 \,\frac{\text{kN}}{1/\text{s}}$$

8. Aufstellung der Bewegungsgleichungen

Zur Vereinfachung der Schreibweise werden die folgenden Größen eingeführt:

$$K_{\mathrm{x}} = K^{\mathrm{Re}}_{\mathrm{xx},\Omega} \qquad K_{0\mathrm{x}} = K^{\mathrm{Re}}_{\mathrm{xx},0} \qquad C_{\mathrm{x}} = C^{\mathrm{Re}}_{\mathrm{xx},\Omega}$$

$$K_{\varphi_x} = K^{\mathrm{Re}}_{\varphi_x\varphi_x,\Omega} \qquad K_{0\varphi_x} = K^{\mathrm{Re}}_{\varphi_x\varphi_x,0} \qquad C_{\varphi_x} = C^{\mathrm{Re}}_{\varphi_x\varphi_x,\Omega}$$

$$K_{\mathrm{x}\varphi_x} = K^{\mathrm{Re}}_{\mathrm{x}\varphi_x,\Omega} \qquad K_{0\mathrm{x}\varphi_x} = K^{\mathrm{Re}}_{\mathrm{x}\varphi_x,0} \qquad C_{\mathrm{x}\varphi_x} = C^{\mathrm{Re}}_{\mathrm{x}\varphi_x,\Omega}$$

1) Da die Querdehnzahl für $\nu < 0{,}4$ (siehe Empfehlung E3, Abschnitt 5) einen geringen Einfluss auf die frequenzabhängigen Feder- und Dämpferwerte hat, können die Kurven in E3–9 bis Bild E3–17 auch für $\nu = 0{,}3$ verwendet werden.

Um die Vorteile der komplexen Rechenweise nutzen zu können, wird die harmonische Erregung $p_x(t) = P_x \cdot \cos(\Omega t)$ komplex erweitert

$$\hat{p}_x(t) = \hat{P}_x \cdot e^{i\Omega t}$$

und mit einer zunächst nicht näher bestimmten Momentenerregung $\hat{q}_y(t) = \hat{Q}_y \cdot e^{i\Omega t}$ zu einem Lastvektor zusammengefasst

$$\hat{\mathbf{P}} = \begin{bmatrix} \hat{P}_x \\ \hat{Q}_y \end{bmatrix}$$

Die Verschiebungen und Verdrehungen sind dann ebenfalls harmonische, komplexe Größen

$$\hat{u}_x(t) = \hat{U}_x \cdot e^{i\Omega t}, \ \hat{\varphi}_y(t) = \hat{\Phi}_y \cdot e^{i\Omega t}$$

und werden wie der Lastvektor zu einem Verschiebungsvektor zusammengefasst.

$$\hat{\mathbf{U}} = \begin{bmatrix} \hat{U}_x \\ \hat{\Phi}_y \end{bmatrix}$$

Die dynamische Steifigkeit des Fundamentes lautet somit

$$\mathbf{S} = \begin{bmatrix} K_x & K_{x\varphi_y} \\ K_{x\varphi_y} & K_{\varphi_y} \end{bmatrix} + i\Omega \begin{bmatrix} C_x & C_{x\varphi_y} \\ C_{x\varphi_y} & C_{\varphi_y} \end{bmatrix}$$

Wie im letzten Absatz von Empfehlung E3, Abschnitt 2.1 erwähnt ist, sind die unter Punkt 6 ermittelten Werte K_x, K_{φ_y}, $K_{x\varphi_y}$, C_x, C_{φ_x} und $C_{x\varphi_y}$ auf den Mittelpunkt B der Sohlfläche des Fundamentes bezogen. Die Bewegungsgleichung soll aber für den Schwerpunkt S des Gesamtsystems aufgestellt werden, sodass eine entsprechende Transformation der Steifigkeitsmatrix **S** durchgeführt werden muss (siehe Bild E3–27). Zur Unterscheidung des Bezugspunktes wird der Index „B" für den Sohlmittelpunkt und der Index „S" für den Schwerpunkt eingeführt.

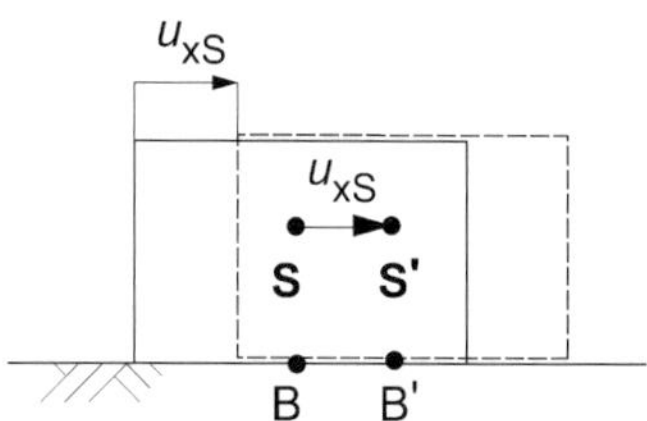

a) Reine Translation ($u_{xS} \neq 0$, $\varphi_y = 0$)

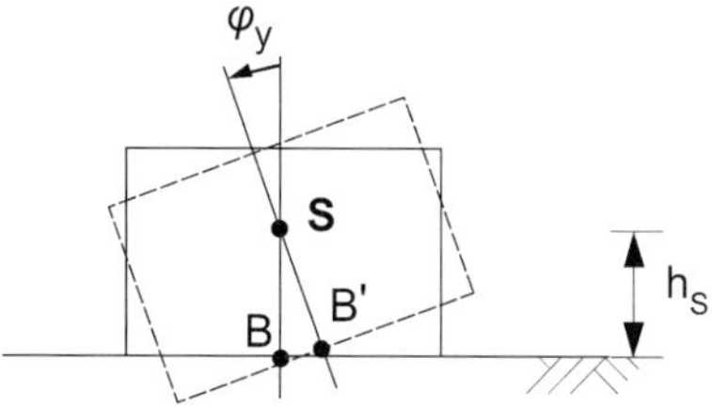

b) Reine Rotation ($\varphi_y \neq 0$, $u_{xS} = 0$)

Bild E3-27 Verschiebungszustände des Fundamentes

Für die Verschiebung $\hat{U}_{xB}$ in x-Richtung und die Verdrehung $\hat{\Phi}_{yB}$ des Mittelpunktes B der Sohlfläche gilt für kleine Verdrehungen:

$$\hat{U}_{xB} = \hat{U}_{xS} + h_S \cdot \hat{\Phi}_{yS}$$

$$\hat{\Phi}_{yB} = \hat{\Phi}_{yS}$$

Daraus ergibt sich die Transformationsmatrix, siehe (E3–23)

$$\mathbf{T}_{BS} = \begin{bmatrix} 1 & h_S \\ 0 & 1 \end{bmatrix}$$

und es gilt

$$\hat{\mathbf{U}}_B = \mathbf{T}_{BS} \cdot \hat{\mathbf{U}}_S.$$

Die dynamische Steifigkeitsmatrix ergibt sich nach (E3–24) zu

$$\mathbf{S}_S = \mathbf{T}_{BS}^T \ \mathbf{S}_B \ \mathbf{T}_{BS}$$

bzw. nach Einsetzen und Ausmultiplizieren

$$\begin{aligned} \mathrm{S}_S &= \mathrm{K}_S + \mathrm{i}\,\Omega \mathrm{C}_S \\ &= \begin{bmatrix} K_x & K_x \cdot h_S + K_{x\varphi_y} \\ K_x \cdot h_S + K_{x\varphi_y} & K_{\varphi_y} + 2 \cdot K_{x\varphi_y} \cdot h_S + K_x \cdot h_S^2 \end{bmatrix} \\ &+\mathrm{i}\,\Omega \begin{bmatrix} C_x & C_x \cdot h_S + C_{x\varphi_y} \\ C_x \cdot h_S + C_{x\varphi_y} & C_{\varphi_y} + 2 \cdot C_{x\varphi_y} \cdot h_S + C_x \cdot h_S^2 \end{bmatrix} \end{aligned}$$

Die Terme der Massenmatrix sind bereits bezüglich des Schwerpunktes des Gesamtsystems in Schritt 3 berechnet worden und müssen nicht transformiert werden. Die Massenmatrix lautet

$$\mathrm{M}_S = \begin{bmatrix} m & 0 \\ 0 & \Theta_{Sy} \end{bmatrix}.$$

Der Belastungsvektor lässt sich ebenfalls einfach bezüglich des Schwerpunktes des Gesamtsystems angeben.

$$\hat{\mathbf{P}}_S = \begin{bmatrix} \hat{P}_x \\ -(\hat{P}_x \cdot e) \end{bmatrix}$$

Die zeitunabhängige, komplexe, algebraische Bewegungsgleichung nach Gleichung (E3–8) lautet somit:

$$-\Omega^2 \mathbf{M}_S \, \hat{\mathbf{U}}_S + (\mathbf{K}_S + \mathrm{i}\,\Omega \mathbf{C}_S)\hat{\mathbf{U}}_S = \hat{\mathbf{P}}_S$$

Sinnvollerweise wird die Erregerkraft so gewählt, dass der Phasenwinkel der horizontalen Kraft P_x zum Zeitpunkt $t = 0$ gleich Null ist. Dies bedeutet, dass die i. A. komplexe Kraftamplitude $\hat{P}_x$ rein reell ist: $\hat{P}_x = P_x^{Re} + i \cdot 0 = P_x$

Einsetzen der Zahlenwerte in die Matrix und in den Lastvektor liefert dann das Gleichungssystem

$$\begin{bmatrix} (-7{,}2 \cdot 10^6 + 6{,}7i \cdot 10^6)\dfrac{kN}{m} & (3{,}3 \cdot 10^6 + 6{,}5i \cdot 10^6)\,kN \\ (3{,}3 \cdot 10^6 + 6{,}5i \cdot 10^6)\,kN & (-9{,}6 \cdot 10^6 + 1{,}8i \cdot 10^7)\,kNm \end{bmatrix} \begin{bmatrix} \hat{U}_{xS} \\ \hat{\Phi}_{yS} \end{bmatrix} = \begin{bmatrix} 25\,kN \\ -38\,kNm \end{bmatrix}$$

Die Lösung für die komplexen Verschiebungen und Verdrehungen ergeben sich zu

$$\hat{U}_{xS} = (-2{,}9 \cdot 10^{-6} - 7{,}3i \cdot 10^{-7})\,m$$

$$\hat{\Phi}_{yS} = (1{,}7 \cdot 10^{-6} + 9{,}6i \cdot 10^{-7})\,rad$$

In der Darstellung mit Betrag und Phasenwinkel lauten die Ergebnisse für $\hat{U}_{xS}$:

Schwingungsamplitude: $U_{xS} = \left|\hat{U}_{xS}\right| = \sqrt{\left(U_{xS}^{Re}\right)^2 + \left(U_{xS}^{Im}\right)^2} = 2{,}9 \cdot 10^{-6}\ m$

Phasenwinkel[2]: $\alpha_u = \arctan\left(\dfrac{U_{xS}^{Im}}{U_{xS}^{Re}}\right) = \arctan\left(\dfrac{-7{,}3 \cdot 10^{-7}}{-2{,}9 \cdot 10^{-6}}\right) = -166\,°$

und für $\hat{\Phi}_{yS}$:

$$\Phi_{yS} = \left|\hat{\Phi}_{yS}\right| = \sqrt{\left(\Phi_{yS}^{Re}\right)^2 + \left(\Phi_{yS}^{Im}\right)^2} = 1{,}9 \cdot 10^{-6}\ rad$$

$$\alpha_\varphi = \arctan\left(\frac{\Phi_{yS}^{Im}}{\Phi_{yS}^{Re}}\right) = \arctan\left(\frac{9{,}6 \cdot 10^{-7}}{1{,}7 \cdot 10^{-6}}\right) = 29\,°$$

Für die Amplitude der Schwinggeschwindigkeit ergibt sich

$$V_{xS} = \left|\hat{V}_{xS}\right| = \Omega \cdot \left|\hat{U}_{xS}\right| = 6{,}5 \cdot 10^{-4}\ m/s$$

bzw. für die Amplitude der Winkelgeschwindigkeit

$$V_{\varphi_y} = \left|\hat{V}_{\varphi_y}\right| = \Omega \cdot \left|\hat{\Phi}_{yS}\right| = 4{,}3 \cdot 10^{-4}\ rad/s$$

Die horizontalen und die vertikalen komplexen Verschiebungsamplituden $\hat{U}_{xA}$ und $\hat{U}_{zA}$ am Eckpunkt A des Fundamentes berechnen sich für kleine Drehwinkel wie folgt:

2) Da der Real- und Imaginärteil negativ sind, muss der Phasenwinkel α im III. Quadranten liegen, d. h. $-180° \le \alpha \le -90°$

$$\begin{aligned}\hat{U}_{xA} &= -\hat{\Phi}_{yS} \cdot (h - h_S) + \hat{U}_{xS} \\ &= -1{,}7 \cdot 10^{-6} \cdot 0{,}52 - 2{,}9 \cdot 10^{-6} + i(-9{,}6 \cdot 10^{-7} \cdot 0{,}52 - 7{,}3 \cdot 10^{-7}) \\ &= -3{,}8 \cdot 10^{-6} - 1{,}2 i \cdot 10^{-6}\,\text{m}\end{aligned}$$

$$\begin{aligned}\hat{U}_{zA} &= -\hat{\Phi}_{yS} \cdot a \\ &= -1{,}7 \cdot 10^{-6} \cdot 2 + i(-9{,}6 \cdot 10^{-7} \cdot 2) \\ &= -3{,}4 \cdot 10^{-6} - 1{,}9 i \cdot 10^{-6}\,\text{m}\end{aligned}$$

Daraus ergeben sich die Amplituden U_{xA} und U_{zA} zu

$$U_{xA} = \left|\hat{U}_{xA}\right| = \sqrt{\left(3{,}8 \cdot 10^{-6}\right)^2 + \left(1{,}2 \cdot 10^{-6}\right)^2} = 4{,}0 \cdot 10^{-6}\,\text{m}$$

$$U_{zA} = \left|\hat{U}_{zA}\right| = \sqrt{\left(3{,}4 \cdot 10^{-6}\right)^2 + \left(1{,}9 \cdot 10^{-6}\right)^2} = 3{,}9 \cdot 10^{-6}\,\text{m}$$

Die Schwingungen in x- bzw. z-Richtung sind im Allgemeinen phasenverschoben, so dass die maximalen Auslenkungen nicht zeitgleich auftreten.

Bemerkung: Alternativ zur Lösung des komplexen 2×2-Gleichungssystems kann durch Aufspalten in Real- und Imaginärteil auch das äquivalente reelle 4×4-Gleichungssystem gelöst werden:

$$\begin{bmatrix} \mathbf{K}_S - \Omega^2 \mathbf{M} & -\Omega \mathbf{C}_S \\ \Omega \mathbf{C}_S & \mathbf{K}_S - \Omega^2 \mathbf{M} \end{bmatrix} \cdot \begin{bmatrix} \mathrm{Re}(\hat{\mathbf{U}}_S) \\ \mathrm{Im}(\hat{\mathbf{U}}_S) \end{bmatrix} = \begin{bmatrix} \mathrm{Re}(\hat{\mathbf{P}}_S) \\ \mathrm{Im}(\hat{\mathbf{P}}_S) \end{bmatrix}$$

Einsetzen der Zahlenwerte liefert:

$$\begin{bmatrix} -7{,}2 \cdot 10^6 \dfrac{\text{kN}}{\text{m}} & 3{,}3 \cdot 10^6\,\text{kN} & -6{,}7 \cdot 10^6 \dfrac{\text{kN}}{\text{m}} & -6{,}5 \cdot 10^6\,\text{kN} \\ 3{,}3 \cdot 10^6\,\text{kN} & -9{,}6 \cdot 10^6\,\text{kNm} & -6{,}5 \cdot 10^6\,\text{kN} & -1{,}8 \cdot 10^6\,\text{kNm} \\ 6{,}7 \cdot 10^6 \dfrac{\text{kN}}{\text{m}} & 6{,}5 \cdot 10^6\,\text{kN} & -7{,}2 \cdot 10^6 \dfrac{\text{kN}}{\text{m}} & 3{,}3 \cdot 10^6\,\text{kN} \\ 6{,}5 \cdot 10^6\,\text{kN} & 1{,}8 \cdot 10^6\,\text{kNm} & 3{,}3 \cdot 10^6\,\text{kN} & -9{,}6 \cdot 10^6\,\text{kNm} \end{bmatrix} \cdot \begin{bmatrix} U_{xS}^{Re} \\ U_{xS}^{Im} \\ \Phi_y^{Re} \\ \Phi_y^{Im} \end{bmatrix} = \begin{bmatrix} 25\,\text{kN} \\ -38\,\text{kNm} \\ 0 \\ 0 \end{bmatrix}$$

9. Ermittlung der gekoppelten, ungedämpften Eigenfrequenzen (ohne Berücksichtigung der Frequenzabhängigkeit der Federwerte)

Für das System ohne Dämpfung und ohne Berücksichtigung der Frequenzabhängigkeit der Federwerte reduziert sich das zu lösende Gleichungssystem wie folgt:

$$\begin{bmatrix} K_{0x} - m\Omega^2 & K_{0x} \cdot h_S + K_{0x\varphi_y} \\ K_{0x} \cdot h_S + K_{0x\varphi_y} & K_{0\varphi_y} + 2 \cdot K_{0x\varphi_y} \cdot h_S + K_{0x} \cdot h_S^2 - \theta_{Sy} \cdot \Omega^2 \end{bmatrix} \begin{bmatrix} U_{xS} \\ \Phi_{yS} \end{bmatrix} = \begin{bmatrix} P_x \\ -P_x \cdot e \end{bmatrix}$$

Einsetzen der Zahlenwerte ergibt

$$\begin{bmatrix} 3{,}02\cdot10^6\,\dfrac{\text{kN}}{\text{m}} - 210\,\text{t}\cdot\Omega^2 & 3{,}55\cdot10^6\,\text{kN} \\ 3{,}55\cdot10^6\,\text{kN} & 23{,}0\cdot10^6\,\text{kNm} - 519{,}1\,\text{t}\cdot\text{m}^2\cdot\Omega^2 \end{bmatrix}\begin{bmatrix} U_{\text{xS}} \\ \Phi_{\text{yS}} \end{bmatrix} = \begin{bmatrix} 25\,\text{kN} \\ -38\,\text{kNm} \end{bmatrix}$$

Nullsetzen der Determinante der dynamischen Steifigkeitsmatrix und Lösen nach Ω liefert die gesuchten, gekoppelten Eigenfrequenzen:

$$\bar{f}_{e1} = 25{,}7\,\text{Hz} < 35\,\text{Hz}$$

$$\bar{f}_{e2} = 34{,}6\,\text{Hz} < 35\,\text{Hz}$$

Das System ist also bezüglich der ersten Eigenfrequenz tief abgestimmt, wohingegen die zweite Eigenfrequenz sehr nahe an der Erregerfrequenz liegt.

10. Vergrößerungsfunktion

Zur Bewertung der Nähe der zweiten ungedämpften Eigenfrequenz zur Erregerfrequenz ist es nützlich, den Verlauf der Verschiebungs- und Verdrehungsamplituden über die Frequenz darzustellen (Bild E3–28).

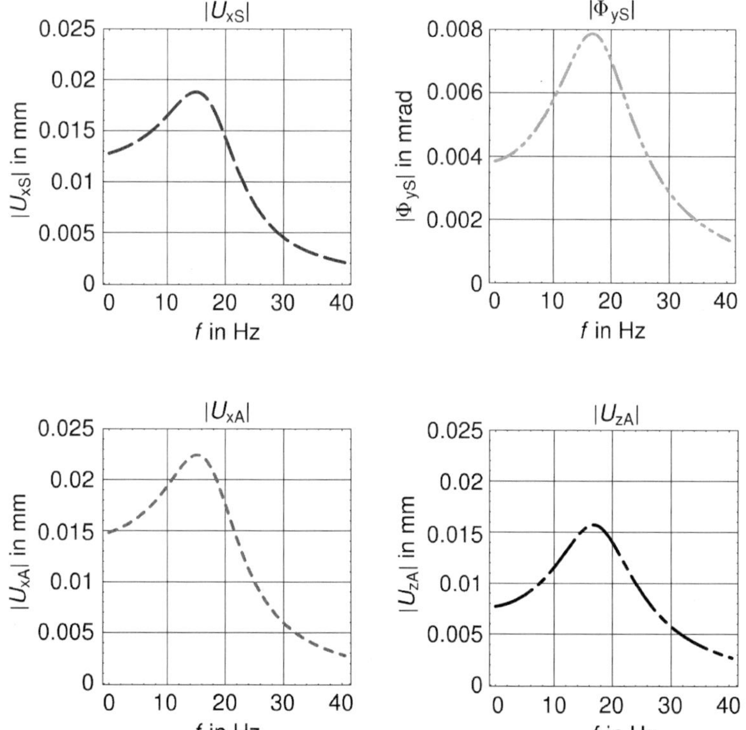

Bild E3-28 Vergrößerungsfunktion des eingebetteten Fundamentes

Man erkennt, dass die erste Eigenfrequenz die Verschiebungsamplituden stark dominiert, und dass der Einfluss der zweiten Eigenfrequenz so gering ist, dass sie in den Vergrößerungsfunktionen nicht sichtbar wird und somit vernachlässigbar ist.

7.3.2 Berechnung ohne Berücksichtigung der Einbettung

Um den Einfluss der Einbettung auf die berechneten Fundamentschwingungen darzustellen, wird diese im Folgenden vernachlässigt. Ferner wird im Vergleich zur Berechnung mit Einbettung eine geringfügig andere Methode zur Aufstellung der Bewegungsgleichung verwendet. Beide Methoden sind selbstverständlich gleichwertig und führen zum selben Ergebnis.

Es sind nur diejenigen Ergebnisse dargestellt, die sich gegenüber der Berechnung mit Berücksichtigung der Einbettung unterscheiden. Die Zahlenwerte simulieren jedoch eine Handrechnung und weichen selbst bei identischen physikalischen Größen durch Rundungsdifferenzen leicht voneinander ab.

1. Daten des Fundamentes

Wie in Beispiel 7.3.1.

2. Daten der Maschine

Wie in Beispiel 7.3.1.

3. Gesamtmasse und Gesamtmassenträgheitsmomente aus Maschine und Fundament-

Wie in Beispiel 7.3.1.

4. Bodendynamische Kennwerte

Wie in Beispiel 7.3.1.

5. Ermittlung der frequenzunabhängigen Federsteifigkeiten und Dämpfungen des korrespondierenden Oberflächenkreisfundamentes

Ersatzradien nach Gleichungen (E3–36) und (E3–38):

$$r_{0x} = \sqrt{\frac{4ab}{\pi}} = \sqrt{\frac{4 \cdot 2{,}0 \cdot 4{,}0}{\pi}} = 3{,}19\,\text{m}$$

$$r_{0\varphi_y} = \sqrt[4]{\frac{16a^3 b}{3\pi}} = \sqrt[4]{\frac{16 \cdot 2^3 \cdot 4}{3 \cdot \pi}} = 2{,}72\,\text{m}$$

Federsteifigkeiten nach Gleichungen (E3–29) und (E3–31):

$$K^{\text{Ks}}_{\text{xx},0} = \frac{8 \cdot G_\text{d} \cdot r_{0x}}{2\text{-}\nu} = \frac{8 \cdot 129{,}4 \cdot 10^3 \cdot 3{,}19}{2 - 0{,}3} = 1{,}94 \cdot 10^6\ \text{kN/m}$$

$$K^{\text{Ks}}_{\varphi_y\varphi_y,0} = \frac{8 \cdot G_\text{d} \cdot r^3_{0\varphi_y}}{3(1-\nu)} = \frac{8 \cdot 129{,}4 \cdot 10^3 \cdot 2{,}72^3}{3 \cdot 0{,}7} = 9{,}86 \cdot 10^6\ \text{kNm}$$

Dämpfungen nach Gleichungen (E3–30) und (E3–32):

$$C_{xx,0}^{Ks} = \frac{4,6 \cdot r_{0x}^2}{2-\nu}\sqrt{\rho \cdot G_d} = \frac{4,6 \cdot 3,19^2}{2-0,3}\sqrt{1,9 \cdot 129,4 \cdot 10^3} = 13,65 \cdot 10^3 \text{ kN/(m/s)}$$

$$B_{\varphi_y} = \frac{3(1-\nu)(\Theta_{Sy} + m\, h_s^2)}{8 \cdot \rho \cdot r_{0\varphi_y}^5} = \frac{3(1-0,3)(519,1 + 210 \cdot 1,48^2)}{8 \cdot 1,9 \cdot 2,72^5} = 0,91$$

$$C_{\varphi_y\varphi_y,0}^{Ks} = \frac{0,8 \cdot r_{0\varphi_y}^4 \sqrt{\rho \cdot G_d}}{(1-\nu)(1+B_{\varphi_y})} = \frac{0,8 \cdot 2,71^4 \sqrt{1,9 \cdot 129,4 \cdot 10^3}}{(1-0,3)\cdot(1+0,91)} = 16,3 \cdot 10^3 \text{kNm/(1/s)}$$

6. Ermittlung der frequenzabhängigen Feder- und Dämpferwerte

Für die dimensionslose Frequenz

$$a_0 = \frac{a \cdot \Omega}{c_S} = \frac{2 \cdot 220}{261} = 1,7,$$

$d/a = 0,0$ und $b/a = 0,5$ ergibt sich aus Bild E3–9ff durch Interpolation

$$k_{xx,0\to\Omega}^{Ks\to Re} = 1,20,$$

$$d_{xx,0\to\Omega}^{Ks\to Re} = 0,97,$$

$$k_{\varphi_y\varphi_y,0\to\Omega}^{Ks\to Re} = 0,70\,,$$

$$d_{\varphi_y\varphi_y,0\to\Omega}^{Ks\to Re} = 0,32\,,$$

Für den Sonderfall eines Oberflächenelementes mit $e_0 = 0$ erhält man aus Gleichung (E3–45)

$$K_{xx,\Omega}^{Re} = K_{xx,0}^{Ks} \cdot k_{xx,0\to\Omega}^{Ks\to Re} = 1,94 \cdot 10^6 \cdot 1,20 = 2,33 \cdot 10^6 \text{ kN/m}$$

$$K_{\varphi_y\varphi_y,\Omega}^{Re} = K_{\varphi_y\varphi_y,0}^{Ks} \cdot k_{\varphi_y\varphi_y,0\to\Omega}^{Ks\to Re} = 9,86 \cdot 10^6 \cdot 0,70 = 6,90 \cdot 10^6 \text{ kNm}$$

$$K_{x\varphi_y,\Omega}^{Re} \approx 0,$$

und aus Gleichung (E3–47):

$$C_{xx,\Omega}^{Re} = \frac{K_{xx,0}^{Ks} \cdot a_0 \cdot d_{xx,0\to\Omega}^{Ks\to Re}}{\Omega} = \frac{1,94 \cdot 10^6 \cdot 1,7 \cdot 0,91}{220} = 14,4 \cdot 10^3 \,\frac{\text{kN}}{\text{m/s}}$$

$$C_{\varphi_y\varphi_y,\Omega}^{Re} = \frac{K_{\varphi_y\varphi_y,0}^{Ks} \cdot a_0 \cdot d_{\varphi_y\varphi_y,\Omega}^{Ks\to Re}}{\Omega} = \frac{9,86 \cdot 10^6 \cdot 1,7 \cdot 0,32}{220} = 24,4 \cdot 10^3 \,\frac{\text{kNm}}{1/\text{s}}$$

$$C_{x\varphi_y,\Omega}^{Re} \approx 0$$

Der Vergleich der Dämpfungen mit den frequenzunabhängigen Werten aus Schritt 5 zeigt eine gute Übereinstimmung für die horizontale Dämpfung, aber einen deutlichen Unterschied bei der Kipp-Dämpfung. Im Folgenden werden die hier berechneten frequenzabhängigen Koeffizienten verwendet.

7. Aufstellung der Bewegungsgleichungen

Zur Vereinfachung der Schreibweise werden die folgenden Größen eingeführt:

$$K_x = K^{Re}_{xx,\Omega} \qquad K_{0x} = K^{Re}_{xx,0} \qquad C_x = C^{Re}_{xx,\Omega}$$

$$K_{\varphi_x} = K^{Re}_{\varphi_x\varphi_x,\Omega} \qquad K_{0\varphi_x} = K^{Re}_{\varphi_x\varphi_x,0} \qquad C_{\varphi_x} = C^{Re}_{\varphi_x\varphi_x,\Omega}$$

Die unter Punkt 6 ermittelten Werte K_x, K_{φ_x}, C_x und C_{φ_x} sind auf den Mittelpunkt B der Sohlfläche des Fundamentes bezogen. Die Bewegungsgleichung wird aber für den Schwerpunkt S des Gesamtsystems aufgestellt, was bei der Bildung der Matrizen **K** und **C** wie folgt berücksichtigt werden muss (siehe Bild E3–27).

Für die Verschiebung u_{xB} in x-Richtung und die Verdrehung φ_{yB} des Mittelpunktes B der Sohlfläche gilt für kleine Verdrehungen:

$$u_{xB} = u_{xS} + h_S \cdot \varphi_y$$

$$\varphi_{yB} = \varphi_y$$

Daraus ergeben sich die in der Sohlfläche wirkende Reaktionskraft

$$q_x = -C_x \cdot \dot{u}_{xB} - K_x \cdot u_{xB} = -C_x \cdot (\dot{u}_{xS} + h_S \cdot \dot{\varphi}_y) - K_x \cdot (u_{xS} + h_S \cdot \varphi_y)$$

und das Reaktionsmoment

$$q_{\varphi_y} = -C_{\varphi_y} \cdot \dot{\varphi}_{yB} - K_{\varphi_y} \cdot \varphi_{yB} = -C_{\varphi_y} \cdot \dot{\varphi}_y - K_{\varphi_y} \cdot \varphi_y$$

Alle hier eingeführten Größen u_{xB}, u_{xS}, φ_y, q_x und q_{φ_y} sind zeitabhängig.
Die Bewegungsgleichungen bezüglich des Schwerpunktes S lauten:

$$m \cdot \ddot{u}_{xS} = q_x + p_x$$

$$\Theta_{Sy} \cdot \ddot{\varphi}_y = q_x \cdot h_S + q_{\varphi_y} - p_x \cdot e$$

bzw. nach Einsetzen der Reaktionskräfte

$$m \cdot \ddot{u}_{xS} + C_x \cdot \dot{u}_{xS} + C_x \cdot h_S \cdot \dot{\varphi}_y + K_x \cdot u_{xS} + K_x \cdot h_S \cdot \varphi_y = p_x$$

$$\Theta_{Sy} \cdot \ddot{\varphi}_y + C_x \cdot h_S \cdot \dot{u}_{xS} + C_x \cdot h_S^2 \cdot \dot{\varphi}_y + K_x \cdot h_S \cdot u_{xS} + K_x \cdot h_S^2 \cdot \varphi_y +$$
$$+ C_{\varphi_y} \cdot \dot{\varphi}_y K_{\varphi_y} \cdot \varphi_y = -p_x \cdot e$$

In Matrixform nach Gleichung (E3–1) erhält man

$$\begin{bmatrix} m & 0 \\ 0 & \Theta_{Sy} \end{bmatrix} \cdot \begin{bmatrix} \ddot{u}_{xS} \\ \ddot{\varphi}_y \end{bmatrix} + \begin{bmatrix} C_x & C_x \cdot h_S \\ C_x \cdot h_S & C_{\varphi_y} + C_x \cdot h_S^2 \end{bmatrix} \cdot \begin{bmatrix} \dot{u}_{xS} \\ \dot{\varphi}_y \end{bmatrix} +$$

$$+ \begin{bmatrix} K_x & K_x \cdot h_S \\ K_x \cdot h_S & K_{\varphi_y} + K_x \cdot h_S^2 \end{bmatrix} \cdot \begin{bmatrix} u_{xS} \\ \varphi_y \end{bmatrix} = \begin{bmatrix} p_x \\ -p_x \cdot e \end{bmatrix}$$

Das negative Zeichen auf der rechten Seite weist darauf hin, dass die in positiver x-Richtung angesetzte Kraft p_x ein negatives Moment (d. h. entgegengesetzt der positiv eingeführten Drehrichtung) liefert.

Um die Vorteile der komplexen Rechenweise nutzen zu können, wird die harmonische Erregung $p_x(t) = P_x \cdot \cos(\Omega t)$ komplex erweitert

$$\hat{p}_x(t) = \hat{P}_x \cdot e^{i\Omega t}$$

Die Verschiebungen und Verdrehungen sind dann ebenfalls harmonische, komplexe Größen:

$$\hat{u}_{xS}(t) = \hat{U}_{xS} \cdot e^{i\Omega t}$$

$$\hat{\varphi}_y(t) = \hat{\Phi}_y \cdot e^{i\Omega t}$$

Eingesetzt in obige Gleichung bekommt man das zeitunabhängige, komplexe, algebraische Gleichungssystem in Matrixform nach Gleichung (E3–8):

$$\begin{bmatrix} K_x - m\Omega^2 + i\Omega C_x & K_x \cdot h_S + i\Omega C_x \cdot h_S \\ K_x \cdot h_S + i\Omega C_x \cdot h_S & K_{\varphi_y} + K_x \cdot h_S^2 - \Theta_{Sy}\Omega^2 + i\Omega C_x (C_{\varphi_y} + C_x \cdot h_S^2) \end{bmatrix} \cdot \begin{bmatrix} \hat{U}_{xS} \\ \hat{\Phi}_y \end{bmatrix} = \begin{bmatrix} \hat{P}_x \\ -\hat{P}_x \cdot e \end{bmatrix}$$

Diese Matrizengleichung ist bis auf die vernachlässigten Koppelterme der Impedanzen identisch mit der entsprechenden Matrixgleichung von Beispiel E3-7.3.1.

Einsetzen der Zahlenwerte in die Matrix und in den Lastvektor liefert dann das Gleichungssystem

$$\begin{bmatrix} (-7{,}9 \cdot 10^6 + 3{,}0i \cdot 10^6) \frac{\text{kN}}{\text{m}} & (3{,}4 \cdot 10^6 + 4{,}4i \cdot 10^6)\ \text{kN} \\ (3{,}4 \cdot 10^6 + 4{,}4i \cdot 10^6)\ \text{kN} & (-1{,}3 \cdot 10^7 + 1{,}2i \cdot 10^7)\ \text{kNm} \end{bmatrix} \begin{bmatrix} \hat{U}_{xS} \\ \hat{\Phi}_y \end{bmatrix} = \begin{bmatrix} 25\ \text{kN} \\ -38\ \text{kNm} \end{bmatrix}$$

Die Lösung für die komplexen Verschiebungen und Verdrehungen ergeben sich zu

$$\hat{U}_{xS} = (-2{,}8 \cdot 10^{-6} + 8{,}5i \cdot 10^{-8})\ \text{m}$$

$$\hat{\Phi}_y = (1{,}7 \cdot 10^{-6} + 5{,}8i \cdot 10^{-7})\ \text{rad}$$

In der Darstellung mit Betrag und Phasenwinkel lauten die Ergebnisse für $\hat{U}_{xS}$:

Schwingungsamplitude: $U_{xS} = \left|\hat{U}_{xS}\right| = \sqrt{\left(U_{xS}^{Re}\right)^2 + \left(U_{xS}^{Im}\right)^2} = 2{,}8 \cdot 10^{-6}\ \text{m}$

Phasenwinkel[3]: $\alpha_u = \arctan\left(\frac{U_{xS}^{Im}}{U_{xS}^{Re}}\right) = \arctan\left(\frac{1,2\cdot 10^{-7}}{-2,8\cdot 10^{-6}}\right) = +177,5\,°$

und für $\hat{\Phi}_{yS}$:

$$\Phi_{yS} = \left|\hat{\Phi}_{yS}\right| = \sqrt{\left(\Phi_{yS}^{Re}\right)^2 + \left(\Phi_{yS}^{Im}\right)^2} = 1,8\cdot 10^{-6}\ \text{rad}$$

$$\alpha_\varphi = \arctan\left(\frac{\Phi_{yS}^{Im}}{\Phi_{yS}^{Re}}\right) = \arctan\left(\frac{5,8\cdot 10^{-7}}{1,7\cdot 10^{-6}}\right) = 19\,°$$

Für die Amplitude der Schwinggeschwindigkeit ergibt sich

$$V_{xS} = \left|\hat{V}_{xS}\right| = \Omega\cdot\left|\hat{U}_{xS}\right| = 6,2\cdot 10^{-4}\ \text{m/s}$$

bzw. für die Amplitude der Winkelgeschwindigkeit

$$V_{\varphi_y} = \left|\hat{V}_{\varphi_y}\right| = \Omega\cdot\left|\hat{\Phi}_{yS}\right| = 4,0\cdot 10^{-4}\ \text{rad/s}$$

Die horizontalen und die vertikalen komplexen Verschiebungsamplituden $\hat{U}_{xA}$ und $\hat{U}_{zA}$ am Eckpunkt A des Fundamentes berechnen sich für kleine Drehwinkel wie folgt:

$$\begin{aligned}\hat{U}_{xA} &= -\hat{\Phi}_{yS}\cdot(h - h_S) + \hat{U}_{xS}\\ &= -1,7\cdot 10^{-6}\cdot 0,52 - 2,8\cdot 10^{-6} + \mathrm{i}(-5,8\cdot 10^{-7}\cdot 0,52 - 1,2\cdot 10^{-7})\\ &= -3,7\cdot 10^{-6} - 1,8\mathrm{i}\cdot 10^{-7}\ \text{m}\end{aligned}$$

$$\begin{aligned}\hat{U}_{zA} &= -\hat{\Phi}_{yS}\cdot a\\ &= -1,7\cdot 10^{-6}\cdot 2 + \mathrm{i}(-5,8\cdot 10^{-7}\cdot 2)\\ &= -3,4\cdot 10^{-6} - 1,2\mathrm{i}\cdot 10^{-6}\ \text{m}\end{aligned}$$

Daraus ergeben sich die Amplituden U_{xA} und U_{zA} zu

$$U_{xA} = \left|\hat{U}_{xA}\right| = \sqrt{\left(3,7\cdot 10^{-6}\right)^2 + \left(1,8\cdot 10^{-7}\right)^2} = 3,7\cdot 10^{-6}\ \text{m}$$

$$U_{zA} = \left|\hat{U}_{zA}\right| = \sqrt{\left(3,4\cdot 10^{-6}\right)^2 + \left(1,2\cdot 10^{-6}\right)^2} = 3,6\cdot 10^{-6}\ \text{m}$$

Die Schwingungen in x- bzw. z-Richtung sind im Allgemeinen phasenverschoben, so dass die maximalen Auslenkungen nicht zeitgleich auftreten.

3 Da der Realteil negativ ist, muss der Phasenwinkel α im 2. Quadranten liegen, d. h. $90° \leq \alpha \leq 180°$

8. Ermittlung der gekoppelten, ungedämpften Eigenfrequenzen (ohne Berücksichtigung der Frequenzabhängigkeit der Federwerte)

Für das System ohne Dämpfung und ohne Berücksichtigung der Frequenzabhängigkeit der Federwerte reduziert sich das zu lösende Gleichungssystem wie folgt:

$$\begin{bmatrix} K_{0x} - m\Omega^2 & K_{0x} \cdot h_S \\ K_{0x} \cdot h_S & K_{0\varphi_y} + K_{0x} \cdot h_S^2 - \Theta_{Sy}\Omega^2 \end{bmatrix} \cdot \begin{bmatrix} U_{xS} \\ \Phi_y \end{bmatrix} = \begin{bmatrix} P_x \\ -P_x \cdot e \end{bmatrix}$$

Einsetzen der Zahlenwerte ergibt

$$\begin{bmatrix} 1{,}94 \cdot 10^6 \frac{\text{kN}}{\text{m}} - 210\,\text{t} \cdot \Omega^2 & 2{,}87 \cdot 10^6\,\text{kN} \\ 2{,}87 \cdot 10^6\,\text{kN} & 14{,}2 \cdot 10^6\,\text{kNm} - 519{,}1\,\text{t} \cdot \text{m}^2 \cdot \Omega^2 \end{bmatrix} \begin{bmatrix} U_{xS} \\ \Phi_{yS} \end{bmatrix} = \begin{bmatrix} 25\,\text{kN} \\ -38\,\text{kNm} \end{bmatrix}$$

Nullsetzen der Determinante der dynamischen Steifigkeitsmatrix und Lösen nach Ω liefert die gesuchten gekoppelten Eigenfrequenzen:

$$\bar{f}_{e1} = \frac{\Omega_{e1}}{2\pi} = 12{,}0\,\text{Hz} < 35\,\text{Hz}$$

$$\bar{f}_{e2} = \frac{\Omega_{e1}}{2\pi} = 27{,}9\,\text{Hz} < 35\,\text{Hz}$$

Das System ist also tief abgestimmt.

7.3.3 Vergleich der Berechnungen mit und ohne Berücksichtigung der Einbettung

Man erkennt, dass durch die Vernachlässigung der Einbettung die rechnerischen Schwingungsamplituden um weniger als 10 % voneinander abweichen. Die rechnerischen Eigenfrequenzen sind jedoch bei Nichtberücksichtigung der Einbettung um bis zu 20 % geringer. Wird die Einbettung berücksichtigt, so fällt die zweite rechnerische Eigenfrequenz mit der Erregerfrequenz zusammen. Für die Bewertung der Resonanzgefahr ist die ungedämpfte Eigenfrequenz jedoch von untergeordneter Bedeutung. Die höchsten Schwingungsamplituden enstehen, wenn die Erregerfrequenz in der Nähe der ungedämpften ersten Eigenfrequenz liegt.

7.4 Durch Bodenschwingungen erregtes Rechteckfundament (Indirekte Erregung)

In diesem Beispiel wird die indirekte vertikale Erregung eines Fundamentes infolge einer benachbarten Erregerquelle betrachtet. Zur Ermittlung der Wegamplitude des Fundamentes wird die Bewegungsgleichung für die indirekte Erregung aufgestellt und ausgewertet. Um das Beispiel zu vereinfachen, wird das direkt erregte Fundament mit Maschine von Beispiel 7.2 übernommen, ohne dass die Maschine selbst in Betrieb ist. Der Nachweis über die Zulässigkeit der Amplituden wird hier nicht durchgeführt.

1. Daten des Fundamentes, der Maschine und des Bodens

Die Daten des Fundamentes, der Maschine und die bodendynamischen Kennwerte werden wie im Beispiel 7.2 gewählt, d. h. alle Systemkenngrößen wie die Eigenfrequenz, die frequenzabhängige Federsteifigkeit und Dämpfung bleiben die gleichen wie in Beispiel 7.2.

2. Anregung durch Bodenschwingungen

Durch Schwingungsmessungen am künftigen Aufstellungsort des Fundamentes wurde festgestellt, dass infolge der benachbarten Erregerquelle auf der zukünftigen Fundamentsohle mit vertikalen harmonischen Schwingungen der Bodenoberfläche

$$u_{0z}(t) = U_{0z} \cdot \cos(\Omega t)$$

zu rechnen ist. Die Erregerkreisfrequenz Ω und die Schwingungsamplitude wurden gemessen zu:

$$\Omega = 100{,}5\,\mathrm{s}^{-1}$$

$$U_{0z} = 0{,}02\,\mathrm{mm} = 2 \cdot 10^{-5}\,\mathrm{m}$$

3. Aufstellung der Bewegungsgleichung

Für die indirekte Erregung (Fußpunkterregung) lautet die Bewegungsgleichung für vertikale Schwingungen nach Gleichung (E3–25):

$$m \cdot \ddot{u}_z(t) + C_z \cdot \left[\dot{u}_z(t) - \dot{u}_{0z}(t)\right] + K_z \cdot \left[u_z(t) - u_{0z}(t)\right] = 0$$

wobei $u_z(t)$ die Verschiebung des Fundamentes in z-Richtung ist.

Da $u_{0z}(t)$ harmonisch ist, sind auch alle anderen Größen harmonisch. Um die Vorteile der komplexen Rechnungsweise nutzen zu können, werden sämtliche Verschiebungsgrößen komplex erweitert:

$$\hat{u}_z(t) = \hat{U}_z \cdot e^{\mathrm{i}\Omega t}$$

$$\hat{u}_{0z}(t) = \hat{U}_{0z} \cdot e^{\mathrm{i}\Omega t}$$

wobei $\hat{U}_{0z} = U_{0z} \cdot e^{\mathrm{i}\alpha} = U_{0z}^{\mathrm{Re}} + \mathrm{i}\,U_{0z}^{\mathrm{Im}}$

Zweckmäßigerweise wird die Freifeldverschiebung als Bezugsgröße gewählt, sodass $\alpha = 0$ bzw. $U_{0z}^{\mathrm{Im}} = 0$ ist. Daraus ergibt sich $\hat{U}_{0z} = U_{0z}$

Eingesetzt in die obige Bewegungsgleichung erhält man

$$-m \cdot \Omega^2 \hat{U}_z + (K_z + \mathrm{i}\Omega C_z)\hat{U}_z = (K_z + \mathrm{i}\Omega C_z)U_{0z}$$

4. Ermittlung der vertikalen Wegamplituden

Die Lösung dieser Gleichung liefert die komplexe Wegamplitude

$$\hat{U}_z = \frac{K_z + i\Omega C_z}{K_z - m\cdot\Omega^2 + i\Omega C_z} U_{0z} = \frac{\left(K_z(K_z - m\cdot\Omega^2) + \Omega^2 C_z^2\right) - i\left(C_z m\Omega^3\right)}{(K_z - m\cdot\Omega^2)^2 + \Omega^2 C_z^2} U_{0z}$$

Einsetzen der Zahlenwerte nach Punkt 7 des Beispiels aus Abschnitt 7.2 liefert

$$\begin{aligned}\hat{U}_z &= \frac{\left(839\cdot10^3(839\cdot10^3 - 31{,}9\cdot100{,}5^2) + 100{,}5^2(480\cdot10^3)^2\right)}{(839\cdot10^3 - 31{,}9\cdot100{,}5^2)^2 + (480\cdot10^3)^2}\cdot 2\cdot10^{-5}\\ &\quad - i\frac{\left(4{,}77\cdot10^3\cdot31{,}9\cdot100{,}5^3\right)}{(839\cdot10^3 - 31{,}9\cdot100{,}5^2)^2 + (480\cdot10^3)^2}\cdot 2\cdot10^{-5}\\ &= 26{,}7\cdot10^{-6}\,\mathrm{m} - i\cdot 6{,}2\cdot10^{-6}\,\mathrm{m}\end{aligned}$$

Für die Amplitude U_z, d. h. den Betrag der Verschiebung $|\hat{U}_z|$, ergibt sich

$$U_z = |\hat{U}_z| = \sqrt{(U_z^{\mathrm{Re}})^2 + (U_z^{\mathrm{Im}})^2} = \frac{\sqrt{K_z^2 + \Omega^2 C_z^2}}{\sqrt{(K_z - m\cdot\Omega^2)^2 + \Omega^2 C_z^2}} U_{0z} = 27{,}4\cdot10^{-6}\,\mathrm{m}$$

und für den Phasenwinkel

$$\alpha_{0z} = \arctan\left(\frac{U_z^{\mathrm{Im}}}{U_z^{\mathrm{Re}}}\right) = \arctan\left(\frac{-6{,}2\cdot10^{-6}}{26{,}7\cdot10^{-6}}\right) = -13{,}1\,^\circ$$

Literatur

47 Richart, F.E.; Hall, J.R.; Woods, R.D.: Vibration of Soils and Foundations. Prentice-Hall, Englewood Cliffs, N. J., 1971

48 Kramer, H.: Forschungsarbeit „Erschütterungsschutz". Abschlußbericht Bundesminister für Raumordnung, Bauwesen und Städtebau, B I 5-80 01 88-12, Mai 1991

49 Rücker, W. et al: Experimentell bestimmte dynamische Steifigkeiten von Oberflächenfundamenten, Bautechnik 73 (1996), S. 368-375

50 Bundesanstalt für Materialforschung und –prüfung Berlin, Laboratorium 2.3.2 Baudynamik, Erschütterungsschutz: Messung von Fundamentschwingungen und Vergleich mit Rechenergebnissen, Messorte Nürnberg und Bremen, Bericht, 1991

51 Forchap, E.; Verbic, B.: Field tests on wave propagation and reduction of foundation vibrations. In Wave ´94, Chouw, N. and Schmid, G. (Eds.), Berg-Verlag GmbH, Bochum 1994

52 Sieffert, J.-G.; Cevaer, F.: Manuel des Fonctions d' Impedance / Handbook of Impedance Functions. Presses Academiques, Ouest-Edition, 1992

53 Schmid, G. et al: SSI2D/3D, ein Programmsystem zur Berechnung von Bauwerk-Boden-Wechselwirkung mit der Randelementmethode. Bericht Nr. 12 des SFB 151 an der Ruhruniversität Bochum, 1988

54 Savidis, S.; Sarfeld, W.: Verfahren und Anwendung der dreidimensionalen dynamischen Wechselwirkung. Baugrundtagung Mainz 1990

55 Rücker, W.: Dynamic Behavior of Rigid Plates of Arbitrary Shape on a Halfspace. Earthq. Eng. and Struct. Dynamics Vol. 10, 1982

56 Wong, H.L.; Luco, J.E.: Tables of Impedance Functions for Square Foundations on Layered Media. Soil Dynamics and Earthquake Engineering, Vol. 4, 1985

57 Novak, M.: Torsional and Coupled Vibrations of Embedded Footings. J. Earthq. Eng. and Struct. Dynamics, Vol. 2, 1973

58 Kramer, H.: Kippschwingungen eines indirekt durch Oberflächenwellen erregten Fundaments. Die Bautechnik Vol. 76, 1999

59 Dominguez, J.: Dynamic Stiffness of Rectangular Foundations. MIT Report R78-20, Massachussetts Institute of Technology, Cambridge, MA, U.S.A., 1978

60 Apsel, R. J.; Luco J. E.: Impedance Functions for Foundations Embedded in a Layered Medium: An Integral Equation Approach. Earthqu Eng Struct Dyn Vol. 15, 1987, S. 213–231

61 Mita, A.; Luco J. E.: Dynamic Response of a Square Foundation Embedded in an Elastic Half-Space. Soil Dyn Earthqu Eng Vol. 8, 1989, S. 54–67

62 Pak, R. Y. S.; Guzina B. B.: Seismic Soil-Structure Interaction Analysis by Direct Boundary Element Methods. Int J Solid Struc Vol. 36, 1999, S. 4743–4766

63 Gazetas, G.: Formulas and Charts for Impedances of Surface and Embedded Foundations. J Geotech Geoenviron Eng Vol. 117, 1991, S. 1363–1381

64 Gazetas, G.: Foundation Vibrations. In: Fang, H. Y. (Hrsg.) Foundation Engineering Handbook, 2nd Edition. Kluwer Academic Publishers, 1990

65 Gazetas, G.; Dobry, R.; Tassoulas, J. L.: Vertical Response of Arbitrarily Shaped Embedded Foundations. J Geotech Geoenviron Eng Vol. 111, 1985, S. 750–771

66 Gazetas, G.; Tassoulas, J. L.: Horizontal Stiffness of Arbitrarily Shaped Embedded Foundations. J Geotech Geoenviron Eng Vol. 113, 1987, S. 440–457

67 Gazetas, G.; Tassoulas, J. L.: Horizontal Damping of Arbitrarily Shaped Embedded Foundations. J Geotech Geoenviron Eng Vol. 113, 1987, S. 458–475

68 Pais, A.; Kausel E.: Approximate formulas for dynamic stiffnesses of rigid foundations. Soil Dyn Earthqu Engng Vol. 7, 1988, S. 213–227

69 DIN 4024-1:1988-04 Maschinenfundamente – Elastische Stützkonstruktionen für Maschinen mit rotierenden Massen

70 DIN 4024-2:1991-04 Maschinenfundamente – Steife (starre) Stützkonstruktionen für Maschinen mit periodischer Erregung

71 Schepers, W.: Berechnungsverfahren für praxisnahe Boden-Bauwerks-Interaktionsprobleme im Frequenzbereich. Dissertation, Technische Universität Berlin, 2014. Online verfügbar, http://dx.doi.org/10.14279/depositonce-4240

72 DIN ISO 10816-1:1997-08 Mechanische Schwingungen – Bewertung der Schwingungen von Maschinen durch Messungen an nicht-rotierenden Teilen – Teil 1: Allgemeine Anleitungen

73 DIN ISO 10816–3:2009-08: Mechanische Schwingungen – Bewertung der Schwingungen von Maschinen durch Messungen an nicht-rotierenden Teilen –Teil 3: Industrielle Maschinen mit einer Nennleistung über 15 kW und Nenndrehzahlen zwischen 120 min^{-1} und 15 000 min^{-1} bei Messungen am Aufstellungsort

74 NEHRP Consultants Joint Venture (2012) Soil-Structure Interaction for Building Structures. NIST National Institute of Standards and Technology report GCR 12-917-21. Online verfügbar, http://www.nehrp.gov/pdf/nistgcr12-917-21.pdf, letzter Zugriff 07.08.2018

75 Poulos H. G., Davis E. H. (1974) Elastic solutions for soil and rock mechanics. New York: John Wiley & Sons

76 Vrettos C. (1999) Vertical and rocking impedances for rigid rectangular foundations on soils with bounded non-homogeneity. Earthq Eng Struc Dyn 28:1525–1540

E4

Bleibende Verformungen

1 Grundlagen der Akkumulation bleibender Verformungen

Der Nachweis der Gebrauchstauglichkeit einer Konstruktion erfordert die Betrachtung der Verformungsentwicklung des Systems Boden-Bauwerk sowohl unter statischer als auch unter zeitlich veränderlicher Belastung. Im Folgenden wird die Abschätzung der bleibenden Verformungen infolge zyklischer Beanspruchung des Bodens beschrieben, die für den Nachweis der Gebrauchstauglichkeit in der Praxis von besonderem Interesse ist.

Durch zyklische und dynamische Einwirkungen – direkt an der Gründung (z. B. Maschinenfundamente) oder indirekt außerhalb der Gründung (z. B. Baubetrieb, Verdichtungsmaßnahmen, Verkehr, Erdbeben) – werden zeitlich veränderliche Spannungszustände im Boden erzeugt. Diese zeitlich veränderlichen Spannungszustände führen zu bleibenden Verformungen (Schub-, Normal- und volumetrische Verformungen) im Boden und zu bleibenden Verschiebungen (z. B. Setzungen) an der Oberfläche.

Physikalisch werden die bleibenden Verformungen bei nichtbindigen Böden durch Umlagerungen des Korngerüstes, bei bindigen Böden durch Veränderungen der Mikrostruktur hervorgerufen. Kornzertrümmerung und Kornabrieb, die zu vernachlässigbar geringen bleibenden Verformungen führen, werden im Weiteren nicht berücksichtigt.

Die beiden o. g. Mechanismen werden im Wesentlichen durch die Einwirkung von zyklischen Schubspannungen bzw. von zyklischen Schubverzerrungen erzeugt. Die im Korngerüst auftretenden zyklischen Normalspannungen liefern nur einen geringen, meist vernachlässigbaren Beitrag zu den bleibenden Verformungen.

Die wesentlichen Einflussfaktoren auf die Akkumulation bleibender Verformungen im Boden sind:

- die Amplitude und Anzahl der Zyklen der Scherbeanspruchung,
- die Art der Einwirkung (Schwell- oder Wechselbeanspruchung),
- der am Beginn der zyklischen Belastung herrschende Spannungs- und Verformungszustand (Vorbelastungsgeschichte),
- die Bodenart,
- die physikalischen und mechanischen Bodeneigenschaften (u. a. Kornform, Wassergehalt, Trockendichte, Porenvolumen, Sättigung, Konsolidierungsgrad, Plastizitätszahl).

Je nach Intensität der Beanspruchung zeigt der Boden elastisches (reversibles) oder elasto-plastisches (irreversibles) Verhalten. Ferner verändern sich die Steifigkeits- und Dämpfungsparameter des Bodens mit der Größe der auftretenden Scherdehnungsamplitude γ_d (siehe Bild E2–5 und Bild E2–7).

Empfehlungen des Arbeitskreises Baugrunddynamik, 2. Auflage,
Herausgegeben von der Deutschen Gesellschaft für Geotechnik e.V. (DGGT).

Zur Beurteilung des Einflusses der zyklischen Scherdehnungsamplitude γ_d auf das Bodenverhalten haben Vucetic [96] und Hsu [83] eine Reihe von zyklischen Scherversuchen an verschiedenen Bodenarten durchgeführt. Die Auswertung aller Versuche ergab, dass die Plastizitätszahl I_P die maßgebliche Bodeneigenschaft für das Verformungsverhalten unter zyklischer Beanspruchung ist. Danach ergeben sich in Abhängigkeit von der Plastizitätszahl drei Bereiche von Scherdehnungsamplituden, die von den Schwellenwerten γ_{tl} und γ_{tv} abgegrenzt werden, und in denen sich der Boden hinsichtlich bleibender Verformungen und Steifigkeit unterschiedlich verhält (Bild E4–1).

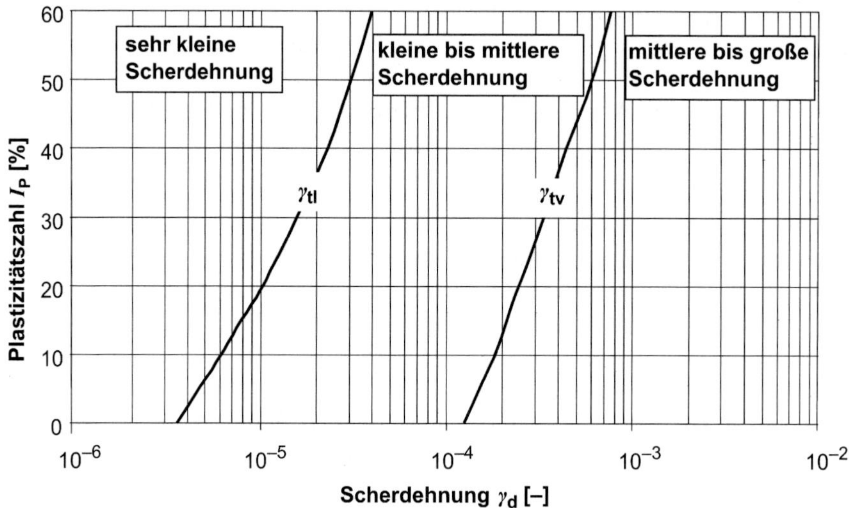

Bild E4-1 Schwellenwerte der Scherdehnungsamplituden [83]

Bereich mit sehr kleinen Scherdehnungen $\gamma_d \leq \gamma_{tl}$. In diesem Bereich bleibt die Mikrostruktur des Bodens erhalten. Es kann ein linear-elastisches Verhalten angenommen werden. Bleibende Verformungen und ggf. Porenwasserdruckveränderungen treten nicht auf oder sind vernachlässigbar. Die Bodensteifigkeit verändert sich nicht.

Bereich mit kleinen bis mittleren Scherdehnungen $\gamma_{tl} \leq \gamma_d \leq \gamma_{tv}$. In diesem Bereich zeigt der Boden ein nichtlineares Materialverhalten. Die Mikrostruktur verändert sich geringfügig. Die Bodensteifigkeit wird reduziert (Bild E2–5). Bei drainierten Verhältnissen kann es zu bleibenden Verformungen, bei undrainierten Verhältnissen zu Porenwasserdrücken und zur Abnahme der Scherfestigkeit kommen.

Bereich mit mittleren bis großen Scherdehnungen $\gamma_d \geq \gamma_{tv}$. In diesem Bereich entstehen größere Strukturveränderungen. Der Boden zeigt ein ausgeprägt nichtlineares Verhalten. Die Bodensteifigkeit wird erheblich reduziert (Bild E2–5). In trockenen, teilgesättigten und gesättigten Böden unter drainierten Verhältnissen akkumulieren sich bleibende Verformungen. Bei wassergesättigten Böden unter undrainierten Verhältnissen akkumulieren sich deutlich Porenwasserdrücke, wodurch sich die effektiven Spannungen und die Scherfestigkeit reduzieren, und im Extremfall Bodenverflüssigung eintreten kann.

Wie in Bild E4–1 zu erkennen ist, steigen die ermittelten Schwellenwerte der Scherdehnungen mit Zunahme der Plastizitätszahl I_P an. Daraus folgt, dass plastische Tone einen größeren elastischen Bereich im Vergleich zu reinen Sanden und Kiesen ($I_P = 0$)

zeigen, so dass größere zyklische Scherdehnungen zur Veränderung des Bodenverhaltens erforderlich werden.

Im folgenden Kapitel E4–2 sind Abschätzungen zur Ermittlung der bleibenden Verformungen angegeben. Untersuchungen zu Porenwasserdruckentwicklungen werden nicht behandelt.

2 Näherungsweise Ermittlung bleibender Verformungen im Boden

2.1 Allgemeiner Überblick

Die durch zyklische Schubspannungen erzeugte Volumenänderung enthält reversible (elastische) und bleibende (plastische) Anteile.

$$\varepsilon_{\text{vol}} = \varepsilon_{\text{vol,el}} + \varepsilon_{\text{vol,pl}} \tag{E4–1}$$

mit

$\varepsilon_{\text{vol}} = \Delta V / V$	volumetrische Dehnung
$\varepsilon_{\text{vol,el}}$	elastischer Anteil
$\varepsilon_{\text{vol,pl}}$	plastischer Anteil
ΔV	Volumenänderung
V	Ausgangsvolumen

Für die Ermittlung bleibender Verformungen werden nur die plastischen Dehnungsanteile betrachtet, die sich zyklenabhängig akkumulieren:

$$\varepsilon_{\text{vol,pl}}^{\text{acc},N} = \sum_{i=1}^{N} \varepsilon_{\text{vol,pl}}^{i} \tag{E4–2}$$

mit

$\varepsilon_{\text{vol,pl}}^{\text{acc},N}$	akkumulierte volumetrische Dehnung über N Zyklen
$\varepsilon_{\text{vol,pl}}^{i}$	volumetrische Dehnung im Zyklus i

Rechnerisch kann die Akkumulation der plastischen Dehnungsanteile auf unterschiedliche Weise erfasst werden (Bild E4–2):

a) Erfassung der akkumulierten Dehnungen in den einzelnen Hystereseschleifen mit vielen Spannungs-Dehnungsinkrementen (implizite Modelle)
b) Erfassung der akkumulierten Dehnungen über die Zyklenzahl (explizite Modelle).

Für Berechnungen mit hohen Zyklenzahlen sind implizite Modelle eher ungeeignet, da der Rechenaufwand sehr hoch ist. Weiterführende Informationen findet man u. a. bei Karg [84], Wichtmann et al. [99], Festag [81], Tatsuoka et al. [93], Böhrnsen [77].

In den nachfolgenden Abschnitten werden für praktische Anwendungen zur Abschätzung der bleibenden Verformungen unter zyklischen Einwirkungen vereinfachte explizite Berechnungsverfahren (s. a. Bild E4–2b) angegeben:

- Dehnungsakkumulation über Potenzansätze der Zyklenanzahl (Abschnitt 2.4)
- Dehnungsakkumulation über einen rekursiven Exponentialansatz der akkumulierten volumetrischen Dehnung (Abschnitt 2.5)
- Dehnungsakkumulation über eine in geschlossener Form gegebene nicht-iterative Funktion der Zyklenzahl aus der Superposition eines linearen und eines logarithmischen Ansatzes (Abschnitt 2.6)

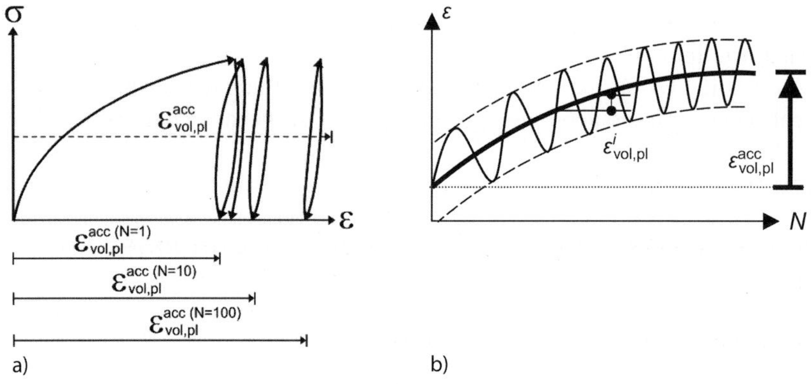

Bild E4-2 Dehnungsakkumulation: a) über die Hystereseschleifen in einem Spannungs-Dehnungsdiagramm, b) über die Zyklenzahl in einem Dehnungs-Zyklenzahldiagramm

Vorrangig werden die hier angeführten Verfahren zur Abschätzung der bleibenden Verformungen im Boden infolge Einwirkungen von Maschinenfundamenten, Verkehr und Baumaßnahmen eingesetzt, d. h. für kleine bis mittlere Scherdehnungen gemäß Bild E4–1. Voraussetzung für die Akkumulation bleibender Dehnungen sind drainierte Verhältnisse im Boden. Andernfalls entstehen Porenwasserüberdrücke, deren Akkumulation zur Abnahme der effektiven Spannungen und damit zur Reduzierung der Scherfestigkeit bis hin zur Bodenverflüssigung führen kann

Bei der Berechnung der zyklisch einwirkenden Beanspruchungen, d. h. der Schubspannungen und Scherdehnungen im Boden, kann das nichtlineare Bodenverhalten in vereinfachter Form berücksichtigt werden. Bei der Ermittlung der Schubspannungsverteilung kann eine lineare Spannungs-Dehnungsbeziehung zugrunde gelegt werden, da der Einfluss der Nichtlinearität im Boden auf die Verteilung der Schubspannungen gering ist. Die Ermittlung der Scherdehnungen aus den Schubspannungen erfolgt anschließend iterativ, damit der angesetzte Schubmodul kompatibel zu den sich ergebenden Scherdehnungen ist, siehe Empfehlung E2-2.1.1.

Mit der zyklenabhängigen Akkumulation der Volumenänderung wird der Boden im dränierten Zustand zunehmend verdichtet. Dadurch erhält der Boden eine zyklen- und lastabhängige größere Steifigkeit, die durch die Verdichtungseffekte auch über der ursprünglich gemessenen maximalen Steifigkeit G_{d0} liegen kann, siehe Bild 2 in [96]. Für die in diesen Empfehlungen betrachtete Akkumulation bleibender Verformungen wird ein ratenunabhängiges Verhalten des Bodens unterstellt, d. h. geschwindigkeitsabhängige Dehnungsraten aus den viskosen Dämpfungseigenschaften und zeitabhängiges Kriechen bleiben unberücksichtigt. Dies bedeutet, dass die Verformungen im Boden in Folge einer sich fortpflanzenden Welle nur von der Größe der Wellenamplituden und der Anzahl der Wellenzyklen abhängen. Weiterhin bleiben der Einfluss der Erregerfrequenzen und damit der Einfluss der Geschwindigkeit der Lasteintragung unberücksichtigt. Somit können auch bleibende Verformungen aus impulsartig sich wiederholenden Beanspruchungen des Bodens untersucht werden.

Für die Ermittlung der bleibenden Verformungen muss zunächst für jede Stelle im Boden geprüft werden, welche zyklischen Beanspruchungen an dieser Stelle eine bleibende Verformung erzeugen können. Liegen an einer Stelle mehrere solcher Beanspruchungen vor, ist für jede Beanspruchung eine Verformungsberechnung durchzuführen, und die Gesamtverformungen ergeben sich näherungsweise aus der Überlagerung der einzelnen Verformungsanteile.

2.2 Ermittlung der zyklischen Schubspannungen und Scherdehnungen

Für die Ermittlung der bleibenden volumetrischen Dehnungen im Boden gemäß den Abschnitten 2.4 bis 2.6 werden die zyklischen Schubspannungen τ_d bzw. die zyklischen Scherdehnungen γ_d benötigt.

Die Ermittlung der zyklischen Schubspannungen τ_d muss mit einem Verfahren erfolgen, mit dem die Verteilung der Spannungen im Baugrund angemessen genau ermittelt werden kann. Im Allgemeinen wird dies mit numerischen Methoden wie der Finite-Elemente-Methode erfolgen.

Bei quasistatischen Beanspruchungen kommen auch diejenigen Verfahren zur Spannungsermittlung im Baugrund infrage, die bei klassischen Setzungsberechnungen verwendet werden. Sind bei quasistatischen Beanspruchungen die zyklischen vertikalen Spannungen bekannt, so können die zyklischen Schubspannungen aus den vertikalen und horizontalen Spannungen abgeschätzt werden. Bei ödometrischen Verhältnissen, d. h. bei ebenem Gelände ohne signifikante Neigung der Bodenschichten und unterhalb der Last, gilt:

$$\tau_d \approx \left(\sigma'_{vd} - \sigma'_{hd}\right) / 2 \qquad \text{(E4–3)}$$

Liegen keine ödometrischen Verhältnisse vor, können die Schubspannungen mit

$$\tau_d \approx \sigma'_{vd} / 2 \qquad \text{(E4–4)}$$

abgeschätzt werden. Dabei ist

σ'_{vd} effektive zyklische vertikale Spannung

$\sigma'_{hd} = K_0 \cdot \sigma'_{vd}$ effektive zyklische horizontale Spannung

K_0 Erdruhedruckbeiwert

Sind die zyklischen Schubspannungen τ_d bekannt, können daraus die zyklischen Scherdehnungen γ_d ermittelt werden, für deren Berechnung eine angepasste reduzierte Steifigkeit $G_d = G_d(\gamma_d)$ benötigt wird.

$$\gamma_d = \frac{\tau_d}{G_d} = \frac{\tau_d}{G_{d0} \cdot \left(\dfrac{G_d}{G_{d0}}\right)} \qquad \text{(E4–5)}$$

mit

G_{d0} max. Schubmodul für sehr kleine Dehnungen und

G_d / G_{d0} Faktor für die dehnungsabhängige Steifigkeitsreduzierung.

Da $G_d = G_d\ (\gamma_d)$ eine nichtlineare Funktion der auftretenden zyklischen Scherdehnungsamplitude γ_d ist, muss (E4–5) iterativ gelöst werden. Dazu wird zunächst die auftretende Scherdehnungsamplitude vorgeschätzt, der dazu kompatible Schubmodul wird in die rechte Seite von (E4–5) eingesetzt, und man erhält eine neue Schätzung der zyklischen Scherdehnungsamplitude. Es sind üblicherweise nur sehr wenige Iterationsschritte erforderlich.

Wenn berechnete oder ggf. gemessene Schwinggeschwindigkeiten (Partikelgeschwindigkeiten) einer sich ausbreitenden Scherwelle zugeordnet werden können, und wenn die Scherwelle sich näherungsweise eindimensional ausbreitet, dann gilt:

$$\gamma_d = v / c_S \tag{E4–6}$$

$$\tau_d = v \cdot \rho \cdot c_S \tag{E4–7}$$

mit

v	Schwinggeschwindigkeit (Partikelgeschwindigkeit) der eingetragenen Erschütterung senkrecht zur Ausbreitungsrichtung der Scherwelle
ρ	Dichte des Bodens
c_S	Ausbreitungsgeschwindigkeit der Scherwelle.

Für komplizierte dreidimensionale Wellenausbreitung in der Nähe dynamisch belasteter Gründungen ist es erforderlich, numerische Berechnungen durchzuführen, siehe beispielsweise [98].

Sind die eingetragenen Amplituden der Erschütterungen nur an der Oberfläche bekannt, dann können diese Erschütterungen über die Wellenausbreitung in einem Mehrschichtsystem z. B. tiefenabhängig in den nachgiebigen Bodenschichten abgeschätzt werden (s. a. Abschnitt E1-3.1). Aus den ermittelten tiefenabhängigen Schwinggeschwindigkeiten können dann die dynamischen Schubspannungen τ_d berechnet werden.

In den Gleichungen (E4–6) und (E4–7) ist die Scherwellengeschwindigkeit c_S dehnungsabhängig zu berücksichtigen, um eine der nichtlinearen Bodensteifigkeit angepasste zyklische Schubspannung bzw. Scherdehnung für die Berechnung bleibender Verformungen zu erhalten.

2.3 Labor- und Feldversuche

Für die Anwendung der Berechnungsansätze, die in den nachfolgenden Abschnitten 2.4 bis 2.6 vorgestellt werden, werden Materialkonstanten benötigt. Bei erhöhten Anforderungen an die Berechnungsgenauigkeit sollten nicht die angegebenen Tabellenwerte verwendet werden, vielmehr sollten Labor- und Feldversuche zur Bestimmung der Bodenparameter durchgeführt werden.

Die bei der dehnungsabhängigen Erfassung der Bodensteifigkeit erforderlichen initialen Bodensteifigkeiten G_{d0} bzw. die initialen Scherwellengeschwindigkeiten lassen sich zuverlässig und realitätsnah durch geeignete Feldversuche in ungestörten Bodenbereichen ermitteln, siehe Abschnitt E2-2.2.2.

Mit Laborversuchen lassen sich die dehnungsabhängigen Steifigkeiten des Bodens in Relation zu den initialen Steifigkeiten ermitteln, siehe Abschnitt E2-2.2.3.

Relevante Labortests zur Untersuchung der dehnungsabhängigen Steifigkeiten und des Akkumulationsverhaltens der Böden bezüglich bleibender Verformungen unter zyklischen Einwirkungen sind zyklische Triaxial- und zyklische Einfachscherversuche (siehe E2 und Anwendungsbeispiele in E2-3.3.1 und E2-3.3.2).

2.4 Ermittlung bleibender Dehnungen in feinkörnigen, bindigen Böden

Die Akkumulation volumetrischer Dehnungen erfolgt bei dem vorgestellten Verfahren direkt über die Zyklenzahl. Für die Prognose kumulativer plastischer volumetrischer Dehnungen $\varepsilon_{\mathrm{vol,pl}}^{\mathrm{acc},N}$ bei wiederholter Scherbelastung wird von Chai & Miura [79] auf der Grundlage der Formulierungen von Monismith et al. [87] und Li & Selig [86] folgende Gleichung angegeben:

$$\varepsilon_{\mathrm{vol,pl}}^{\mathrm{acc},N} = 0{,}01 \cdot a\left(\tau_{\mathrm{d}} / \tau_{\mathrm{f}}\right)^{m} \cdot \left(1 + \tau_{\mathrm{S}} / \tau_{\mathrm{f}}\right)^{n} \cdot N^{b} \qquad \text{(E4–8)}$$

mit

τ_{d} die verursachende Schubspannung aus Maschinenfundament, Verkehr und Baumaßnahmen nach Abschnitt E4-2.2

τ_{f} Scherfestigkeit $\tau_{\mathrm{f}} = \sigma'_{\mathrm{v}} \cdot \tan\varphi' + c'$
mit
σ'_{v} effektive Vertikalspannung in der betrachteten Tiefe
φ', c' effektive Scherparameter (Reibungswinkel, Kohäsion)

τ_{S} die statische Schubspannung im Ausgangszustand vor der Einwirkung zyklischer Lasten
$\tau_{\mathrm{S}} \approx \left(\sigma'_{\mathrm{v}} - \sigma'_{\mathrm{h}}\right)/2$
mit
σ'_{v} effektive vertikale Spannung
$\sigma'_{\mathrm{h}} = K \cdot \sigma'_{\mathrm{v}}$ effektive horizontale Spannung
K Erddruckbeiwert
Bei ödometrischen Verhältnissen
$\sigma'_{\mathrm{h}} = K_0 \cdot \sigma'_{\mathrm{v}}$
K_0 Erdruhedruckbeiwert

a Parameter, der die Größe der akkumulierten plastischen Dehnungen infolge Scherdehnung und dynamischer Konsolidation beeinflusst.
Als Anhaltswert für den Parameter a kann nach Chai & Miura [79] die empirische Beziehung $a = 8{,}0 \cdot C_{\mathrm{C}}$ mit dem Kompressionsbeiwert $C_{\mathrm{C}} = -\Delta \log e / \Delta \log \sigma'_{\mathrm{v}} = 0{,}008 \ldots 0{,}15$ verwendet werden.

m Parameter, der die Verteilung der akkumulierten plastischen Dehnungen über der Tiefe beeinflusst. Wenn bei $\tau_{\mathrm{d}} / \tau_{\mathrm{f}} < 1{,}0$ der Parameter m ansteigt, bewirkt dies einen schnelleren Abfall der Akkumulation mit zunehmender Tiefe.
Die Parameter a und m, deren Größen mit zunehmender Plastizität und Tongehalt ansteigen, sind in Tabelle E4–1 mit Mittelwert und Streuung gegeben. Diese Werte sind aus vielen Anwendungsbeispielen und Laboruntersuchungen zurückgerechnet worden und zeigen die große Variation der eintretenden akkumulierten Dehnungen dieser Böden unter zyklischen Einwirkungen an. Ergänzende Laboruntersuchungen zur Ermittlung geeigneter Parameter für einen Anwendungsfall sind empfehlenswert. So können unter Verwendung obiger Gleichung aus der versuchstechnisch ermittelten bleibenden Verformung einer Bodenprobe mit isotropem Spannungszustand ($\tau_{\mathrm{S}} = 0$) bei einmaliger Be- und Entlastung ($N = 1$) und unterschiedlichen Verhältnissen $\tau_{\mathrm{d}} / \tau_{\mathrm{f}}$ die Parameter a und m durch Rückrechnung zutreffender bestimmt werden (s. a. Li & Selig [86] und das Beispiel im Abschnitt 4.1).

N Anzahl der Zyklen

b Parameter, der die plastischen Dehnungsraten über die Zyklenzahl in Abhängigkeit von der Bodenart angibt. Wegen der bodenabhängigen Sensitivität von b werden vorrangig feinkörnige bis bindige Böden untersucht (Tabelle E4–1).

n Parameter, der die Größe der akkumulierten Dehnungen in Abhängigkeit von der vorhandenen statischen Schubspannung τ_S im Boden reguliert. Näherungsweise wird $n = 1$ gesetzt.

Für die untersuchten feinkörnigen Böden werden von Li & Selig [86] die Koeffizienten nach Tabelle E4–1 (in Klammern die ermittelten Streubereiche) angegeben.

Tabelle E4-1 Koeffizienten zur Ermittlung plastischer Dehnungen feinkörniger Böden, nach Li & Selig [86]

Bodentyp	Parameter		
	a	*b*	*m*
ausgeprägt plastischer Ton (TA)	1,2 (0,82 ... 1,50)	0,18 (0,12 ... 0,27)	2,4 (1,3 ... 3,9)
leicht bis mittelplastischer Ton (TL-TM)	1,1 (0,30 ... 3,50)	0,16 (0,08 ... 0,34)	2,0 (1,0 ... 2,6)
ausgeprägt plastischer Schluff (UA)	0,84	0,13 (0,08 ... 0,19)	2,0 (1,3 ... 4,2)
leicht bis mittelplastischer Schluff (UL-UM)	0,64	0,10 (0,06 ... 0,17)	1,7 (1,4 ... 2,0)

Aus den ermittelten akkumulierten volumetrischen Dehnungen werden entsprechend Abschnitt E4-2.7 die bleibenden Verformungen im Boden infolge zyklischer Belastungen berechnet.

2.5 Ermittlung bleibender Dehnungen in nicht-bindigen Böden

Für nicht-bindige Böden wird die Akkumulation der volumetrischen Dehnungen nach Abschnitt E4-2.1 aus den Beziehungen zu den zyklischen Scherdehnungen nach Abschnitt E4-2.4 abgeleitet. Die volumetrische Dehnung akkumuliert sich über der Anzahl der Zyklen.

Der Zuwachs der volumetrischen Dehnung im Zyklus i infolge einer einwirkenden Scherdehnung wird von Byrne & McIntyre [78] mit folgender Gleichung angegeben:

$$\varepsilon_{\mathrm{vol,pl}}^{i} = \gamma_{\mathrm{d}} \cdot C_1 \cdot \exp\left(\frac{-C_2 \cdot \varepsilon_{\mathrm{vol,pl}}^{\mathrm{acc},i\text{-}1}}{\gamma_{\mathrm{d}}}\right) \tag{E4–9}$$

mit

C_1, C_2 dichteabhängige Konstanten

γ_{d} maximale einwirkende Scherdehnung im betrachteten Zyklus

$\varepsilon_{\mathrm{vol,pl}}^{\mathrm{acc},i\text{-}1}$ akkumulierte volumetrische Dehnung über alle Zyklen $(i-1)$

$\varepsilon_{\mathrm{vol,pl}}^{i}$ volumetrischer Dehnungsanteil im Zyklus i

Die volumetrische Dehnung $\varepsilon^{i}_{\text{vol,pl}}$ akkumuliert sich über die Zyklenzahl $i = 1, 2, ..., N$ zu

$$\varepsilon^{\text{acc},N}_{\text{vol,pl}} = \sum_{i=1}^{N} \varepsilon^{i}_{\text{vol,pl}} \tag{E4–10}$$

Die im Berechnungsalgorithmus verwendeten Konstanten C_1 und C_2 werden mit Versuchs- und Messergebnissen kalibriert und sind in Abhängigkeit von der bezogenen Lagerungsdichte I_D der Böden in der folgenden Tabelle E4–2 angegeben.

Tabelle E4-2 Konstanten C_1 und C_2 in Abhängigkeit von I_D (nach Byrne & McIntyre [78])

I_D [%]	C_1	C_2
34	1,00	0,40
47	0,50	0,80
67	0,20	2,00
82	0,12	3,33
95	0,06	6,66

Aus den ermittelten akkumulierten volumetrischen Dehnungen werden wieder entsprechend Abschnitt E4-2.7 die bleibenden Setzungen im Boden infolge zyklischer Belastungen berechnet.

2.6 Ermittlung bleibender Dehnungen mit dem HCA-Modell für Sand

Das HCA-Modell (**H**igh **C**yclic **A**ccumulation Model) nach Niemunis et al. [88], Wichtmann [100], Wichtmann et al. [101] ist ein explizites Akkumulationsmodell für Sand. Das HCA-Modell gilt für trockene oder wassergesättigte Böden unter drainierten Bedingungen. Es beschreibt die Dehnungsakkumulation infolge einer zyklischen Beanspruchung mit einer sehr großen Anzahl von Zyklen. Für den axialsymmetrischen Spannungszustand mit ödometrischer Randbedingung ($\varepsilon_2 = \varepsilon_3 = 0$) und bei konstanter Belastungsamplitude und ohne Änderung der Belastungsrichtung vereinfacht sich das HCA-Modell zu einer eindimensionalen Form:

$$\varepsilon^{\text{acc},N}_{\text{vol,pl}} = f_{\text{ampl}} \cdot f_{\text{e}} \cdot f_{\text{p}} \cdot f_{\text{Y}} \cdot f_{\text{N}} \tag{E4–11}$$

Die Teilfunktionen f berücksichtigen den Einfluss folgender Größen:

f_{ampl}	Einfluss der Dehnungsamplitude der Einwirkung
f_{e}	Einfluss der Porenzahl
f_{p}	Einfluss der mittleren effektiven Spannung
f_{Y}	Einfluss des Spannungsverhältnisses
f_{N}	Einfluss der Zyklenanzahl

Die Teilfunktionen und ihre Parameter werden nach folgenden Gleichungen berechnet:

$$f_{\text{ampl}} = \left(\frac{\varepsilon^{\text{ampl}}_{\text{vol,pl}}}{10^{-4}} \right)^{C_{\text{ampl}}} \tag{E4–12}$$

$$f_e = \frac{(C_e - e)^2}{1+e} \frac{1+e_{max}}{(C_e - e_{max})^2} \tag{E4–13}$$

$$f_p = \exp\left[-C_p \cdot \left(\frac{p^{av}}{100\text{ kPa}} - 1\right)\right], \tag{E4–14}$$

$$f_Y = \exp\left(C_Y \cdot \bar{Y}^{av}\right) \tag{E4–15}$$

$$f_N = C_{N1} \cdot \left[\ln\left(1 + C_{N2} N\right) + C_{N3} N\right] \tag{E4–16}$$

Für die Ermittlung der Parameter C_{ampl}, C_e, C_p, C_Y, C_{N1}, C_{N2} und C_{N3} werden nach Wichtmann et al. [102] drei verschiedene Methoden mit unterschiedlichem Aufwand und unterschiedlicher Genauigkeit vorgeschlagen:

a) Abschätzung aller Parameter aus den Gleichungen (E4–17) bis (E4–26) als Funktion von d_{50}, C_u und e_{min}. Diese Methode ist nur für grobe Abschätzungen zu empfehlen, da die Kornbeschaffenheit (Kornform, Rauigkeit, Mineralogie) nicht berücksichtigt wird, so dass sie lediglich im Rahmen einer Vorentwurfsplanung verwendet werden sollte.
b) Abschätzung der Parameter C_{ampl}, C_C, C_p und C_Y wie unter (a) aus den Gleichungen (E4–17) bis (E4–20). Die Parameter C_{N1}, C_{N2} und C_{N3} werden aus einem einzigen zyklischen Triaxialversuch ermittelt. Sie sind von der Zyklenzahl abhängig, siehe Gl. (E4–21) bis (E4–26). Diese Methode wird als Mindeststandard für eine Entwurfsplanung empfohlen.
c) Bestimmung der Parameter aus mindestens neun zyklischen dränierten Triaxialversuchen. Es wird empfohlen, im Rahmen einer genaueren Entwurfsplanung diese Methode anzuwenden. Diese Methode wird für die Ermittlung der Parameter bei genaueren Setzungsprognosen unbedingt empfohlen.

Die Formeln lauten wie folgt:

$$C_{ampl} = 1{,}70 \tag{E4–17}$$

$$C_e = 0{,}95 \cdot e_{min} \tag{E4–18}$$

$$C_p = 0{,}41 \cdot \left[1 - 0{,}34 \cdot (d_{50} - 0{,}6)\right],\ d_{50} \text{ in mm} \tag{E4–19}$$

$$C_Y = 0{,}26 \cdot \left[1 + 0{,}12 \cdot \ln\left(d_{50}/0{,}6\right)\right] \tag{E4–20}$$

Für $N \leq 10^5$:

$$C_{N1} = 0{,}0012 \cdot \left[1 - 0{,}36 \cdot \ln\left(d_{50}\right)\right] \cdot \left(C_u - 1{,}18\right) \tag{E4–21}$$

$$C_{N2} = 0{,}0051 \cdot \exp\left[0{,}39 \cdot d_{50} + 12{,}3 \cdot \exp\left(-0{,}77 \cdot C_u\right)\right] \quad \text{(E4–22)}$$

$$C_{N3} = 1{,}00 \cdot 10^{-4} \cdot \exp\left(-0{,}84 \cdot d_{50}\right) \cdot \left(C_u - 1{,}37\right)^{0{,}34} \quad \text{(E4–23)}$$

Für $10^5 < N \leq 2 \cdot 10^6$:

$$C_{N1} = 0{,}00184 \cdot \left[1 - 0{,}47 \cdot \ln\left(d_{50}\right)\right] \cdot \left(C_u - 1{,}30\right) \quad \text{(E4–24)}$$

$$C_{N2} = 0{,}00434 \cdot \exp\left[0{,}42 \cdot d_{50} + 13{,}0 \cdot \exp\left(-0{,}85 \cdot C_u\right)\right] \quad \text{(E4–25)}$$

$$C_{N3} = 1{,}83 \cdot 10^{-5} \cdot \exp\left(-0{,}37 \cdot d_{50}\right) \cdot \left(C_u - 1{,}23\right)^{0{,}59} \quad \text{(E4–26)}$$

Die Methoden (a) und (b) werden bei Wichtmann et al. [102] und Le [85] detailliert beschrieben und im Beispiel Nr. 5 im Abschnitt 4.1 angewandt. Der Gültigkeitsbereich ist in Bild E4–3 dargestellt.

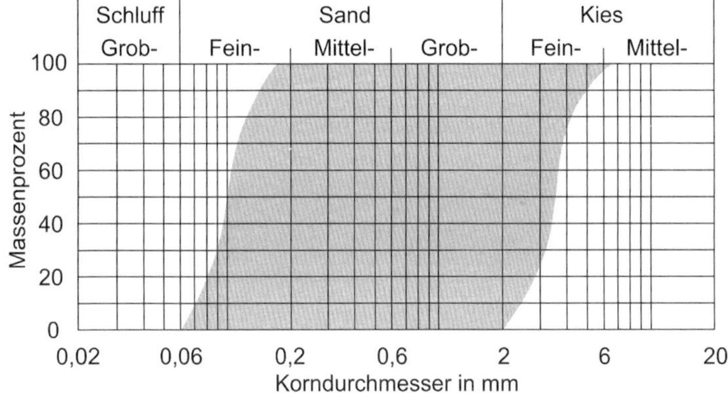

Bild E4-3 Gültigkeitsbereich für die Bestimmung der Parameter nach Methoden (a) und (b), nach Wichtmann et al. [102].

Die Amplitude der Beanspruchung $\varepsilon_{\mathrm{vol,pl}}^{\mathrm{ampl}}$ kann anhand von Feldmessungen oder Laborversuchen sowie durch analytische Berechnungen oder FE-Simulationen ermittelt werden. Die Amplitude wird für den axialsymmetrischen Zustand mit ödometrischer Randbedingung wie folgt definiert:

$$\varepsilon_{\mathrm{vol,pl}}^{\mathrm{ampl}} = \varepsilon_1^{\mathrm{ampl}} = \gamma_d \quad \text{(E4–27)}$$

Der Ermittlung von γ_d erfolgt mit Hilfe von Gleichung (E4–5). Die Größe $\overline{Y}^{\mathrm{av}}$ berechnet sich aus:

$$\overline{Y}^{\mathrm{av}} = \frac{27(3+\eta)/(3+2\eta)/(3-\eta) - 9}{\left(9 - \sin^2 \varphi_c\right)/\left(1 - \sin^2 \varphi_c\right) - 9} \quad \text{(E4–28)}$$

Darin ist φ_c der kritische Reibungswinkel und $\eta = q/p$ das Spannungsverhältnis mit

$$p = \frac{1}{3}(\sigma_1 + 2 \cdot \sigma_3) \qquad \text{(E4–29)}$$

und

$$q = \sigma_1 - \sigma_3 \,. \qquad \text{(E4–30)}$$

2.7 Ermittlung der Setzungen von Flachfundamenten infolge zyklischer Einwirkungen

Für die Setzungsberechnung werden entsprechend der Ausführungen in Abschnitt E4-2.1 die zyklisch akkumulierten volumetrischen Dehnungen verwendet, da sich diese im Wesentlichen im Boden nur in vertikaler Richtung auswirken können.

Mit den errechneten volumetrischen Dehnungen $\varepsilon_{\text{vol,pl}}^{\text{acc},N}$ nach (E4–8) und (E4–10) werden für die einzelnen zu untersuchenden Bodenschichten n die Setzungsanteile s_n^{acc} ermittelt

$$s_n^{\text{acc}} = \varepsilon_{\text{vol,pl},\,n}^{\text{acc},N} \cdot h_n \qquad \text{(E4–31)}$$

mit

$\varepsilon_{\text{vol,pl},\,n}^{\text{acc},N}$	die in der Schicht n akkumulierten volumetrischen Dehnungen aus allen Zyklen
h_n	Schichtdicke der Schicht n

Da oftmals Schervorgänge in einem Bodenelement in Abhängigkeit von der Quelle und den Randbedingungen bei der Wellenausbreitung (z. B. Reflexionen) in verschiedenen Richtungen stattfinden, ist in Tests (siehe Pyke et. al. [90]) nachgewiesen worden, dass sich die errechneten volumetrischen Dehnungen aus einaxialen Schervorgängen nach Gleichungen (E4–8) und (E4–9) verdoppeln können zu $2 \cdot \varepsilon_{\text{vol,pl}}^{\text{acc},N}$. Aus der Summe der Setzungsanteile s_n^{acc} der Schichten erhält man die totale akkumulierte bleibende Setzung $s_{\text{tot}}^{\text{acc}}$ des untersuchten Profils:

$$s_{\text{tot}}^{\text{acc}} = \sum_{n=1}^{N} s_n^{\text{acc}} \qquad \text{(E4–32)}$$

3 Bauwerksschäden durch indirekte Erregung – Weitere Phänomene

Bei einer indirekten zyklischen Belastung von Gründungskörpern befinden sich die Schwingungsquellen auf der Oberfläche bzw. im Inneren des angrenzenden Bodens. Beispiele für eine indirekte Anregung sind Erdbeben (sie werden hier nicht weiter behandelt), ober- oder unterirdische Verkehrserschütterungen, Sprengungen, Maschinenbetrieb, das Einbringen oder Ziehen von Rammelementen durch Rammen und Rütteln und die Baugrundverbesserung durch Rüttler. Durch die von der Erregerquelle sich ausbreitenden Wellen wird der Bodenbereich unterhalb von Gründungskörpern zyklisch belastet.

Vom Ort der Anregung breitet sich ein „primäres" Wellenfeld aus und führt zu einer indirekten Erregung des Fundamentes. Das so erregte Fundament erzeugt durch die Interaktion mit dem Baugrund seinerseits ein zusätzliches „sekundäres" Wellenfeld (siehe Bild E4–4). Die Überlagerung der beiden Wellenfelder bildet das resultierende Wellenfeld, das auf den Boden einwirkt und zu bleibenden Verformungen führt. Das sekundäre Wellenfeld liefert die Relativverschiebung des Fundamentes $\mathbf{u}_r$, d. h. die Differenz zwischen der Fundamentverschiebung $\mathbf{u}$ und der Freifeldverschiebung $\mathbf{u}_0$ gemäß Kapitel E3-2.3.1.

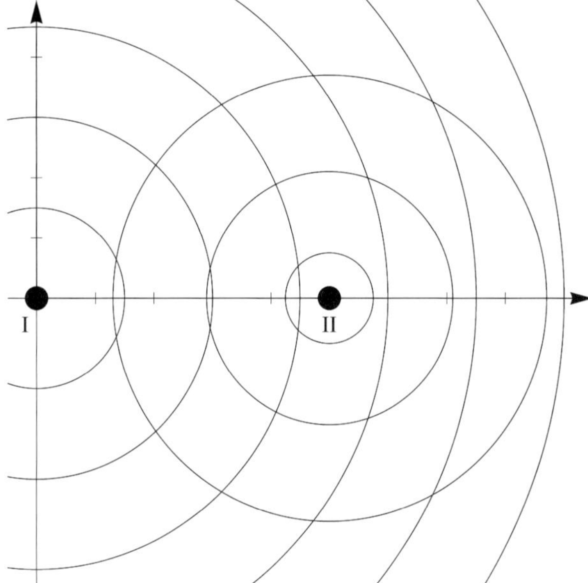

Bild E4-4 Einfluss eines Fundamentes auf die Wellenausbreitung. I: Quelle der primären Welle (Anregung), II: Quelle der sekundären Welle (Fundament)

Bei einer Schwingungsquelle, die sich unterhalb der Einbindetiefe einer Gründung befindet, wird meist ein wesentlich größerer Bodenbereich zyklisch angeregt als es bei direkter Anregung der Fall wäre, wobei im Nahbereich der Schwingungsquelle die Bodenschwingungen in der Tiefe größer sein können als an der Oberfläche. Bei gleicher zyklischer Belastung eines Fundamentes (z. B. gleiche Schwinggeschwindigkeit, Frequenz und Dauer der Belastung) können deshalb bei indirekter Anregung über den Boden wesentlich größere bleibende Fundamentsetzungen auftreten als bei direkter Anregung, siehe [104]. Für deren Ermittlung ist es daher stets erforderlich, die beiden Wellenfelder zunächst getrennt voneinander zu betrachten, und auf der sicheren Seite liegende Annahmen über die jeweilige Verteilung der Wellenamplituden in dem für die Setzungen des Fundamentes relevanten Bodenbereich zu treffen, und die daraus resultierenden bleibenden Dehnungen abzuschätzen. Aus der Superposition der bleibenden Dehnungen aus den beiden Wellenfeldern können anschließend die bleibenden Fundamentverschiebungen ermittelt werden.

Bleibende Verschiebungen von Gründungskörpern (sowohl flach- als auch tiefgegründet) können in der Umgebung der oben genannten Erschütterungsquellen je nach Bauverfahren und Bodeneigenschaften durch verschiedene Effekte verursacht werden.

Scherverformungen: Aufgrund nichtelastischer Scherverformungen des Bodens (siehe Bild E4–1) werden volumetrische Verformungen akkumuliert. Für eine Abschätzung der Größe der Scherverformungen nach Abschnitt 2 sind Kenntnisse der Schwinggeschwindigkeit und der Wellenausbreitungsgeschwindigkeit der Scherwellen im betroffenen Bodenbereich erforderlich. Eine Abschätzung der Größe der Scherverformungen im betroffenen Bodenbereich aus den Schwingungsgrößen des Fundamentes allein ist nicht möglich (Palloks [89]). Ergänzend stehen seismische Feldversuche zur Bereitstellung der erforderlichen Scherwellengeschwindigkeit für die Analysen zur Verfügung.

Erschütterungsbedingte Sackungen: Im unmittelbar angrenzenden Nahbereich der Schwingungsquelle wird locker gelagerter nichtbindiger Boden stark verdichtet. Angrenzend an den verdichteten Bereich können Auflockerungszonen entstehen, die durch nachfolgende Umlagerungen bis in den gründungsnahen Bereich wandern können. Die aufgelockerten Bereiche können durch Spannungsumlagerung im Boden (s. Bild E4–5) bzw. im Bauwerk (Bild E4–6) zunächst überbrückt werden, ohne dass im Bauwerk Risse erkennbar sind. Bei fortschreitender Vergrößerung der aufgelockerten Bereiche kann es zum plötzlichen Zusammenbruch der Gewölbe- bzw. Schubtragfähigkeit und infolgedessen zu plötzlich auftretenden Setzungsrissen im Bauwerk (s. Bild E4–7) kommen. Zeitpunkt und Ausmaß der Schäden lassen sich durch Messungen an der Bodenoberfläche oder an den Fundamenten nicht vorhersagen. Jedoch ist es möglich, Bodenumlagerungen in der Tiefe, welche zu aufgelockerten Bereichen führen können, z. B. mit Extensometersonden, zu erfassen. Im Gegensatz zu den volumetrischen Dehnungen aus der Scherbeanspruchung des Bodens ist dieser Effekt der fortschreitenden Vergrößerung des aufgelockerten Bereiches zeitabhängig, so dass beträchtliche Anteile der Fundamentverschiebungen auch noch nach Beendigung der dynamischen Belastung auftreten können. (Haupt [82], Palloks [89], Schuppener [91]).

Verflüssigung: Bei Vibrationsrammungen in wassergesättigten Böden bildet sich um die schwingende Bohle ein Bereich mit Bodenverflüssigung aus, der wenige Dezimeter breit ist. Eine weitere Ausbreitung dieser Verflüssigungszone ist bisher nicht beobachtet worden. Dieser verflüssigte Bereich kann eine seitliche Verdrängung des Bodens ermöglichen, so dass benachbarte Gründungskörper bleibende horizontale Verschiebungen erleiden können. Ähnliche Effekte können bei dem Einsatz von Tiefenrüttlern zur Bodenverbesserung (Rütteldruckverfahren) beobachtet werden.

In der DIN 4150-3, Anhang C [80] werden insbesondere für Vibrationsrammung Sicherheitsabstände empfohlen, bei deren Einhaltung Verschiebungen aus den beiden

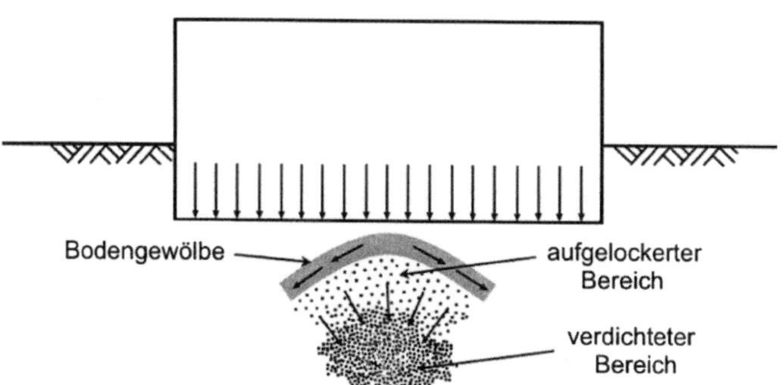

Bild E4-5 Bodengewölbe

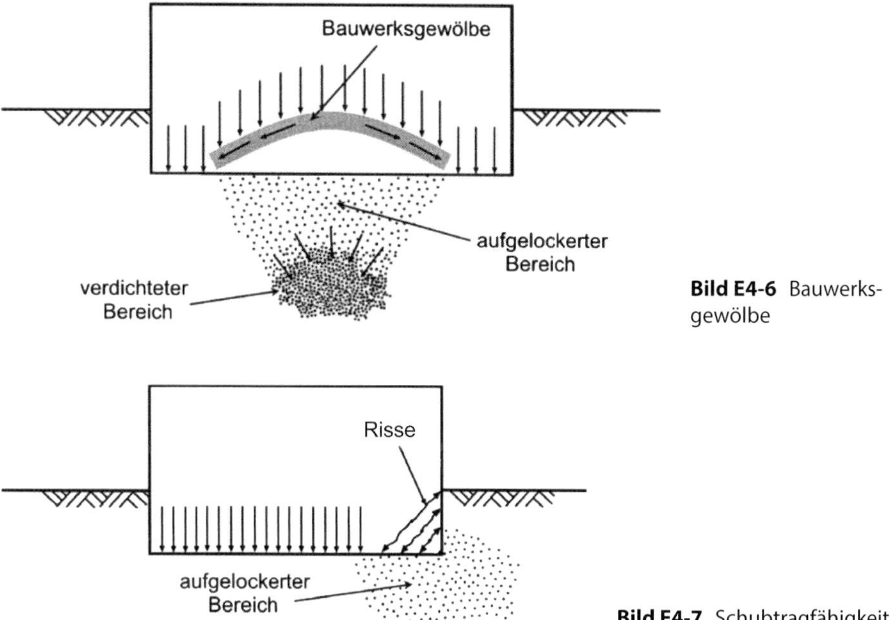

Bild E4-6 Bauwerksgewölbe

Bild E4-7 Schubtragfähigkeit

genannten Effekten (erschütterungsbedingte Sackungen sowie Verflüssigung) nicht erwartet werden. Für größere Abstände können die bleibenden Setzungen von Flachgründungen infolge Scherdehnungen gegebenenfalls mit Hilfe der Beziehung (E4–32) abgeschätzt werden.

4 Berechnungsbeispiele

4.1 Bleibende Setzung eines Maschinenfundamentes

1. Eingangsgrößen für die Berechnung

Für das zu untersuchende Maschinenfundament können aus dem Berechnungsbeispiel in E3-7.2 folgende Eingangsgrößen entnommen werden:

Fundamentdaten (Rechteckfundament)
$2a = 1{,}5\,\mathrm{m}$; $2b = 4{,}5\,\mathrm{m}$
Sohlfläche $A_{\mathrm{Sohl}} = 6{,}75\,\mathrm{m}^2$
Ersatzradius des Rechteckfundamentes $r_{0z} = 1{,}47\,\mathrm{m}$

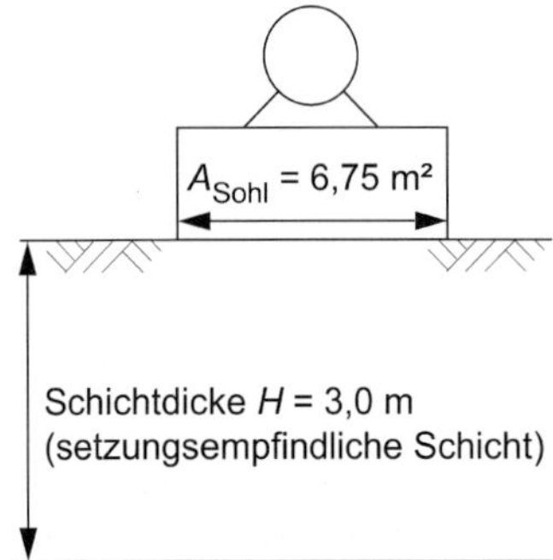

Maschinenanregung
Zyklische vertikale Kraftamplitude $P_0 = 4{,}0$ kN
Frequenz $f = 960$ U/min = 16,0 U/s = 16,0 Hz
Kreisfrequenz $\Omega = 100{,}5$ rad/sec

Bewegungsgrößen des Fundamentes in der Sohlfuge
Zyklische Schwingamplitude $U_z = 5{,}7 \cdot 10^{-6}$ m
Geschwindigkeit $V_z = \Omega \cdot U_z = 100{,}5 \cdot U_z = 5{,}7 \cdot 10^{-4}$ m/s

Kräfte und Spannungen in der Sohlfuge
Massenanteile aus Fundament $m_F = 16{,}9$ t und Maschine $m_M = 15{,}0$ t
Statische Vertikalkraft aus Maschine und Fundament $Q_s = 319$ kN
zyklische Kraftamplitude aus der dynamischen Berechnung $Q_z = 5{,}5$ kN
Sohlspannungen

$$q_{stat} = Q_s / A_{Sohl} = 319{,}0 / (1{,}5 \cdot 4{,}5) = 47{,}3\,\text{kPa}$$
$$q_{dyn} = Q_z / A_{Sohl} = 5{,}5 / (1{,}5 \cdot 4{,}5) = 0{,}82\,\text{kPa}$$

Bodenkennwerte
Aus konventionellen Laborversuchen und seismischen Feldversuchen ergeben sich folgende Bodenparameter für den sandigen Schluff:

Schicht	I_D [%]	ρ [t/m³]	w [%]	φ [°]	c [kPa]	$c_{s,0}$ [m/s]	ν [–]	G_{d0} [MPa]
U, s'	50	1,80	16	30°	0	211,0	0,40	80

Die zu berechnenden bleibenden Setzungen ergeben sich aus der zyklischen Belastung des Bodens durch das Maschinenfundament. Der statische Setzungsanteil ist gesondert z. B. auf der Basis der DIN 4019 zu ermitteln.

2. Betrachtung des nichtlinearen Bodenverhaltens – belastungsabhängige Scherdehnung und Schubmodul $G_d(\gamma)$

Die in die Fundamentsohle eingetragene Schwinggeschwindigkeit beträgt $V_z = V_{z,0} = 5{,}7 \cdot 10^{-4}$m/s. In der Mitte der Schicht n ($d_{n,m} = 1{,}5$ m) ergibt sich infolge von Ausbreitungseffekten (siehe Abschnitt E1-3.1) in Abhängigkeit von der Größe des Ersatzradius

$r_{0,z}$ des Rechteckfundaments etwa eine Schwinggeschwindigkeit für den vorliegenden Fall

$$d_{n,\mathrm{m}} > r_{0\mathrm{z}}$$

$$V_{\mathrm{z},n,\mathrm{m}} = V_{\mathrm{z},0}\left(d_{n,\mathrm{m}} / R\right)^{-0,5} = 5,7\cdot 10^{-4}\cdot\left(1,5/1,47\right)^{-0,5} = 5,64\cdot 10^{-4}\,\mathrm{m/s}$$

(für den Fall $d_{n,\mathrm{m}} \le r_{0\mathrm{z}}$ gilt $V_{\mathrm{z},n,\mathrm{m}} = V_{\mathrm{z},0}$)

Die anfängliche Scherdehnung $\gamma_{n,0}$ in der Mitte der betrachteten Schicht n ergibt sich nach Gl. (E4–6) mit der initialen Scherwellengeschwindigkeit $c_{\mathrm{S},0}$ in Richtung senkrecht zur Wellenausbreitung zu

$$\gamma_{n,0} = V_{\mathrm{z},n,\mathrm{m}} / c_{\mathrm{S},0} = 5,64\cdot 10^{-4} / 211,0 = 2,7\cdot 10^{-6} = 2,7\cdot 10^{-4}\,\%.$$

Die erzeugte Scherdehnung $\gamma_{n,0}$ liegt unter dem Schwellenwert $\gamma_{\mathrm{tl}} = 3,5 \cdot 10^{-6}$ nach Bild E4–1, so dass ein annähernd linear elastisches Verhalten des Bodens vorliegt.

Unter Beachtung der Dehnungsabhängigkeit der Steifigkeit reduziert sich die Steifigkeit $G_{\mathrm{d}0} = G_{\max}$ des Bodens auf eine effektive Steifigkeit $G_{\mathrm{d}}(\gamma_{\mathrm{d}}) = G_{\mathrm{d}}$, wobei sich auch die errechnete zyklische Scheramplitude $\gamma_{\mathrm{d}} = \gamma_{n,0}$ verändert. Die Scherdehnung ergibt sich in Anpassung an den nichtlinearen Steifigkeitsverlauf nach Gl. (E4–5). Im Nenner dieser Gleichung ist der entsprechende Faktor der Reduzierung der Steifigkeit bezogen auf die maximale Steifigkeit $G_{\mathrm{d}0}$ angegeben. Die Ermittlung dieses Faktors ergibt sich bei Nutzung von einer ausgewählten Reduktionskurve oder einer Reduktionsgleichung dehnungsabhängig in einem Iterationsprozess.

Zur Ermittlung der dehnungsabhängigen Veränderung der initialen Bodensteifigkeit wird Gl. (E2–5) verwendet:

$$\frac{G_{\mathrm{d}}}{G_{\mathrm{d}0}} = \frac{1,03}{1+\dfrac{19\cdot\left(\gamma_{\mathrm{d}}\right)^{0,8}}{1+\left(\dfrac{I_{\mathrm{P}}}{15}\right)^{1,3}}} \le 1,00\,,\ \text{für}\ \gamma_{\mathrm{d}} \le 1\%$$

Die Iterationsgleichung lautet:

$$\gamma_{n,i+1} = \frac{\tau_{\mathrm{d},i}}{G_{\mathrm{d}}(\gamma_{n,i})} = \frac{V_{\mathrm{z},n,\mathrm{m}}}{c_{\mathrm{S},i}} = \frac{V_{\mathrm{z},n,\mathrm{m}}}{c_{\mathrm{S},0}\cdot\sqrt{\dfrac{1,03}{1+\dfrac{19\cdot\left(\gamma_{n,i}\right)^{0,8}}{1+\left(I_{\mathrm{P}}/15\right)^{1,3}}}}} = \frac{\gamma_{n,0}}{\sqrt{\dfrac{1,03}{1+\dfrac{19\cdot\left(\gamma_{n,i}\right)^{0,8}}{1+\left(I_{\mathrm{P}}/15\right)^{1,3}}}}}$$

Bei Verwendung dieser Gleichung ergeben sich die folgenden Iterationsschritte:

$$\gamma_{n,0} = V_{\mathrm{z},n,\mathrm{m}} / c_{\mathrm{S},0} = 2,70\cdot 10^{-6},$$

bzw. nach Gl. (E4–7) mit der induzierten zyklischen Schubspannung $\tau_{\mathrm{d},0}$

$$\tau_{\mathrm{d},0} = V_{\mathrm{z},n,\mathrm{m}}\cdot\rho\cdot c_{\mathrm{S},0} = 5,64\cdot 10^{-4}\cdot 1,8\cdot 211,0 = 0,216\,\mathrm{kPa},$$

und somit ebenfalls

$$\gamma_{n,0} = \frac{\tau_{\mathrm{d},0}}{G_{\mathrm{d},0}} = \frac{0{,}216}{80000} = 2{,}70 \cdot 10^{-6} = 2{,}7 \cdot 10^{-4}\,\%.$$

Für $I_\mathrm{P} = 0$ ergibt sich:

$$\frac{G_\mathrm{d}}{G_\mathrm{d0}} = \frac{1{,}03}{1 + \dfrac{19 \cdot \left(100 \cdot 2{,}70 \cdot 10^{-6}\right)^{0{,}8}}{1 + \left(\dfrac{0}{15}\right)^{1{,}3}}} \geq 1{,}00 \rightarrow \frac{G_\mathrm{d}}{G_\mathrm{d0}} = 1{,}00$$

und damit

$$\gamma_{n,1} = \gamma_{n,0}$$

Damit werden keine weiteren Iterationsschritte erforderlich. Die weiteren Berechnungen der akkumulierten Setzungen erfolgen mit

$$\gamma_{n,0} = v_{n,\mathrm{m},0} / c_{\mathrm{S},0} = 2{,}70 \cdot 10^{-6}$$

bzw. mit

$$\tau_{\mathrm{d},0} = v_{n,\mathrm{m},0} \cdot \rho \cdot c_{\mathrm{S},0} = 0{,}216\,\mathrm{kPa}.$$

3. Berechnung der Dehnungsakkumulation und Setzungen für feinkörnige und bindige Böden

Unter der Annahme, dass das Maschinenfundament auf einem feinkörnigen oder bindigen Boden gegründet ist, werden die bleibenden Verformungen entsprechend Gl. (E4–8) in Abschnitt E4-2.4 über die akkumulierten Dehnungen wie folgt berechnet:

$$\varepsilon_{\mathrm{vol,pl}}^{\mathrm{acc}} = 0{,}01 \cdot a\left(\tau_\mathrm{d} / \tau_\mathrm{f}\right)^m \cdot \left(1 + \tau_\mathrm{S} / \tau_\mathrm{f}\right)^n \cdot N^b$$

mit

τ_d lastinduzierte zyklische Schubspannung (infolge Maschinenfundament) in Schichtmitte ($d_{n,\mathrm{m}} = 1{,}5$ m) nach Gl. (E4–7)
$\tau_\mathrm{d} = v_{n,\mathrm{m}} \cdot \rho \cdot c_\mathrm{S} = 5{,}64 \cdot 10^{-4} \cdot 1{,}8 \cdot 211{,}0 = 0{,}216 \approx 0{,}22\,\mathrm{kPa}$

τ_f Scherfestigkeit des Bodens
$\tau_\mathrm{f} = \sigma'_\mathrm{v} \cdot \tan\varphi + c = 43{,}1 \cdot \tan 30° + 0 = 24{,}9\,\mathrm{kPa}$

τ_S statische Schubspannung (aus Eigengewicht, Maschine, Fundament) in Schichtmitte $\left(d_{n,\mathrm{m}} = 1{,}5\,\mathrm{m}\right)$

$$\sigma'_\mathrm{v} = q_\mathrm{stat} \cdot i_\mathrm{z} + \gamma \cdot \mathrm{z} = 47{,}3 \cdot 0{,}34 + 18{,}0 \cdot 1{,}5 = 43{,}1\ \mathrm{kPa}$$

$$K_0 = (1 - \sin\varphi) \cdot (\mathrm{OCR})^{\sin\varphi} = (1 - \sin 30°) \cdot (1{,}0)^{\sin 30°} = 0{,}5$$

$$\sigma'_\mathrm{h} = K_0 \cdot \sigma'_\mathrm{v} = 0{,}5 \cdot 43{,}1 = 21{,}55\,\mathrm{kPa}$$

$$\tau_S = (\sigma'_v - \sigma'_h)/2 = (43{,}1 - 21{,}55)/2 = 10{,}8\ \text{kPa}$$

Für die Berechnung der plastischen, akkumulierten Dehnungen werden nach Tabelle E4–1 folgende ausgewählte Parameter verwendet:

$$a = 0{,}64;\ b = 0{,}10;\ m = 1{,}7;\ n = 1{,}0$$

Anmerkung: Zur genaueren Ermittlung der plastischen, akkumulierten Dehnungen kann eine versuchtstechnische Bestimmung von a und m durchgeführt werden. In einer Probe mit isotropem Spannungszustand ($\tau_S = 0$) werden bei einmaliger Be- und Entlastung ($N = 1$) folgende bleibenden Verformungen gemessen: $\varepsilon^{acc}_{vol,pl} = 1{,}3 \cdot 10^{-4}$ bei $\tau_d / \tau_f = 0{,}10$ und $\varepsilon^{acc}_{vol,pl} = 2{,}0 \cdot 10^{-3}$ bei $\tau_d / \tau_f = 0{,}50$. Aus diesen Messwerten lassen sich bei Nutzung der Gl. (E4–8) die eingangs verwendeten Parameter $a = 0{,}64$ und $m = 1{,}7$ ableiten.

Akkumulation nach dem 1. Zyklus

$$\varepsilon^{1}_{vol,pl} = 0{,}01 \cdot a(\tau_d / \tau_f)^m \cdot (1 + \tau_S / \tau_f)^n \cdot N^b$$

$$\varepsilon^{1}_{vol,pl} = 0{,}01 \cdot 0{,}64(0{,}22 / 24{,}9)^{1{,}7} \cdot (1 + 10{,}8 / 24{,}9)^{1{,}0} \cdot 1^{0.1} = 2{,}74 \cdot 10^{-6}$$

$$s^{1}_{n} = 2 \cdot 0{,}00000274 \cdot 3000 = 0{,}0164\,\text{mm}$$

nach (E4–31) mit der Annahme einer multidirektionalen Schereinwirkung

Akkumulation nach 10 Zyklen

$$\varepsilon^{10}_{vol,pl} = 0{,}01 \cdot 0{,}64(0{,}22 / 24{,}9)^{1{,}7} \cdot (1 + 10{,}8 / 24{,}9)^{1{,}0} \cdot 10^{0{,}1} = 3{,}45 \cdot 10^{-6}$$

$$s^{10}_{n} = 2 \cdot 0{,}00000345 \cdot 3000 = 0{,}0207\,\text{mm}$$

Akkumulation nach 1 Jahr

Zyklenzahl für 1 Jahr: $N = 365 \cdot 24 \cdot 60 \cdot 60 \cdot 16{,}0 = 5{,}045 \cdot 10^{+8}$

$$\varepsilon^{1\ \text{Jahr}}_{vol,pl} = 20{,}3 \cdot 10^{-6}$$

$$s^{1\ \text{Jahr}}_{n} = 0{,}122\,\text{mm}$$

Akkumulation nach 10 Jahren

Zyklenzahl für 10 Jahre: $N = 365 \cdot 24 \cdot 60 \cdot 60 \cdot 16{,}0 = 5{,}045 \cdot 10^{+9}$

$$\varepsilon^{10\ \text{Jahre}}_{vol,pl} = 25{,}6 \cdot 10^{-6}$$

$$s^{10\ \text{Jahre}}_{n} = 0{,}153\,\text{mm}$$

Zusammenstellung der Ergebnisse
Die Ergebnisse sind in Tabelle E4–3 zusammengestellt.

Tabelle E4-3 Akkumulierte Dehnungen und Setzungen für das auf feinkörnigem oder bindigem Boden gegründete Fundament

Zyklus i	a	m	b	$\varepsilon^{acc}_{vol,pl,n}$	s^{acc}_n
1	0,64	1,7	0,1	$2{,}74 \cdot 10^{-6}$	0,016 mm
10	0,64	1,7	0,1	$3{,}45 \cdot 10^{-6}$	0,021 mm
100	0,64	1,7	0,1	$4{,}34 \cdot 10^{-6}$	0,026 mm
10^3	0,64	1,7	0,1	$5{,}47 \cdot 10^{-6}$	0,033 mm
10^4	0,64	1,7	0,1	$6{,}88 \cdot 10^{-6}$	0,041 mm
10^5	0,64	1,7	0,1	$8{,}66 \cdot 10^{-6}$	0,052 mm
10^6	0,64	1,7	0,1	$10{,}9 \cdot 10^{-6}$	0,065 mm
10^7	0,64	1,7	0,1	$13{,}7 \cdot 10^{-6}$	0,082 mm
$5{,}045 \cdot 10^8$	0,64	1,7	0,1	$20{,}3 \cdot 10^{-6}$	0,122 mm
$5{,}045 \cdot 10^9$	0,64	1,7	0,1	$25{,}6 \cdot 10^{-6}$	0,153 mm

4. Dehnungsakkumulation über volumetrische Dehnungen für nichtbindige Böden

Unter der Annahme, dass das Maschinenfundament auf einem nichtbindigen Boden gegründet ist, werden die bleibenden Verformungen entsprechend Gl. (E4–9) in Abschnitt E4-2.5 über die Akkumulation der zyklenabhängigen volumetrischen Dehnungen ermittelt, die durch die eingebrachte zyklische Scherdehnung γ_d verursacht werden. Der Dehnungsanteil im Zyklus i ergibt sich mit Gl. (E4–9) zu:

$$\varepsilon^{i}_{vol,pl} = \gamma_d \cdot C_1 \cdot \exp\left(\frac{-C_2 \cdot \varepsilon^{acc,i-1}_{vol,pl}}{\gamma_d}\right)$$

und akkumulierten Dehnungen mit Gl. (E4–10)

$$\varepsilon^{acc}_{vol,pl} = \sum_{i=1}^{N} \varepsilon^{i}_{vol,pl}$$

mit

C_1, C_2	dichteabhängige Konstanten aus Tabelle E4–2 $C_1 = 0{,}5$; $C_2 = 0{,}8$ (für mitteldichte Lagerung mit $D_r = 50\%$)
γ_d	einwirkende Scherdehnung aus Abschnitt 2 des Berechnungsbeispiels mit $\gamma_n = 2{,}7 \cdot 10^{-6}$
$\varepsilon^{acc,i-1}_{vol,pl}$	akkumulierte volumetrische Dehnung über alle Zyklen $(i-1)$ vor dem betrachteten Zyklus i

Die Akkumulation der volumetrischen Dehnungen in den einzelnen Zyklen ergibt sich mit den obigen Werten wie folgt:

$$\varepsilon_{\text{vol,pl}}^{i} = 2,7 \cdot 10^{-6} \cdot 0,5 \cdot \exp\left(-0,8 \cdot \varepsilon_{\text{vol,pl}}^{i\text{-}1} / 2,7 \cdot 10^{-6}\right)$$

$$= 1,35 \cdot 10^{-6} \exp\left(-2,96 \cdot 10^{+5} \cdot \varepsilon_{\text{vol,pl}}^{i-1}\right)$$

nach 1. Zyklus

$$\varepsilon_{\text{vol,pl},n}^{1} = 1,35 \cdot 10^{-6} \exp\left(-2,96 \cdot 10^{+5} \cdot 0\right) = 1,35 \cdot 10^{-6}$$

$$\varepsilon_{\text{vol,pl},n}^{\text{acc},1} = 1,35 \cdot 10^{-6}$$

$$s_n^1 = 2 \cdot 0,00000135 \cdot 3000 = 0,008\,\text{mm}$$

Faktor „2“ nach (E4–31) bei Annahme einer multidirektionalen Schereinwirkung

nach 2. Zyklus

$$\varepsilon_{\text{vol,pl},n}^{2} = 1,35 \cdot 10^{-6} \exp\left(-2,96 \cdot 10^{+5} \cdot 1,35 \cdot 10^{-6}\right) = 0,905 \cdot 10^{-6}$$

$$\varepsilon_{\text{vol,pl},n}^{\text{acc},2} = 2,26 \cdot 10^{-6}$$

$$s_n^2 = 2 \cdot 0,00000226 \cdot 3000 = 0,014\,\text{mm}$$

nach 10 Zyklen

Annahme: die akkumulierte Dehnung des 3. Zyklus existiert die nächsten 8 Zyklen

$$\varepsilon_{\text{vol,pl},n}^{3} = 1,35 \cdot 10^{-6} \exp\left(-2,96 \cdot 10^{+5} \cdot 2,26 \cdot 10^{-6}\right) = 0,692 \cdot 10^{-6}$$

$$\varepsilon_{\text{vol,pl},n}^{\text{acc},10} = 2,26 \cdot 10^{-6} + 0,69 \cdot 10^{-6} \cdot 8 = 7,80 \cdot 10^{-6}$$

$$s_n^{10} = 2 \cdot 0,0000078 \cdot 3000 = 0,047\,\text{mm}$$

nach 1 Jahr

Zyklenzahl für 1 Jahr: $N = 365 \cdot 24 \cdot 60 \cdot 60 \cdot 16,0 = 5,045 \cdot 10^{+8}$

$$\varepsilon_{\text{vol,pl},n}^{\text{acc, 1 Jahr}} = 68,13 \cdot 10^{-6}$$

$$s_n^{1\text{ Jahr}} = 0,409\,\text{mm}$$

nach 10 Jahren

Zyklenzahl für 10 Jahre: $N = 365 \cdot 24 \cdot 60 \cdot 60 \cdot 16,0 = 5,045 \cdot 10^{+9}$

$$\varepsilon_{\text{vol,pl},n}^{\text{acc, 10 Jahre}} = 78,58 \cdot 10^{-6}$$

$$s_n^{10\text{ Jahre}} = 0,471\,\text{mm}$$

Zusammenstellung der Ergebnisse
Die Ergebnisse sind in Tabelle E4–4 zusammengestellt.

Tabelle E4-4 Akkumulierte Dehnungen und Setzungen für das auf feinkörnigem oder bindigem Boden gegründete Fundament

Zyklus *i*	$\varepsilon^{acc}_{vol,pl,n}$	s^{acc}_n
1	$1{,}35 \cdot 10^{-6}$	0,008 mm
2	$2{,}26 \cdot 10^{-6}$	0,014 mm
10	$7{,}80 \cdot 10^{-6}$	0,047 mm
100	$19{,}86 \cdot 10^{-6}$	0,119 mm
10^3	$23{,}26 \cdot 10^{-6}$	0,140 mm
10^4	$35{,}66 \cdot 10^{-6}$	0,214 mm
10^5	$38{,}80 \cdot 10^{-6}$	0,233 mm
10^6	$51{,}17 \cdot 10^{-6}$	0,307 mm
10^7	$54{,}33 \cdot 10^{-6}$	0,326 mm
10^8	$66{,}71 \cdot 10^{-6}$	0,400 mm
$5{,}045 \cdot 10^8$	$68{,}13 \cdot 10^{-6}$	0,409 mm
$5{,}045 \cdot 10^9$	$78{,}58 \cdot 10^{-6}$	0,471 mm

5. Berechnung der Dehnungsakkumulation mit dem HCA-Modell

Zur Anwendung des Verfahrens nach Abschnitt E4-2.6 wird angenommen, dass die Bodenschicht unter dem Maschinenfundament aus mitteldicht gelagertem Sand mit der Körnungslinie nach Bild E4–8 besteht und folgende Parameter besitzt:

d_{50} [mm]	C_u [-]	φ_c [°]	e_{min} [-]	e_{max} [-]	I_D [%]
0,55	3,3	30,0	0,391	0,688	50,0

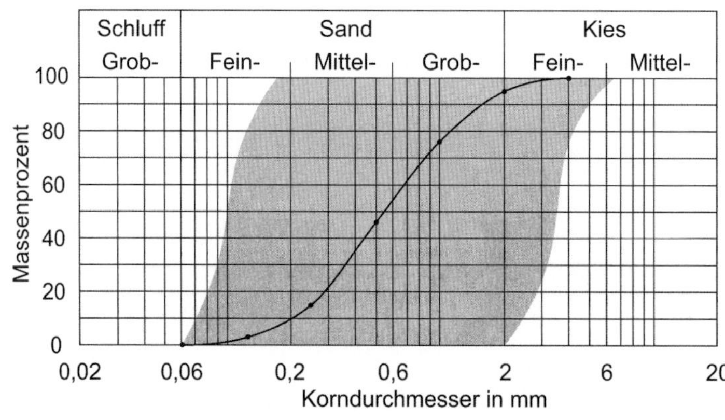

Bild E4-8 Kornverteilungslinie der Sandschicht

Mittlere Spannung p und Deviatorspannung q in der Mitte der Bodenschicht bei $z = 1{,}5$ m:

$$\sigma'_v = q_{stat} \cdot i_z + \gamma \cdot z = 47{,}3 \cdot 0{,}34 + 18{,}0 \cdot 1{,}5 = 43{,}1\,\text{kPa}$$

$$K_0 = (1 - \sin\varphi_c) = (1 - \sin 30{,}0°) = 0{,}500$$

$$\sigma'_h = K_0 \cdot \sigma'_v = 0{,}500 \cdot 43{,}1 = 21{,}55\text{ kPa}$$

$$p = \frac{1}{3}(43{,}1 + 2 \cdot 21{,}55) = 28{,}73\,\text{kPa}$$

$$q = 43{,}1 - 21{,}55 = 21{,}55\,\text{kPa}$$

Ermittlung der Stoffparameter:

$$C_{ampl} = 1{,}70$$

$$C_e = 0{,}95 \cdot 0{,}391 = 0{,}371$$

$$C_p = 0{,}41 \cdot [1 - 0{,}34 \cdot (0{,}55 - 0{,}6)] = 0{,}417$$

$$C_Y = 0{,}26 \cdot [1 + 0{,}12 \cdot \ln(0{,}55/0{,}6)] = 2{,}573$$

Für $N \leq 10^5$

$$C_{N1} = 0{,}0012 \cdot [1 - 0{,}36 \cdot \ln(0{,}55)] \cdot (3{,}3 - 1{,}18) = 3{,}08 \cdot 10^{-3}$$

$$C_{N2} = 0{,}0051 \cdot \exp[0{,}39 \cdot 0{,}55 + 12{,}3 \cdot \exp(-0{,}77 \cdot 3{,}3)] = 1{,}66 \cdot 10^{-2}$$

$$C_{N3} = 1{,}00 \cdot 10^{-4} \cdot \exp(-0{,}84 \cdot 0{,}55) \cdot (3{,}3 - 1{,}37)^{0{,}34} = 7{,}88 \cdot 10^{-5}$$

Für $10^5 \leq N \leq 2 \cdot 10^6$:

$$C_{N1} = 0{,}00184 \cdot [1 - 0{,}47 \cdot \ln(0{,}55)] \cdot (3{,}3 - 1{,}30) = 4{,}71 \cdot 10^{-3}$$

$$C_{N2} = 0{,}00434 \cdot \exp[0{,}42 \cdot 0{,}55 + 13{,}0 \cdot \exp(-0{,}85 \cdot 3{,}3)] = 1{,}20 \cdot 10^{-2}$$

$$C_{N3} = 1{,}83 \cdot 10^{-5} \cdot \exp(-0{,}37 \cdot 0{,}55) \cdot (3{,}3 - 1{,}23)^{0{,}59} = 2{,}29 \cdot 10^{-5}$$

Ermittlung von f_{ampl}:

$\varepsilon^{ampl}_{vol,pl} = \gamma_d = 2{,}70 \cdot 10^{-6}$, s. (E4–27)

Die einwirkende Scherdehnung aus Abschnitt 2 des Berechnungsbeispiels ergibt sich mit $\gamma_n = \gamma_d = 2{,}70 \cdot 10^{-6}$.

$$f_{ampl} = \left(\frac{2{,}70 \cdot 10^{-6}}{10^{-4}}\right)^{1{,}70} = 2{,}154 \cdot 10^{-3}$$

Ermittlung von f_e:

$$e = 0{,}688 - 0{,}50 \cdot (0{,}688 - 0{,}391) = 0{,}540$$

$$f_e = \frac{(0{,}371 - 0{,}540)^2}{1 + 0{,}540} \frac{1 + 0{,}688}{(0{,}371 - 0{,}688)^2} = 0{,}311$$

Ermittlung von f_p:

$$f_p = \exp\left[-0{,}417 \cdot \left(\frac{28{,}73}{100} - 1\right)\right] = 1{,}346$$

Ermittlung von f_Y:

$$\eta = \frac{21{,}55}{28{,}73} = 0{,}750$$

$$\overline{Y}^{av} = \frac{27(3 + 0{,}750)/(3 + 2 \cdot 0{,}750)/(3 - 0{,}750) - 9}{(9 - \sin^2 30{,}0°)/(1 - \sin^2 30{,}0°) - 9} = 0{,}375$$

$$f_Y = \exp(2{,}573 \cdot 0{,}375) = 2{,}625$$

Ermittlung von f_N:

Für $N \leq 10^5$: $f_N = 3{,}08 \cdot 10^{-3}\left[\ln(1 + 0{,}0166 \cdot N) + 7{,}88 \cdot 10^{-5} \cdot N\right]$

Für $10^5 \leq N \leq 2 \cdot 10^6$: $f_N = 4{,}71 \cdot 10^{-3}\left[\ln(1 + 0{,}0120 \cdot N) + 2{,}29 \cdot 10^{-5} \cdot N\right]$

Akkumulation nach N Zyklen:

$$\varepsilon_{vol,pl}^{acc,N} = 2{,}154 \cdot 10^{-3} \cdot 0{,}311 \cdot 1{,}346 \cdot 2{,}625 \cdot f_N$$

$$\varepsilon_{vol,pl}^{acc,N} = 2{,}367 \cdot 10^{-3} \cdot f_N$$

Akkumulierte Setzung nach N Zyklen in mm:

$$s^{acc} = \varepsilon_{vol,pl}^{acc,N} \cdot H = 2{,}367 \cdot 10^{-3} \cdot f_N \cdot 3000$$

$$s^{acc} = 7{,}101 \cdot f_N$$

Zusammenstellung der Ergebnisse
Die Ergebnisse sind in Tabelle E4–5 zusammengestellt.

Tabelle E4-5 Akkumulierte Dehnungen und nach dem HCA-Modell

Zyklenzahl N	f_N [–]	$\varepsilon_{vol,pl}^{acc,N}$ [–]	s^{acc} [mm]
1	$5{,}109 \cdot 10^{-5}$	$1{,}209 \cdot 10^{-7}$	$3{,}62 \cdot 10^{-4}$
10	$4{,}767 \cdot 10^{-4}$	$1{,}128 \cdot 10^{-6}$	$3{,}38 \cdot 10^{-3}$
10^2	$3{,}043 \cdot 10^{-3}$	$7{,}199 \cdot 10^{-6}$	$2{,}16 \cdot 10^{-2}$
10^3	$9{,}087 \cdot 10^{-3}$	$2{,}149 \cdot 10^{-5}$	$6{,}45 \cdot 10^{-2}$
10^4	$1{,}821 \cdot 10^{-2}$	$4{,}307 \cdot 10^{-5}$	0,129
10^5	$4{,}714 \cdot 10^{-2}$	$1{,}115 \cdot 10^{-4}$	0,345
10^6	$1{,}524 \cdot 10^{-1}$	$3{,}605 \cdot 10^{-4}$	1,08
$2 \cdot 10^6$	$2{,}638 \cdot 10^{-1}$	$6{,}240 \cdot 10^{-4}$	1,87

6. Zusammenfassung

Insgesamt sind die zyklischen Einwirkungen des Maschinenfundamentes auf den umgebenden Boden sehr gering. Das erzeugte Dehnungsniveau liegt im linear elastischen Bereich, so dass nur sehr geringe bleibende Verformungen / Setzungsbeträge entstehen. Dabei akkumulieren bindige Böden in geringerem Maß als nicht-bindige Böden zyklisch verursachte bleibende Verformungen. Es ist aber zu bemerken, dass die berechneten bleibenden Setzungen relativ stark von den gewählten Eingangsparametern abhängig sind. Auffällig ist auch, dass der akkumulierte Setzungsbetrag nach einem Jahr in den folgenden Jahren nur noch geringfügig anwächst. Mit zunehmenden Zyklenzahlen werden die Akkumulationsraten immer kleiner bis die Akkumulation zum Stillstand kommt. Mit der einwirkenden zyklischen Scherdehnung hat sich die Anfangsbodensteifigkeit reduziert, eine entsprechende bleibende Setzung hat sich eingestellt. Der Boden hat sich verdichtet.

4.2 Setzung eines durch Bodenschwingungen erregten Rechteckfundamentes

In diesem Beispiel wird die Setzung eines Fundamentes betrachtet, das durch benachbarte Vibrationsrammung eines Rammelementes erregt wird. Zur Vereinfachung werden die Daten des Bodens und des Fundamentes mit Maschine vom Beispiel E3-7.2 bzw. E4-4.1 übernommen, ohne dass die Maschine selbst in Betrieb ist.

Die Ermittlung der vertikalen Schwingungsamplitude des indirekt erregten Fundamentes ist bereits im Abschnitt E3-7.4 beispielhaft angegeben. Der Berechnungsablauf wird deshalb hier bezüglich der veränderten Werte der Schwingungserregung (Kreisfrequenz, Scherwellengeschwindigkeit und Schwinggeschwindigkeit) verkürzt dargestellt. Die Beispielrechnungen erfolgen jeweils für einen nichtbindigen Boden und einen leicht-plastischen Schluff in der setzungsempfindlichen Schicht.

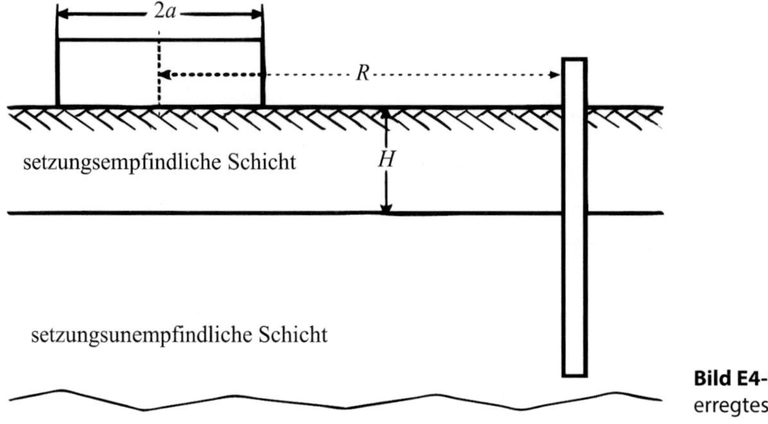

Bild E4-9 Indirekt erregtes Fundament

1. Fundamentdaten (Rechteckfundament)

Größe:	$2a = 1{,}5$ m; $2b = 4{,}5$ m
Sohlfläche:	$A_{\text{Sohl}} = 6{,}75$ m^2
Ersatzradius des Rechteckfundamentes:	$r_{0z} = 1{,}47$ m
Gesamtmasse:	$m = 31{,}9$ t
stat. Sohlspannung:	$q_{\text{stat}} = 47{,}3$ kPa
Federkonstante:	$K_{0z} = 784 \cdot 10^3$ kN/m
Dämpfungskonstante:	$C_{0z} = 4{,}65 \cdot 10^3$ kN/(m/s)

Die Berechnungen der frequenzunabhängigen Federkonstante K_{0z} und Dämpfungskonstante C_{0z} sind im Beispiel im Abschnitt E3-7.2 angegeben.

2. Bodenkennwerte

Betrachtet wird hier nur eine setzungsempfindliche Schicht unter dem Fundament mit folgenden Kennwerten:

Lagerungsdichte:	$I_D = 50$ %
Dichte:	$\rho = 1{,}8$ t/m^3
Scherwellengeschwindigkeit:	$c_{S,0} = 211$ m/s
Schubmodul:	$G_{d0} = 80$ MPa
Querdehnzahl:	$\nu = 0{,}4$
Schichtmächtigkeit:	$H = 3$ m
Plastizität:	$I_P = 0$ bzw. $I_P = 0{,}15$

3. Bodenschwingungen

Schwingungsquelle ist die vertikale Vibrationsrammung einer Stahlspundbohle (Breite $b_B = 1$ m, Einbindetiefe $L_B = 10$ m) in einem Abstand zur Fundamentmitte $R = 5$ m. Die Erregerkreisfrequenz und der Größtwert der drei Komponenten der Bodenschwinggeschwindigkeit $v_{0,\text{Bod}}$ (Partikelschwinggeschwindigkeit) wurde in freiem Gelände ca. 0,5 m unter Geländeoberkante im Abstand $R = 5$ m zur Erregerquelle durch Messungen bestimmt:

$$\Omega = 220 \text{ s}^{-1}, f = 35 \text{ Hz}$$

$$v_{0,\text{Bod}} = 0{,}016 \text{ m/s}$$

Die Zeitdauer der Vibrationsrammung beträgt:

$$t_{\text{V}} = 140 \text{ s}$$

Die Anzahl der Zyklen (Schwingungen) beträgt:

$$N = t_{\text{V}} \cdot \frac{\Omega}{2\pi} = 140 \cdot \frac{220}{2\pi} = 4902 \approx 5000$$

Die Wellenlänge der Bodenschwingungen beträgt in erster Näherung:

$$\lambda = 2\pi \cdot c_{\text{S},0} / \Omega = 2\pi \cdot 211 / 220 = 6{,}0 \text{ m}$$

4. Ermittlung der vertikalen Schwingungsamplitude des Fundamentes

Erforderlich ist zunächst die Bestimmung der frequenzabhängigen Federsteifigkeit $K_z(\Omega)$ und der Dämpfung $C_z(\Omega)$ (siehe auch Beispiel im Abschnitt E3-7.2).

Die dimensionslose Frequenz a_0 ergibt sich zu:

$$a_0 = \frac{a \cdot \Omega}{c_{\text{S},0}} = \frac{0{,}75 \cdot 220}{211} = 0{,}78$$

Für $a_0 = 0{,}78$ und $b/a = 3{,}0$ liefert Bild E3–12:

$$k_z = 0{,}97 \text{ und } d_z = 1{,}8$$

Somit beträgt die frequenzabhängige Federsteifigkeit

$$K_z(\Omega) = K_{0z} \cdot k_z = 784 \cdot 10^3 \cdot 0{,}97 = 760 \cdot 10^3 \text{ kN/m}$$

bzw. die frequenzabhängige Dämpfung

$$C_z(\Omega) = K_{0z} \cdot a_0 \cdot d_Z / \Omega = 784 \cdot 10^3 \cdot 0{,}78 \cdot 1{,}8 / 220 = 5{,}0 \cdot 10^3 \text{ kN/(m/s)}$$

Es wird angenommen, dass die Schwinggeschwindigkeitsamplitude der Fußpunktanregung $V_{0z} = \Omega \cdot U_{0z}$ mit der gemessenen maximalen Bodenschwingung $v_{0,\text{Bod}}$ übereinstimmt. Der Schwingweg der Bodenschwingungen unter dem Fundament beträgt dann:

$$U_{0z} = v_{0,\text{Bod}} / \Omega = 0{,}016 / 220 = 7{,}3 \cdot 10^{-5} \text{ m}$$

Die Amplitude U_z des Schwingweges des Fundamentes ergibt sich nach den Ableitungen im Beispiel in Abschnitt E3-7.4 zu:

$$U_z = \frac{\sqrt{K_z^2 + \Omega^2 C_z^2}}{\sqrt{\left(K_z - m\Omega^2\right)^2 + \Omega^2 C_z^2}} U_{0z} = 0{,}99 \cdot 7{,}3 \cdot 10^{-5} = 72{,}3 \cdot 10^{-6} \text{ m}$$

Daraus ergibt sich für die Amplitude der Schwinggeschwindigkeit des Fundamentes:

$$V_z = \Omega \cdot U_z = 220 \cdot 72{,}3 \cdot 10^{-5} = 0{,}0159 \text{ m/s} \approx 0{,}016 \text{ m/s}$$

Es ist zu erkennen, dass die absolute Schwinggeschwindigkeit des Fundamentes V_z im vorliegenden Fall mit der Bodenschwinggeschwindigkeit $v_{0,\mathrm{Bod}}$ übereinstimmt. Die Relativgeschwindigkeit zwischen Fundament und Boden beträgt somit

$$V_{rz} = V_z - v_{0,\mathrm{Bod}} = 0.$$

Es handelt sich dabei um einen Sonderfall, bei dem das Verhältnis zwischen Anregungsfrequenz und Eigenfrequenz des Fundament-Boden-System $\Omega/\sqrt{K_z/m} = \sqrt{2}$ beträgt.

Bezüglich des primären Wellenfeldes wird angenommen, dass die Wellenamplitude im gesamten setzungsempfindlichen Bodenbereich derjenigen am Fundament entspricht. Im Gegensatz zum Berechnungsbeispiel E4-4.1 wird keine Amplitudenabnahme mit der Tiefe angesetzt.

Ist die halbe Wellenlänge der Bodenschwingung klein gegenüber den Abmessungen des Fundamentes, so sind genauere Untersuchungen der sich ergebenden indirekten Erregung notwendig.

5. Ermittlung der Scherdehnung γ sowie der belastungsabhängigen Größen Schubmodul G und Scherwellengeschwindigkeit c_S

Die Scherdehnung im Boden beträgt in erster Näherung:

$$\gamma_0 = \frac{v_{0,\mathrm{Bod}}}{c_{S,0}} = \frac{0,016}{211} = 7,6 \cdot 10^{-5}$$

Die Scherdehnung γ_0 liegt über dem Schwellenwert γ_{tl} nach Bild E4–1, so dass eine Abminderung von G_{d0} auf eine dehnungsabhängige Steifigkeit G_d erforderlich ist. Nach Gleichung (E2–5) ergibt sich in einem ersten Schritt für den nichtbindigen Boden (I_P und $\gamma = \gamma_0$ in %):

$$G_1 = G_{d0} \cdot \frac{1,03}{1 + \frac{19 \cdot \gamma^{0,8}}{1 + \left(\frac{I_P}{15}\right)^{1,3}}} = 80 \cdot \frac{1,03}{1 + \frac{19 \cdot \left(7,6 \cdot 10^{-3}\right)^{0,8}}{1 + \left(\frac{0}{15}\right)^{1,3}}} = 80 \cdot 0,745 = 59,6 \text{ MPa}$$

bzw. für den leicht plastischen Boden:

$$G_1 = 80 \cdot \frac{1,03}{1 + \frac{19 \cdot \left(7,6 \cdot 10^{-3}\right)^{0,8}}{1 + \left(\frac{15}{15}\right)^{1,3}}} = 80 \cdot 0,86 = 69,2 \text{ MPa}$$

Daraus ergibt sich die entsprechende dehnungsabhängige Scherwellengeschwindigkeit für den nichtbindigen Boden:

$$c_{S,1} = \sqrt{\frac{G_1}{\rho}} = \sqrt{\frac{59,6 \cdot 10^6}{1800}} = 182 \ \frac{\mathrm{m}}{\mathrm{s}}$$

bzw. für den leicht plastischen Boden:

$$c_{S,1} = \sqrt{\frac{G_1}{\rho}} = \sqrt{\frac{69{,}2 \cdot 10^6}{1800}} = 196 \ \frac{\text{m}}{\text{s}}$$

Die im ersten Iterationsschritt korrigierte Scherdehnung beträgt damit für den nicht bindigen Boden:

$$\gamma_1 = \frac{v_{\text{Bod}}}{c_{S,1}} = \frac{0{,}016}{182} = 8{,}79 \cdot 10^{-5}$$

bzw. für den leicht plastischen Boden:

$$\gamma_1 = \frac{0{,}016}{196} = 8{,}16 \cdot 10^{-5}$$

Die Ergebnisse weiterer Iterationsschritte sind in der folgenden Tabelle angegeben.

Tabelle E4-6 Iterative Korrektur der Scherdehnung

Iterationsschritt *n*		**$I_P = 0$**			**$I_P = 0{,}15$**	
	G_n in MPa	**$c_{S,n}$ in m/s**	**γ_n**	**G_n in MPa**	**$c_{S,n}$ in m/s**	**γ_n**
1	59,6	182	$8{,}79 \cdot 10^{-5}$	69,2	196	$7{,}58 \cdot 10^{-5}$
2	57,6	179	$8{,}94 \cdot 10^{-5}$	68,5	195	$8{,}16 \cdot 10^{-5}$
3	57,4	179	$8{,}96 \cdot 10^{-5}$	68,5	195	$8{,}20 \cdot 10^{-5}$
4	57,3	178	$8{,}97 \cdot 10^{-5}$	68,5	195	$8{,}20 \cdot 10^{-5}$
5	57,3	178	$8{,}97 \cdot 10^{-5}$	68,5	195	$8{,}20 \cdot 10^{-5}$

Die Iterationen konvergiert bereits nach wenigen Schritten. Für die weiteren Rechnungen werden somit herangezogen:

- für den Boden mit $I_P = 0$: $c_S = 178$ m/s und $\gamma = 8{,}97 \cdot 10^{-5}$
- für den Boden mit $I_P = 0{,}15$: $c_S = 195$ m/s und $\gamma = 8{,}20 \cdot 10^{-5}$

6. Berechnung der Dehnungsakkumulation für feinkörnige und bindige Böden nach Gleichung (E4–8)

Die akkumulierten Dehnungen ergeben sich zu:

$$\varepsilon_{\text{vol,pl}}^{\text{acc}} = 0{,}01 \cdot a\left(\tau_d / \tau_f\right)^m \cdot \left(1 + \tau_S / \tau_f\right)^n \cdot N^b$$

Die Ermittlung der statischen Schubspannung τ_S und der Scherfestigkeit des Bodens τ_f ist bereits im Beispiel 4.1 angegeben, mit den Ergebnissen:

$\tau_S = 10{,}8$ kPa und $\tau_f = 24{,}9$ kPa

Die zyklische Schubspannung τ_d in der setzungsempfindlichen Schicht in der Entfernung $R = 5$ m zur Vibrationsrammung beträgt:

$$\tau_d = v_{Bod} \cdot \rho \cdot c_S = 0,016 \cdot 1,8 \cdot 195 = 5,62 \text{ kPa}$$

Aus Tabelle E4–1 werden folgende Parameter ausgewählt:

$a = 0{,}64$; $b = 0{,}10$; $m = 1{,}7$; $n = 1{,}0$; (leicht bis mittelplastischer Schluff)

Damit ergibt sich nach 5000 Zyklen eine akkumulierte bleibende Dehnung der setzungsempfindlichen Bodenschicht im Abstand $R = 5$ m zur Vibrationsrammung:

$$\varepsilon_{vol,pl}^{5000} = 0,01 \cdot 0,64 \left(\frac{5,62}{24,9} \right)^{1,7} \cdot \left(1 + \frac{10,8}{24,9} \right)^{1,0} \cdot 5000^{0,1} = 1,71 \cdot 10^{-3}$$

7. Berechnung der Dehnungsakkumulation für nichtbindige Böden nach Gleichung (E4–9)

Der Anteil der plastischen Dehnung im Zyklus i ergibt sich mit Gl. (E4–9) zu:

$$\varepsilon_{vol,pl}^{i} = \gamma_d \cdot C_1 \cdot \exp\left(\frac{-C_2 \cdot \varepsilon_{vol,pl}^{acc,\, i-1}}{\gamma_d} \right)$$

und die akkumulierten Dehnungen nach N Zyklen zu:

$$\varepsilon_{vol,pl}^{acc} = \sum_{i=1}^{N} \varepsilon_{vol,pl}^{i}$$

Aus Tabelle E4–2 werden folgende Parameter ausgewählt:

$C_1 = 0{,}5$; $C_2 = 0{,}8$; (für mitteldichte Lagerung mit $I_D = 50$ %

Fall 1: Es wird angenommen, dass der Boden zyklisch nicht vorbelastet ist, d. h.:

$$\varepsilon_{vol,pl}^{acc,0} = 0$$

Die Akkumulation der volumetrischen Dehnungen in den einzelnen Zyklen ergibt sich mit den o. g. Werten wie folgt:

1. Zyklus:

$$\varepsilon_{vol,pl}^{1} = 8,97 \cdot 10^{-5} \cdot 0,5 \cdot \exp\left(\frac{-0,8 \cdot 0}{8,97 \cdot 10^{-5}} \right) = 4,48 \cdot 10^{-5}$$

$$\varepsilon_{vol,pl}^{acc,1} = 4,48 \cdot 10^{-5}$$

2. Zyklus:

$$\varepsilon_{vol,pl}^{2} = 8,97 \cdot 10^{-5} \cdot 0,5 \cdot \exp\left(\frac{-0,8 \cdot 4,48 \cdot 10^{-5}}{8,97 \cdot 10^{-5}} \right) = 3,01 \cdot 10^{-5}$$

$$\varepsilon_{vol,pl}^{acc,2} = 4,48 \cdot 10^{-5} + 3,01 \cdot 10^{-5} = 7,49 \cdot 10^{-5}$$

10. Zyklus:
Annahme: die akkumulierte Dehnung des 3. Zyklus existiert die nächsten 8 Zyklen

$$\varepsilon_{\text{vol,pl}}^{3} = 8{,}97 \cdot 10^{-5} \cdot 0{,}5 \cdot \exp\left(\frac{-0{,}8 \cdot 7{,}49 \cdot 10^{-5}}{8{,}97 \cdot 10^{-5}}\right) = 2{,}30 \cdot 10^{-5}$$

$$\varepsilon_{\text{vol,pl}}^{\text{acc,10}} = 7{,}49 \cdot 10^{-5} + 8 \cdot 2{,}30 \cdot 10^{-5} = 25{,}9 \cdot 10^{-5}$$

100. Zyklus:
Annahme: die akkumulierte Dehnung des 11. Zyklus existiert die nächsten 90 Zyklen

$$\varepsilon_{\text{vol,pl}}^{11} = 8{,}97 \cdot 10^{-5} \cdot 0{,}5 \cdot \exp\left(\frac{-0{,}8 \cdot 25{,}9 \cdot 10^{-5}}{8{,}97 \cdot 10^{-5}}\right) = 0{,}44 \cdot 10^{-5}$$

$$\varepsilon_{\text{vol,pl}}^{\text{acc,100}} = 25{,}9 \cdot 10^{-5} + 90 \cdot 0{,}44 \cdot 10^{-5} = 65{,}9 \cdot 10^{-5}$$

1000. Zyklus:
Annahme: die akkumulierte Dehnung des 101. Zyklus existiert die nächsten 900 Zyklen

$$\varepsilon_{\text{vol,pl}}^{101} = 8{,}97 \cdot 10^{-5} \cdot 0{,}5 \cdot \exp\left(\frac{-0{,}8 \cdot 65{,}9 \cdot 10^{-5}}{8{,}97 \cdot 10^{-5}}\right) = 12{,}6 \cdot 10^{-8}$$

$$\varepsilon_{\text{vol,pl}}^{\text{acc,1000}} = 65{,}9 \cdot 10^{-5} + 900 \cdot 0{,}0126 \cdot 10^{-5} = 77{,}2 \cdot 10^{-5}$$

5000. Zyklus:
Annahme: die akkumulierte Dehnung des 1001. Zyklus existiert die nächsten 4000 Zyklen

$$\varepsilon_{\text{vol,pl}}^{1001} = 8{,}97 \cdot 10^{-5} \cdot 0{,}5 \cdot \exp\left(\frac{-0{,}8 \cdot 77{,}2 \cdot 10^{-5}}{8{,}97 \cdot 10^{-5}}\right) = 4{,}6 \cdot 10^{-8}$$

$$\varepsilon_{\text{vol,pl}}^{\text{acc,5000}} = 77{,}2 \cdot 10^{-5} + 4000 \cdot 0{,}0046 \cdot 10^{-5} = 95{,}6 \cdot 10^{-5}$$

In dieser Weise werden die nächsten Zyklen bis $i = N = 5000$ berechnet. Das Ergebnis dieser Iteration und Zwischenergebnisse sind in der folgenden Tabelle angegeben.

Tabelle E4-7 Akkumulierte Dehnungen für das auf nichtbindigem Boden gegründete Fundament infolge Rammarbeiten

Zyklus *i*	$\varepsilon_{\text{vol,pl}}^{i}$	$\varepsilon_{\text{vol,pl}}^{\text{acc},i}$
1	$4{,}48 \cdot 10^{-5}$	$4{,}48 \cdot 10^{-5}$
2	$3{,}01 \cdot 10^{-5}$	$7{,}49 \cdot 10^{-5}$

Zyklus i	$\varepsilon_{\text{vol,pl}}^{i}$	$\varepsilon_{\text{vol,pl}}^{\text{acc},i}$
10	$18{,}4 \cdot 10^{-5}$	$25{,}9 \cdot 10^{-5}$
100	$39{,}6 \cdot 10^{-5}$	$65{,}9 \cdot 10^{-5}$
1000	$11{,}34 \cdot 10^{-5}$	$77{,}2 \cdot 10^{-5}$
5000	$18{,}4 \cdot 10^{-5}$	$95{,}6 \cdot 10^{-5}$

Fall 2: Es wird angenommen, dass der Boden zyklisch durch das Maschinenfundament in Abschnitt E4-4.1 mit

$$\varepsilon_{\text{vol,pl}}^{\text{acc},0} = 68{,}13 \cdot 10^{-6}$$

nach einem Jahr Betriebszeit vorbeansprucht ist.

Die Akkumulation der volumetrischen Dehnungen in den einzelnen Zyklen ergibt sich mit den o. g. Werten wie folgt:

1. Zyklus:

$$\varepsilon_{\text{vol,pl}}^{1} = 8{,}97 \cdot 10^{-5} \cdot 0{,}5 \cdot \exp\left(\frac{-0{,}8 \cdot 6{,}81 \cdot 10^{-5}}{8{,}97 \cdot 10^{-5}}\right) = 2{,}44 \cdot 10^{-5}$$

$$\varepsilon_{\text{vol,pl}}^{\text{acc},1} = 6{,}81 \cdot 10^{-5} + 2{,}44 \cdot 10^{-5} = 9{,}25 \cdot 10^{-5}$$

2. Zyklus:

$$\varepsilon_{\text{vol,pl}}^{2} = 8{,}97 \cdot 10^{-5} \cdot 0{,}5 \cdot \exp\left(\frac{-0{,}8 \cdot 9{,}25 \cdot 10^{-5}}{8{,}97 \cdot 10^{-5}}\right) = 1{,}96 \cdot 10^{-5}$$

$$\varepsilon_{\text{vol,pl}}^{\text{acc},2} = 9{,}25 \cdot 10^{-5} + 1{,}96 \cdot 10^{-5} = 11{,}2 \cdot 10^{-5}$$

10. Zyklus:

Annahme: die akkumulierte Dehnung des 3. Zyklus existiert die nächsten 8 Zyklen

$$\varepsilon_{\text{vol,pl}}^{3} = 8{,}97 \cdot 10^{-5} \cdot 0{,}5 \cdot \exp\left(\frac{-0{,}8 \cdot 11{,}2 \cdot 10^{-5}}{8{,}97 \cdot 10^{-5}}\right) = 1{,}65 \cdot 10^{-5}$$

$$\varepsilon_{\text{vol,pl}}^{\text{acc},10} = 11{,}2 \cdot 10^{-5} + 8 \cdot 1{,}65 \cdot 10^{-5} = 24{,}4 \cdot 10^{-5}$$

100. Zyklus:

Annahme: die akkumulierte Dehnung des 11. Zyklus existiert die nächsten 90 Zyklen

$$\varepsilon_{\text{vol,pl}}^{11} = 8{,}97 \cdot 10^{-5} \cdot 0{,}5 \cdot \exp\left(\frac{-0{,}8 \cdot 24{,}4 \cdot 10^{-5}}{8{,}97 \cdot 10^{-5}}\right) = 0{,}51 \cdot 10^{-5}$$

$$\varepsilon_{\text{vol,pl}}^{\text{acc,100}} = 24,4 \cdot 10^{-5} + 90 \cdot 0,51 \cdot 10^{-5} = 70,3 \cdot 10^{-5}$$

1000. Zyklus:
Annahme: die akkumulierte Dehnung des 101. Zyklus existiert die nächsten 900 Zyklen

$$\varepsilon_{\text{vol,pl}}^{101} = 8,97 \cdot 10^{-5} \cdot 0,5 \cdot \exp\left(\frac{-0,8 \cdot 70,3 \cdot 10^{-5}}{8,97 \cdot 10^{-5}}\right) = 8,5 \cdot 10^{-8}$$

$$\varepsilon_{\text{vol,pl}}^{\text{acc,1000}} = 70,3 \cdot 10^{-5} + 900 \cdot 0,0085 \cdot 10^{-5} = 78,0 \cdot 10^{-5}$$

5000. Zyklus:
Annahme: die akkumulierte Dehnung des 1001. Zyklus existiert die nächsten 4000 Zyklen

$$\varepsilon_{\text{vol,pl}}^{1001} = 8,97 \cdot 10^{-5} \cdot 0,5 \cdot \exp\left(\frac{-0,8 \cdot 78,0 \cdot 10^{-5}}{8,97 \cdot 10^{-5}}\right) = 4,3 \cdot 10^{-8}$$

$$\varepsilon_{\text{vol,pl}}^{\text{acc,5000}} = 78,0 \cdot 10^{-5} + 4000 \cdot 0,0043 \cdot 10^{-5} = 95,1 \cdot 10^{-5}$$

In dieser Weise werden die nächsten Zyklen bis $i = N = 5000$ berechnet. Das Ergebnis dieser Iteration und Zwischenergebnisse sind in der folgenden Tabelle angegeben.

Tabelle E4-8 Akkumulierte Dehnungen für das auf nicht-bindigem Boden gegründete Fundament nach einem Jahr Betrieb und Rammarbeiten

Zyklus i	$\varepsilon_{\text{vol,pl}}^{i}$	$\varepsilon_{\text{vol,pl}}^{\text{acc},i}$
1	$2{,}44 \cdot 10^{-5}$	$9{,}25 \cdot 10^{-5}$
2	$1{,}96 \cdot 10^{-5}$	$11{,}2 \cdot 10^{-5}$
10	$13{,}2 \cdot 10^{-5}$	$24{,}4 \cdot 10^{-5}$
100	$45{,}9 \cdot 10^{-5}$	$70{,}3 \cdot 10^{-5}$
1000	$7{,}7 \cdot 10^{-5}$	$78{,}0 \cdot 10^{-5}$
5000	$17{,}1 \cdot 10^{-5}$	$95{,}1 \cdot 10^{-5}$

8. Berechnung der Setzung

Die Setzung der Bodenoberkante unter dem Fundament im Abstand $R = 5$ m zur Vibrationsrammung ergibt sich aus der Dehnungsakkumulation nach Gleichung (E4–8) für einen leichtplastischen Schluff zu

$$s = \varepsilon_{\text{vol,pl}}^{5000} \cdot h = 0,00170 \cdot 3000 = 5,10 \text{ mm}$$

und aus der Dehnungsakkumulation für nichtbindige Böden nach der Gleichung (E4–10) zu

$$s = \varepsilon_{\text{vol,pl}}^{5000} \cdot h = 0{,}000956 \cdot 3000 = 2{,}87 \text{ mm}$$

für Rammarbeiten unmittelbar nach Aufstellen der Maschine, und

$$s = \varepsilon_{\text{vol,pl}}^{5000} \cdot h = 0{,}000951 \cdot 3000 = 2{,}85 \text{ mm}$$

für Rammarbeiten nach 1 Jahr Maschinenbetrieb.

Bei multidirektionaler Schereinwirkung (z. B. durch Reflexionen) können sich die oben genannten Setzungsbeträge auch verdoppeln.

Bei bis zu 5000 Rammschlägen gibt es in diesem Beispiel nur marginale Unterschiede in den akkumulierten Setzungen. Bei weiteren Rammschlägen reduzieren sich die zusätzlich eingetragenen Dehnungsinkremente in beiden untersuchten Fällen.

Bei der Abschätzung der Fundamentsetzung aus der Setzung der Geländeoberkante ist außerdem zu beachten, dass sich bei einer Pfahlrammung die zyklische Schubspannung und die zyklische Scherdehnung des Bodens sehr stark mit der Entfernung in ihren Größen verändern. Bei Fundamenten mit großen Abmessungen im Vergleich zum Abstand zur Schwingungsquelle sind Setzungsberechnungen deshalb für mehrere Abstände entsprechend der Ausdehnung des Fundamentes durchzuführen. Bei großen Fundamenten ergeben sich dann hauptsächlich Verkippungen.

Literatur

77 Böhrnsen, J.-U. (2002): Dynamisches Verhalten von Schüttgütern beim Entleeren aus Silos, Braunschweiger Schriften zur Mechanik Nr. 45-2002, TU Braunschweig

78 Byrne, P.M., J. McIntyre (1994): Deformation in granular soils due to cyclic loading, Geotechnical Special Publication No. 40, Ed. Jeung / Félio: Settlement´94, Texas A&M University

79 Chai, J.C., N. Miura (2002): Traffic-load-induced permanent deformation of road on soft subsoil, J. Geotech. and Geoenv. Engrg., ASCE, 128 (11), S. 907–916

80 DIN 4150-3 (1999): Erschütterungen im Bauwesen, Teil 3: Einwirkungen auf bauliche Anlagen. Anhang C (informativ). Beuth Verlag GmbH, Berlin, Februar 1999

81 Festag, G. (2003): Experimentelle und numerische Untersuchungen zum Verhalten von granularen Materialien unter zyklischer Beanspruchung, Mitteilungen des Institutes und der Versuchsanstalt für Geotechnik der TU Darmstadt, Heft 66

82 Haupt, W. (1995): Sackungen im Boden durch Erschütterungseinwirkung. Mitteilungsblatt der Bundesanstalt für Wasserbau Nr. 72, Karlsruhe, September 1995

83 Hsu, C. C., Vucetic, M. (2004) Volumetric Threshold Shear Strain for Cyclic Settlement. Journal of Geotechnical and Geoenvironmental Engineering 130(1), S. 58–78

84 Karg, C. (2007): Modelling of strain accumulation due to low level vibrations in granular soils, PhD Thesis University Gent. Permalink http://lib.ugent.be/catalog/pug01:481429

85 Le, V. H. (2015): Zum Verhalten von Sand unter zyklischer Beanspruchung mit Polarisationswechseln im Einfachscherversuch. Dissertation, Technische Universität Berlin. DOI 10.14279/depositonce-4896

86 Li, D., E.T. Selig (1996): Cumulative plastic deformation for fine-grained subgrade soils, Journal Geotechnical Engineering, ASCE, 122 (12), S. 1005–1013

87 Monismith, C.L., N. Ogawa, C.R. Freeme (1975): Permanent deformation characteristics of subgrade soil due to repeated loading, Transp. Res. Rec. No. 537, Transportation Research Board, Washington D.C. S. 1–17

88 Niemunis, A.; Wichtmann, T.; Triantafyllidis.T. (2005): A high-cycle accumulation model for sand. Computers and Geotechnics, 32(4): 245-263

89 Palloks, W. (2000): „Erschütterungen, Setzungen und Verkippungen eines pfahlgegründeten Gebäudes durch Schrägpfahlrammungen bis in dessen Gründungsbereich" in: BAW-Kolloquium „Setzungen durch Bodenschwingungen" am 29.09.1999, Manuskripte der gehaltenen Vorträge, Bundesanstalt für Wasserbau, Berlin 2000

90 Pyke, R., H.B. Seed, C.K. Chan (1975) Settlement of sands under multidirectional shaking. J. Geotech. Engnrg., ASCE, 101(4), S. 379–398

91 Schuppener, B. (1995): Eine Proberammung vor einer Stützwand mit unzureichender Standsicherheit. Mitteilungsblatt der Bundesanstalt für Wasserbau Nr. 72, Karlsruhe, September 1995

92 Stewart, J.P., D.H. Whang (2003): Simplified procedure to estimate ground settlements from seismic compression in compacted soils, 2003 Pacific Conference on Earthquake Engineering, paper no. 046

93 Tatsuoka, F., R.J. Jardine, D. Lo Presti, H. Di Bernadetto, T. Kodaka (1997): Characteristing the prefailure deformation properties of geomaterials, Proc. of the 14th Int. Conf. on Soil Mechanics and Foundation Engineering, Hamburg, S. 2129–2164

94 Tokimatsu, A.M., H. B. Seed (1987): Evaluation of settlements in sands due to earthquake shaking, J. Geotech. Engrg., ASCE, 113 (8), S. 861–878

95 Vrettos Ch. (2008) Bodendynamik. In: Witt K. J. (Hrsg.) Grundbautaschenbuch, Teil 1, 7. Auflage. Ernst & Sohn, S. 451–500

96 Vucetic, M. (1994): Cyclic threshold shear strains in soils, J. Geotech. Engrg., ASCE, 120 (12), S. 2208–2228

97 Wegener, D., I. Herle (2010) Zur Ermittlung von Scherdehnungen unterhalb von dynamisch belasteten Flächen. Geotechnik 33(1):18–24

98 Wegener, D., I. Herle (2012): Zur Ermittlung von Scherdehnungen durch Schwingungsmessungen und numerische Berechnungen, BAW-Mitteilungen Nr. 95, S. 59-69

99 Wichtmann, T., A. Niemunis, T. Triantafyllidis (2004): Setzungsakkumulation infolge hochzyklischer Belastung, Bautechnik 82 (1), S. 18–27

100 Wichtmann.T. (2005): Explizites Akkumulationsmodell für nichtbindige Böden unter zyklischer Belastung. Dissertation, Ruhr-Universität Bochum

101 Wichtmann, T.; Niemunis, A.; Triantafyllidis.T. (2010): Simplified calibration procedure for a high-cycle accumulation model based on cyclic triaxial tests on 22 sands. In International Symposium: Frontiers in Offshore Geotechnics. Perth, Australia

102 WichtmannT.; Triantafyllidis, T. (2011): Prognose der Langzeitverformungen für Gründungen von Offshore-Windenergieanlagen mit einem Akkumulationsmodell. Bautechnik, 88(11): 765-781

103 Wichtmann, T.; Triantafyllidis.T. (2015): Inspection of a high-cycle accumulation model for large numbers of cycles (N=2 million). Soil Dynamics and Earthquake Engineering, 75: 199-210

104 Zerrenthin, U.: (2012) Erschütterungen und Setzungen bei Rammarbeiten. BAW-Mitteilungen Nr. 95, S. 49-58.

E5

Dynamisch belastete Pfahlgründungen

1 Vorbemerkungen

Pfahlgründungen werden im Allgemeinen dann verwendet, wenn der Baugrund nicht ausreichend tragfähig ist oder die Setzungen des Bauwerks beschränkt werden sollen. In der Regel liegt in diesen Fällen ein Baugrund mit einer ausgeprägten Schichtung und oberen weichen Zonen vor. Im Vergleich zu Flachgründungen werden die Bauwerkslasten über die Pfähle erst in größerer Tiefe in den Boden eingetragen.

Bei dynamischer Belastung von Pfahlgründungen ist eine deutlich stärkere Bauwerk-Boden-Wechselwirkung als bei Flachgründungen zu beobachten. Diese ist bedingt durch die dynamische Pfahl-Boden-Pfahl-Wechselwirkung zwischen den biegeweichen Pfählen, dem eingeschlossenen Bodenkörper und dem umgebenden Baugrund (Gruppenwirkung). Das dynamische Verhalten ist als Folge der Welleninterferenzen stark frequenzabhängig.

In Relation zur Flexibilität der Pfähle kann die Pfahlkopfplatte im Allgemeinen als starr angenommen werden. Die im Schwerpunkt der Platte definierte dynamische Steifigkeit der Pfahlgründung hängt stark von der Belastungsrichtung ab. Im Unterschied zu einer Flachgründung ist die Horizontalsteifigkeit wesentlich geringer als die Vertikalsteifigkeit. Während nämlich im ersten Fall über die Pfahlbiegung nur der Widerstand der oberen Bodenzonen aktiviert wird, ist dies im zweiten Fall der des Bodens aus der gesamte Pfahllänge hinweg, wobei die Vertikalnachgiebigkeit der Pfähle selbst oft vernachlässigbar ist. Die Kippsteifigkeit der Gründung unterscheidet sich prinzipiell für Einzelpfähle und Pfahlgruppen. Während sie bei Einzelpfählen im Wesentlichen aus der Biegesteifigkeit des Pfahlschaftes resultiert, entsteht sie bei Pfahlgruppen aus den Vertikalsteifigkeiten der einzelnen Pfähle und dem Quadrat ihrer Abstände zum gemeinsamen Schwerpunkt. Folglich ist die Kippsteifigkeit bei Einzelpfählen klein, bei Pfahlgruppen relativ groß.

Abhängig von der Lastgröße und deren Charakteristik (Wechsellast, Schwelllast, Zyklenzahl, Frequenz, usw.) in Verbindung mit den Bodenkennwerten (Lagerungsdichte, Scherfestigkeit, Steifigkeit, usw.) kann das dynamische Verformungsverhalten einer Pfahlgründung nichtlinear sein. Bei horizontal belasteten Pfählen ist die mögliche Ausbildung eines Spaltes zwischen Pfahl und Boden zu beachten.

In den nachfolgenden Abschnitten werden zunächst Empfehlungen für die Bemessung dynamisch belasteter lotrechter Einzelpfähle in linear elastischem Boden gegeben. Anschließend werden die grundlegenden Phänomene, die durch die Gruppenwirkung bei dynamisch belasteten Gründungen aus lotrechten Pfählen auftreten, erläutert. Auf

Empfehlungen des Arbeitskreises Baugrunddynamik, 2. Auflage,
Herausgegeben von der Deutschen Gesellschaft für Geotechnik e.V. (DGGT).

Schrägpfähle und Pfahlböcke wird nicht eingegangen. In der praktischen Anwendung kann den oben genannten nichtlinearen Effekten nicht unmittelbar Rechnung getragen werden. Üblicherweise werden sie durch äquivalent linear-elastische Modellierungen in Verbindung mit Parameterstudien und angemessener Variation der Eingangsparameter berücksichtigt.

2 Einzelpfahl

2.1 Definitionen und Annahmen

Bild E5–1 zeigt Abmessungen, Koordinatenrichtungen und Anregungen eines lotrechten, runden Einzelpfahles.

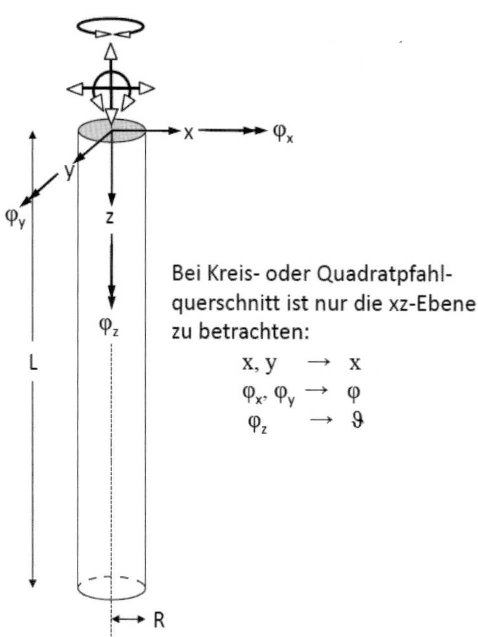

Bild E5-1 Definition der Abmessungen und Koordinatenrichtungen am Einzelpfahl

Die dynamische Steifigkeitsmatrix sei definiert für Kräfte am Kopf des Einzelpfahles. Wie in (E3–14) kann sie allgemein geschrieben werden als

$$\mathbf{S}(\Omega) = \mathbf{K}(\Omega) + \mathrm{i} \cdot \Omega \cdot \mathbf{C}(\Omega) \tag{E5–1}$$

und analog (E3–41) bis (E3–44) für jedes Matrizenelement ji als

$$K_{ji}(\Omega) = K_{0\,ji} \cdot k_{ji}(a_0) \tag{E5–2}$$

$$\Omega \cdot C_{ji}(\Omega) = K_{0\,ji} \cdot a_0 \cdot d_{ji}(a_0) \tag{E5–3}$$

$j, i = \mathrm{x, y, z}, \varphi_x, \varphi_y, \varphi_z$ bzw. bei Kreis- oder Quadratpfahlquerschnitten
$j, i = \mathrm{x, z}, \varphi, \vartheta$ mit

$K_{ji}(\Omega)$	frequenzabhängige Steifigkeit
$C_{ji}(\Omega)$	frequenzabhängige Dämpfung
K_{0ji}	Statische Steifigkeit eines Einzelpfahles für $\Omega = 0$
$k_{ji}(a_0)$, $d_{ji}(a_0)$	frequenzabhängige Impedanzfaktoren für Steifigkeit und Dämpfung
R	Pfahlradius
Ω	Erregerkreisfrequenz
c_S	Scherwellengeschwindigkeit im Halbraum in Tiefe $t = 2 \cdot R$
$a_0 = \dfrac{R \cdot \Omega}{c_S}$	dimensionslose Frequenz

Für die Dämpfung wird zusätzlich das äquivalente hysteretische Dämpfungsmaß eingeführt als

$$D_{ji}(a_0) = \left| \frac{\Omega \cdot C_{ji}(\Omega)}{2 \cdot K_{ji}(\Omega)} \right| = \left| \frac{a_0 \cdot d_{ji}(a_0)}{2 \cdot k_{ji}(a_0)} \right| \tag{E5–4}$$

Die i-te Spalte der dynamischen Steifigkeitsmatrix eines Einzelpfahles nach (E5–1) ist definiert als derjenige Vektor der Reaktionskräfte am Pfahlkopf, der sich einstellt, wenn der Pfahlkopf einer Einheitsverschiebung bzw. -verdrehung in j-Richtung unterworfen und in allen anderen Richtungen festgehalten wird. Es ergibt sich bei Kreis oder Quadratquerschnitt die dynamische Steifigkeitsmatrix zu

$$\mathrm{S} = \begin{bmatrix} S_{xx} & S_{x\varphi} & 0 & 0 \\ S_{\varphi x} & S_{\varphi\varphi} & 0 & 0 \\ 0 & 0 & S_{zz} & 0 \\ 0 & 0 & 0 & S_{\vartheta\vartheta} \end{bmatrix} \tag{E5–5}$$

2.1.1 Dynamische Vertikal- und Torsionssteifigkeit

Die Vertikalsteifigkeit S_{zz} und die Torsionssteifigkeit $S_{\vartheta\vartheta}$ eines Einzelpfahls hängen ab von den Materialsteifigkeiten von Pfahl und Boden, vom Pfahlradius R, der Pfahllänge L und den Bodenverhältnissen bzw. der -schichtung unterhalb des Pfahlfußes. Sie sind gemäß Matrix (E5–5) von den anderen Freiheitsgraden entkoppelt.

Es wird zunächst ein Pfahl in einer Bodenschicht der Dicke H auf starrem Untergrund betrachtet. Für großes H gehen die Lösungen in die eines Pfahles im homogenen Halbraum über. Praxisnäher, da Pfähle in der Regel bei geschichteten Böden mit geringer Tragfähigkeit eingesetzt werden, ist ein Zweischichten-Modell, das im Anschluss behandelt wird. Gazetas und Makris [105] geben Steifigkeiten für einen Einzelpfahl in einer homogenen elastischen Schicht der Dicke $H \approx 2 \cdot L$ über starrer Unterlage gemäß Bild E5–2 an:

$$K_{0zz} = 3{,}8 \cdot R \cdot E_d \cdot \left(\frac{L}{2 \cdot R}\right)^{2/3} \cdot \left(\frac{E_p}{E_d}\right)^{\frac{-L/(2R)}{E_p/E_d}} \tag{E5–6}$$

mit den dynamischen E-Moduln E_p und E_d von Pfahl und Boden. Bei üblichem Pfahlmaterial wie Beton oder Stahl entspricht E_p dem statischen E-Modul. Der Impedanzfaktor der Vertikalsteifigkeit ist nach [105] für $a_0 < 0{,}5$:

$$k_{zz}(a_0) = 1 \text{ für } \frac{L}{2 \cdot R} < 15 \tag{E5–7}$$

und

$$k_{zz}(a_0) = 1 + \sqrt{2a_0} \text{ für } \frac{L}{2 \cdot R} \geq 50 \tag{E5–8}$$

Für Zwischenwerte der Schlankheit soll linear interpoliert werden.

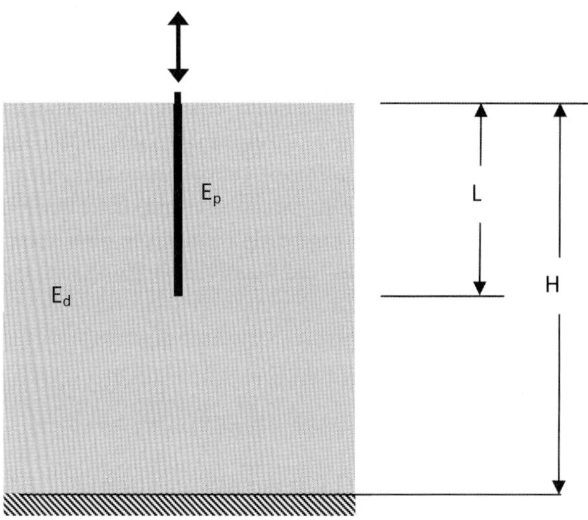

Bild E5-2 Vertikal belasteter Einzelpfahl in Bodenschicht bzw. im Halbraum

Infolge Resonanz zeigt der Impedanzfaktor der Vertikalsteifigkeit einen schmalbandigen Abfall bei der vertikalen Eigenfrequenz f_{cv} der Schicht. Als erste Näherung kann gemäß Gazetas [106] $k_{zz}(a_{cv}) = 0{,}8$ für die Materialdämpfung $D_H = 5$ % angesetzt werden und

$$f_{cv} = 0{,}25 \cdot c_{La} / H \tag{E5–9}$$

mit

$$a_{cv} = \frac{2\pi \cdot f_{cv} \cdot R}{c_S}$$

und c_{La} der analogen Kompressionswellengeschwindigkeit nach Lysmer (s. a. [106]) mit

$$c_{La} = \frac{3,4}{\pi \cdot (1-\nu)} \cdot c_S \qquad \text{(E5–10)}$$

Gazetas [106] gibt auch Formeln für Dämpfungen an, die jedoch im Vergleich zu den folgenden genaueren Berechnungen nicht empfohlen werden. Es werden stattdessen Resultate dynamischer Berechnungen mit dem Verfahren von Hartmann [109] wiedergegeben. Dieses basiert auf der Thin Layer Method (TLM) von Waas [107].

Basierend auf Bild E5–2 werden zwei Fälle untersucht, nämlich der Pfahl im elastischen Halbraum ($H >> L$) und in einer Bodenschicht mit $H = 2 \cdot L$. Die Pfahlschlankheiten betragen jeweils $L/(2R) = 15$, 30 und 50. Tabelle E5–1 enthält einen Vergleich der errechneten statischen Steifigkeiten K_{0zz} mit den Approximationen nach (E5–6). Die Übereinstimmung ist generell sehr gut, mit Ausnahme des Pfahles in sehr steifem Boden ($E_p/E_d = 100$). Für die Schichtdicke $H = 2 \cdot L$ ergeben sich nahezu gleiche Pfahlsteifigkeiten wie für den Halbraum.

Tabelle E5-1 Vertikalsteifigkeiten K_{0zz} eines Pfahles in Halbraum oder Bodenschicht

$\frac{E_p}{E_d}$	$\frac{L}{2 \cdot R}$	$\frac{K_{0zz}}{E_d \cdot R}$ TLM für Halbraum	TLM für Bodenschicht $H = 2 \cdot L$	Gleichung E3-52 für Bodenschicht $H = 2 \cdot L$
	15	12,3	13,3	11,6
100	30	13,2	13,6	9,2
	50	13,3	13,6	5,2
	15	18,4	20,9	20,8
1000	30	27,0	29,0	29,8
	50	32,4	34,1	36,5
	15	19,7	22,4	22,8
10000	30	32,4	35,4	35,7
	50	46,3	50,0	49,2

Bild E5–3 bis Bild E5–5 zeigen die Impedanzfaktoren $k_{zz}(a_0)$ und $d_{zz}(a_0)$ und das äquivalente Dämpfungsmaß für den Pfahl in Halbraum oder Schicht, jeweils für die Pfahlschlankheiten $L/(2R) = 15$, 30 und 50. Die Approximationen gemäß (E5–7) und (E5–8) treffen den Frequenzverlauf nicht immer genügend.

Im Vergleich von Halbraum und Schicht fällt der Steifigkeitsabfall bei der vertikalen Eigenfrequenz der Bodenschicht auf, markant ausgeprägt durch die gering angenommene Materialdämpfung ($D_H = 1$ %). Unterhalb dieser Frequenz tritt keine Abstrahlungsdämpfung auf. Die Unterschiede der dynamischen Vertikalsteifigkeit und Dämpfung bei Annahme von Halbraum oder Bodenschicht verschwinden jedoch mit zunehmender Frequenz.

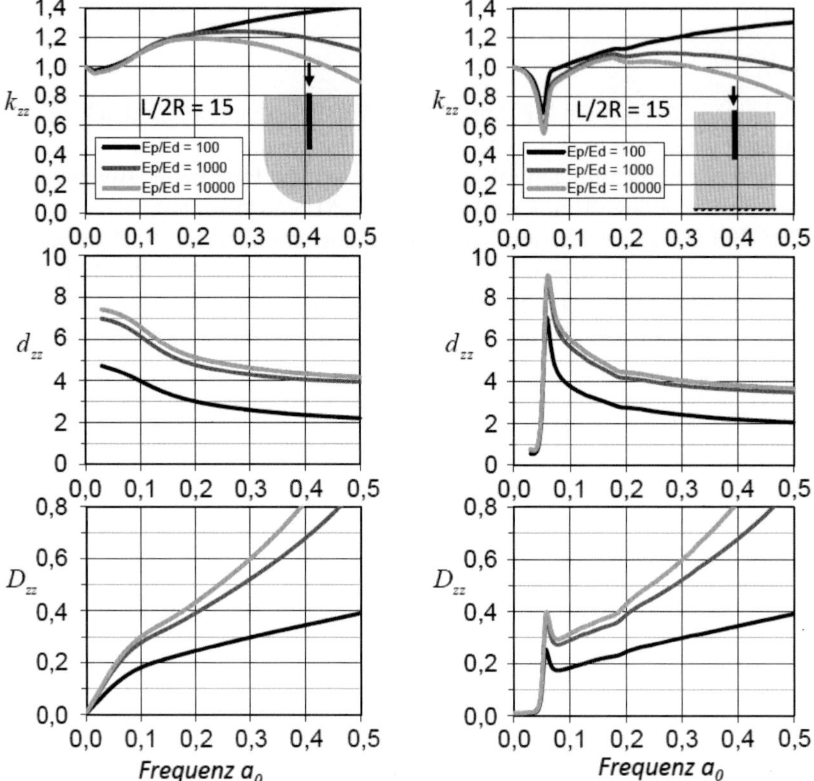

Bild E5-3 Vertikale Impedanzfaktoren und äquivalentes Dämpfungsmaß für Pfahl mit $L/(2\ R) = 15$ in Halbraum (links) und in Bodenschicht mit Dicke $H = 2\ L$ (rechts)

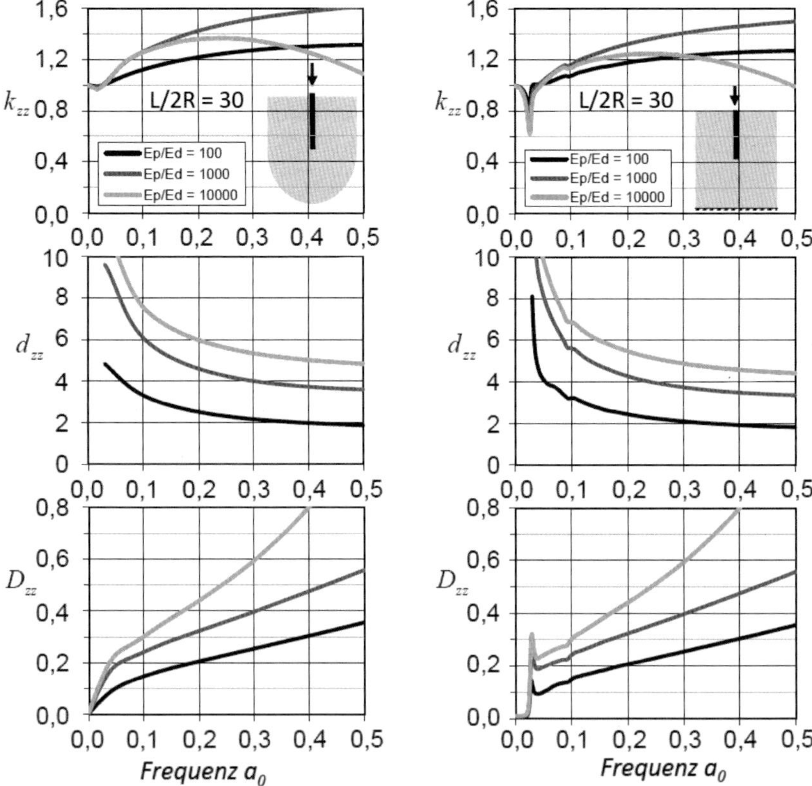

Bild E5-4 Vertikale Impedanzfaktoren und äquivalentes Dämpfungsmaß für Pfahl mit $L/(2R) = 30$ in Halbraum (links) und in Bodenschicht mit Dicke $H = 2L$ (rechts)

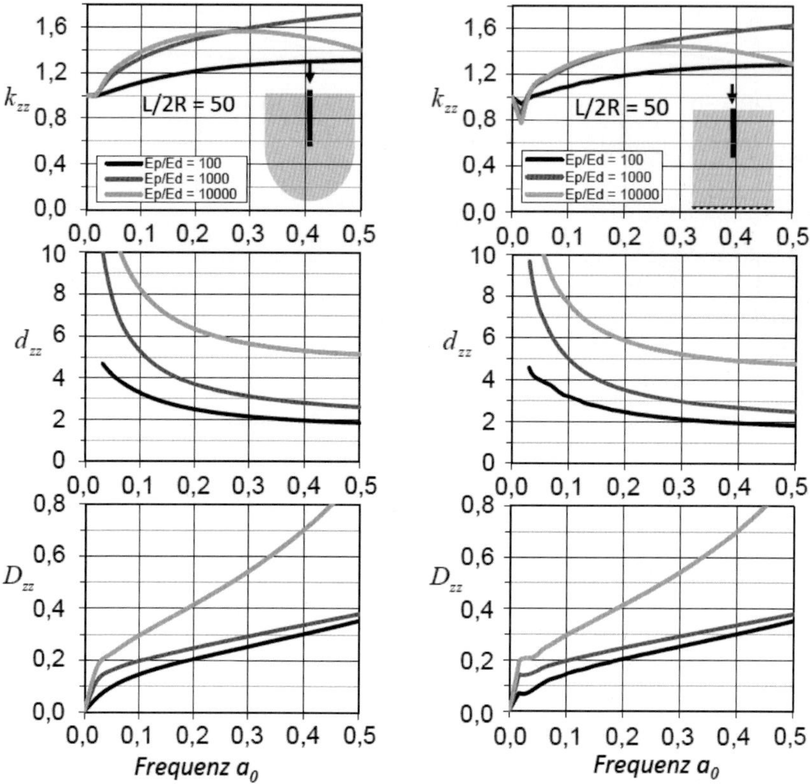

Bild E5-5 Vertikale Impedanzfaktoren und äquivalentes Dämpfungsmaß für Pfahl mit $L/(2\ R) = 50$ in Halbraum (links) und in Bodenschicht mit Dicke $H = 2L$ (rechts)

Schließlich wird noch der Einfluss eines steiferen Untergrundes auf Steifigkeit und Dämpfung des Einzelpfahles untersucht. Bild E5–6 zeigt einen Pfahl in einem Bodenprofil bestehend aus einer Schicht auf einem elastischen Halbraum. Die Schicht hat die Dicke H und den dynamischen E-Modul E_{d1}, der Halbraum als Untergrund den E-Modul E_{d2}. Der Einzelpfahl mit dem Radius R und der Schlankheit $L/(2\ R) = 15$ bindet über die Länge 6 R in den steifen Untergrund ein. Die gesamte Pfahllänge ist somit $L = H + 6\ R$. Als Materialdämpfung des Bodens wird generell $D_H = 1\ \%$ gewählt. Im Fall der Torsionsanregung wird ein torsionsstarrer Pfahl angenommen.

Die Vertikal- und Torsionsimpedanzen werden für den Fall $E_p / E_{d1} = 10000$ mit der TLM berechnet und in Bild E5–7 für die Verhältnisse $E_{d2} / E_{d1} = 1$, 10 und 100 dargestellt. Tabelle E5–2 enthält Vertikalsteifigkeit K_{0zz} und Torsionssteifigkeit $K_{0\vartheta\vartheta}$.

Tabelle und Bilder belegen den wesentlichen Einfluss des Untergrundes auf Vertikal- und Torsionssteifigkeit des Pfahls. Während bei Vertikalanregung infolge der Wellenabstrahlung hohe Dämpfung auftreten kann, ist sie bei Torsionsanregung zumeist vernachlässigbar.

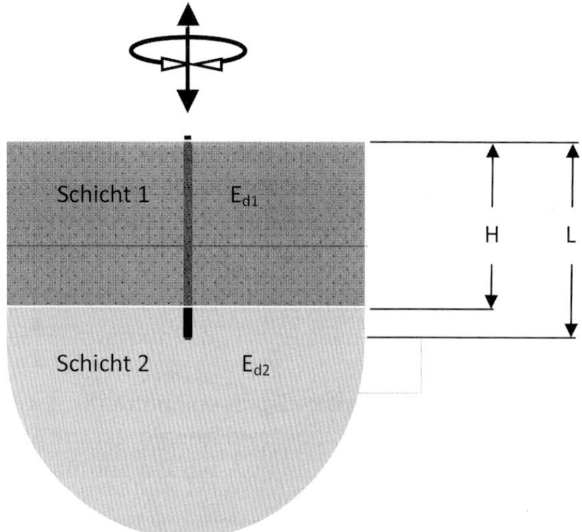

Bild E5-6 Einzelpfahl in Schicht auf Halbraum

Tabelle E5-2 Vertikalsteifigkeit K_{0zz} und Torsionssteifigkeit $K_{0\vartheta\vartheta}$ eines Pfahles in Schicht auf Halbraum, $L/(2R) = 15$

$\frac{E_p}{E_{d1}}$	$\frac{E_{d2}}{E_{d1}}$	$\frac{K_{0zz}}{E_{d1} \cdot R}$	$\frac{K_{0\vartheta\vartheta}}{E_{d1} \cdot R^3}$
	1	19,7	139,1
10000	10	83,6	420,6
	100	459,7	3235,3

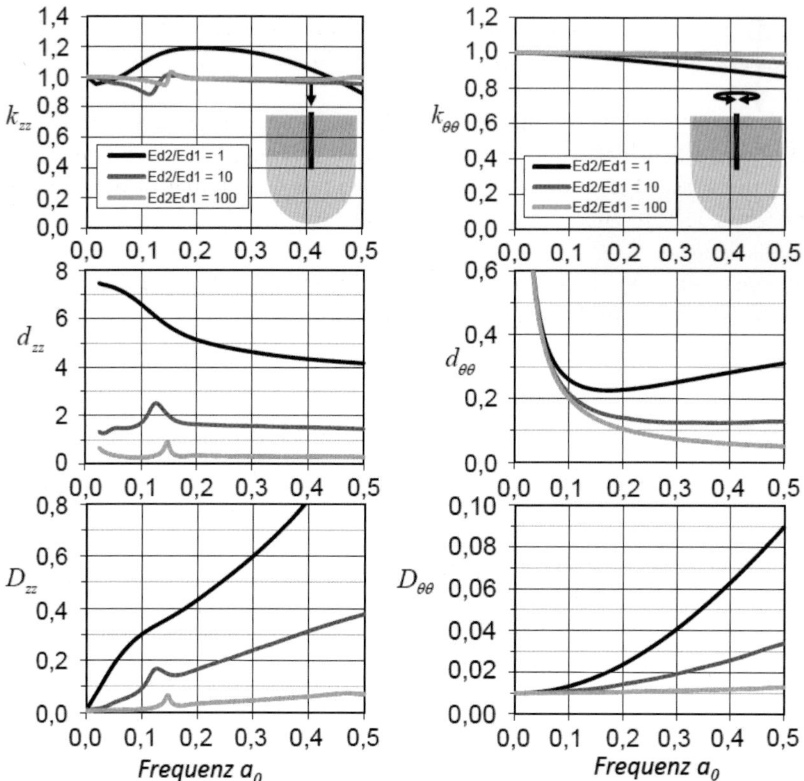

Bild E5-7 Schicht auf Halbraum: Impedanzfaktoren für Vertikal- und Torsionserregung und Dämpfungen

2.1.2 Dynamische Horizontal- und Kippsteifigkeit

Einzelpfähle unter horizontaler Belastung können hinsichtlich ihres Verformungsverhaltens grob unterteilt werden in „kurze" und „lange" Pfähle. Die Zuordnung hängt ab von der Biegesteifigkeit und der Länge des Pfahles und von der Steifigkeit des Bodens. Ein nach dieser Definition „kurzer" Pfahl ist nahezu starr und kann wie ein eingebettetes starres Fundament betrachtet werden. Die dynamischen Verschiebungen eines „langen" Pfahles werden im Wesentlichen durch seine Biegeverformungen bestimmt. Horizontal- und Kippsteifigkeit am Kopf eines Einzelpfahls hängen ab von den Materialsteifigkeiten von Pfahl und Boden und vom Pfahlradius R, nicht aber mehr von der Pfahllänge L und den Bodenverhältnissen bzw. der Schichtung unterhalb des Pfahlfußes. Sie sind gemäß (E5–5) untereinander gekoppelt, aber von den anderen Freiheitsgraden entkoppelt.

Die folgenden Ausführungen behandeln nur lotrechte „lange" Einzelpfähle. Zur Abgrenzung zwischen „langem" und „kurzem" Pfahl sind verschiedene Kriterien vorgeschlagen worden, von denen hier das nach Gazetas [106] verwendet wird, siehe (E5–15) bis (E5–18).

Neben dem Pfahl im homogenen Halbraum werden für die praktische Anwendung Formeln für lange Pfähle in einem Halbraum mit tiefenabhängig anwachsender Steifigkeit angegeben.

Dobry und Gazetas ([108], [106]) haben Steifigkeiten für einen langen Einzelpfahl in einer elastischen Schicht der Dicke H über starrer Basis angegeben. Für eine große Schichtdicke H geht dieser Fall in die Halbraumlösung über. Die Steifigkeit der Schicht (s. Bild E5–8 nach [106]) ist entweder (a) konstant oder nimmt mit der Tiefe (b) linear oder (c) parabolisch zu.

Mit dem dynamischen E-Modul des Bodens E_d, der Eigenfrequenz f_{ch} der Schicht, der Tiefe t, dem Pfahlradius R, dem Referenz-Elastizitätsmodul

$$\bar{E}_d = E_d(t = 2R) \qquad \text{(E5–11)}$$

sowie den dimensionslosen Frequenzen a_0 und a_{ch} (Eigenfrequenz der Schicht) gilt:

$$\text{a)} \; E_d(t) = \bar{E}_d, \quad f_{ch} = 0{,}25 \cdot \frac{c_S}{H}, \quad a_0 = \frac{R \cdot \Omega}{c_S}, \quad a_{ch} = 1{,}57 \cdot \frac{R}{H} \qquad \text{(E5–12)}$$

$$\text{b)} \; E_d(t) = \bar{E}_d \cdot \frac{t}{2R}, \quad f_{ch} = 0{,}19 \cdot \frac{c_S(t = 2R)}{H},$$

$$a_0 = \frac{R \cdot \Omega}{c_S(t = 2R)}, \quad a_{ch} = 1{,}19 \cdot \frac{R}{H} \cdot \sqrt{\frac{H}{2R}} \qquad \text{(E5–13)}$$

$$\text{c)} \; E_d(t) = \bar{E}_d \cdot \sqrt{\frac{t}{2R}}, \quad f_{ch} = 0{,}223 \cdot \frac{c_S(t = 2R)}{H},$$

$$a_0 = \frac{R \cdot \Omega}{c_S(t = 2R)}, a_{ch} = 1{,}40 \frac{R}{H} \cdot \sqrt[4]{\frac{H}{2R}} \qquad \text{(E5–14)}$$

Nach Gazetas [106] kann ein Pfahl als „langer" Pfahl mit der Länge L und dem dynamischen E-Modul E_P betrachtet werden, wenn folgende Bedingung erfüllt ist

$$L > l_c \qquad \text{(E5–15)}$$

Dabei ist

$$\text{Fall (a)} \; l_c \approx 4 \cdot R \cdot \left(\frac{E_P}{\bar{E}_d} \right)^{0{,}25} \qquad \text{(E5–16)}$$

$$\text{Fall (b)} \; l_c \approx 4 \cdot R \cdot \left(\frac{E_P}{\bar{E}_d} \right)^{0{,}20} \qquad \text{(E5–17)}$$

$$\text{Fall (c)} \; l_c \approx 4 \cdot R \cdot \left(\frac{E_P}{\bar{E}_d} \right)^{0{,}22} \qquad \text{(E5–18)}$$

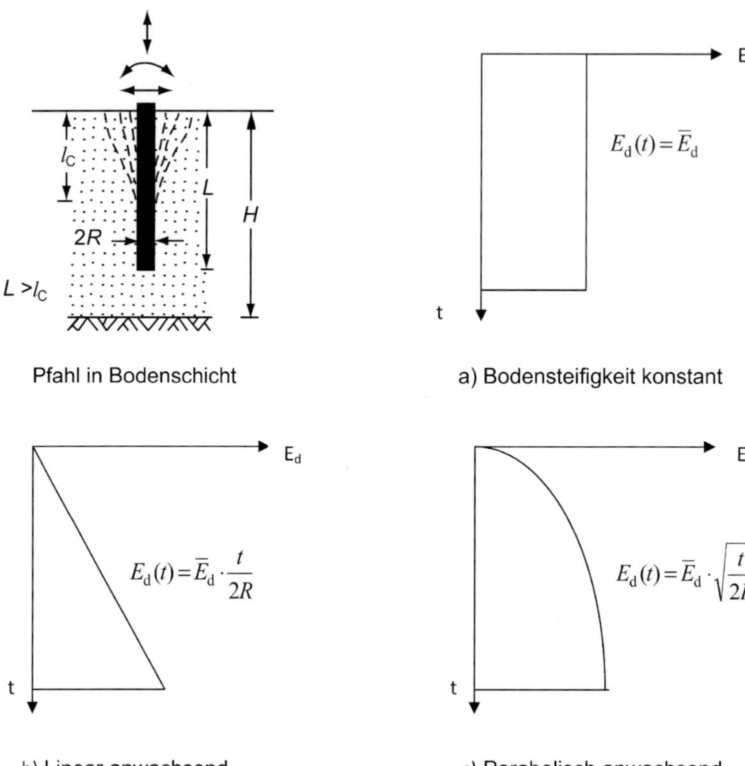

Bild E5-8 Einzelpfahl in Bodenschicht nach Gazetas [106]

Die normierten statischen (d. h. für Frequenz $a_0 = 0$) Horizontal- und Kippsteifigkeiten K_{0ji} eines am Kopf biegesteif eingespannten Pfahles nach [108] und [105] ergeben sich aus Tabelle E5–3.

Tabelle E5-3 Horizontal- und Kippsteifigkeiten des Pfahles in Bodenschicht nach [108], [105]

Steifigkeit	**Bodenmodell**		
	a) konstant	**b) linear**	**c) parabolisch**
$\frac{K_{0xx}}{\bar{E}_d \cdot R}$	$2{,}16 \cdot \left(\frac{E_P}{\bar{E}_d}\right)^{0{,}21}$	$1{,}20 \cdot \left(\frac{E_P}{\bar{E}_d}\right)^{0{,}35}$	$1{,}58 \cdot \left(\frac{E_P}{\bar{E}_d}\right)^{0{,}28}$
$\frac{K_{0\varphi\varphi}}{\bar{E}_d \cdot R^3}$	$1{,}28 \cdot \left(\frac{E_P}{\bar{E}_d}\right)^{0{,}75}$	$1{,}12 \cdot \left(\frac{E_P}{\bar{E}_d}\right)^{0{,}80}$	$1.20 \cdot \left(\frac{E_P}{\bar{E}_d}\right)^{0{,}77}$
$\frac{K_{0x\varphi}}{\bar{E}_d \cdot R^2}$	$0{,}88 \cdot \left(\frac{E_P}{\bar{E}_d}\right)^{0{,}50}$	$0{,}68 \cdot \left(\frac{E_P}{\bar{E}_d}\right)^{0{,}60}$	$0{,}96 \cdot \left(\frac{E_P}{\bar{E}_d}\right)^{0{,}53}$

Für einen am Kopf gelenkig angeschlossenen Pfahl ergibt sich durch statische Kondensation der Steifigkeitsmatrix die Horizontalsteifigkeit zu:

$$K'_{0xx} = K_{0xx} - \frac{K^2_{0x\varphi}}{K_{0\varphi\varphi}} \tag{E5–19}$$

Die Impedanzfaktoren $k_{ji}(a_0)$ der Horizontal- und Kippsteifigkeit können nach [108], [105] in dem für die Praxis bedeutsamen Frequenzbereich als identisch 1 angenommen werden:

$$k_{xx}(a_0) = k_{\varphi\varphi}(a_0) = k_{x\varphi}(a_0) \equiv 1 \tag{E5–20}$$

Die Impedanzfaktoren $d_{ji}(a_0)$ der Dämpfung sind in Tabelle E5–4 nach [108] und [105] zusammengestellt, wobei die Materialdämpfung des Bodens D_H nicht berücksichtigt worden ist. Diese Werte gelten für $a_0 > a_{ch}$. Für $a_0 \leq a_{ch}$ gibt es in einer Bodenschicht keine Abstrahlungsdämpfung, d. h. $d_{ji}(a_0 \leq a_{ch}) \equiv 0$

Tabelle E5-4 Horizontal- und Kippdämpfungen des Pfahles in Bodenschicht nach [108], [105]

Dämpfung	Bodenmodell		
	a) konstant	**b) linear**	**c) parabolisch**
$d_{xx}(a_0)$	$0{,}70 \cdot \left(\frac{E_P}{\overline{E}_d}\right)^{0{,}17}$	1,14	$0{,}76 \cdot \left(\frac{E_P}{\overline{E}_d}\right)^{0{,}08}$
$d_{\varphi\varphi}(a_0)$	$0{,}22 \cdot \left(\frac{E_P}{\overline{E}_d}\right)^{0{,}20}$	0,26	$0{,}22 \cdot \left(\frac{E_P}{\overline{E}_d}\right)^{0{,}10}$
$d_{x\varphi}(a_0)$	$0{,}54 \cdot \left(\frac{E_P}{\overline{E}_d}\right)^{0{,}18}$	0,64	$0{,}44 \cdot \left(\frac{E_P}{\overline{E}_d}\right)^{0{,}05}$

Die frequenzabhängigen Steifigkeiten und Dämpfungen sind numerisch mit der Methode der dünnen Schichten (Thin Layer Method, TLM) im Frequenzbereich mit dem Verfahren von Hartmann [109] überprüft worden. Berechnet wurde der am Kopf biegesteif eingespannte Pfahl in einem elastischen Halbraum mit den Bodenmodellen (a), (b) und (c) gemäß Bild E5–8 für gängige Verhältnisse von E_p und E_d. Die Materialdämpfung des Bodens ist gering mit $D_H = 1$ % angesetzt worden.

Gemäß Tabelle E5–5 zeigt die Approximation der Steifigkeiten nach Tabelle E5–3 für alle betrachteten Fälle eine gute Qualität, obwohl im Fall $E_p / E_d = 10000$ das Kriterium nach (E5–15) nicht erfüllt wird.

Tabelle E5-5 Horizontal- und Kippsteifigkeiten eines Pfahles in Bodenmodellen (a), (b) und (c)

$\frac{E_P}{\bar{E}_d}$	**Bodenmodell**	$\frac{K_{0xx}}{\bar{E}_d \cdot R}$		$\frac{K_{0\varphi\varphi}}{\bar{E}_d \cdot R^3}$		$\frac{K_{0x\varphi}}{\bar{E}_d \cdot R^2}$	
		TLM	**Tabelle E5-3**	**TLM**	**Tabelle E5-3**	**TLM**	**Tabelle E5-3**
100	konstant	5,38	5,68	39,2	40,5	8,10	8,80
	linear	6,39	6,01	45,3	44,6	12,1	10,8
	parabolisch	5,85	5,74	42,4	41,6	10,4	11,0
1000	konstant	8,42	9,21	216	228	26,7	27,8
	linear	14,3	13,5	287	281	47,7	42,9
	parabolisch	11,1	10,9	252	245	37,0	37,4
10000	konstant	13,0	14,9	1161	1280	80,0	88,0
	linear	32,1	30,1	1780	1780	181	171
	parabolisch	20,9	20,8	1460	1440	126	127

Bild E5–9 zeigt für den Halbraum mit konstanter Bodensteifigkeit (Bodenmodell (a)) die berechneten Impedanzfaktoren $k_{ji}(a_0)$ und $d_{ji}(a_0)$ sowie das äquivalente Dämpfungsmaß $D_{ji}(a_0)$. Die Approximation der Impedanzfaktoren der Steifigkeiten $k_{ji}(a_0)$ nach (E5–20) ist offensichtlich gerechtfertigt. Die Impedanzfaktoren der Dämpfungen $d_{ji}(a_0)$ sind in Bild E5–9 ebenfalls eingetragen und dort mit dem Kürzel „App" gekennzeichnet. Die Approximation der Kippdämpfung ist nicht immer befriedigend. Die Dämpfung der Kippung ist gering im Vergleich zu derjenigen der Horizontalschwingung, wobei in der Regel bei Einzelpfählen eine gekoppelte Bewegung auftreten dürfte.

Bild E5–10 und Bild E5–11 zeigen die entsprechenden Diagramme für den Halbraum mit linear und parabolisch anwachsender Bodensteifigkeit (Bodenmodelle (b) und (c)). Es gelten die gleichen Aussagen wie bei Bodenmodell (a).

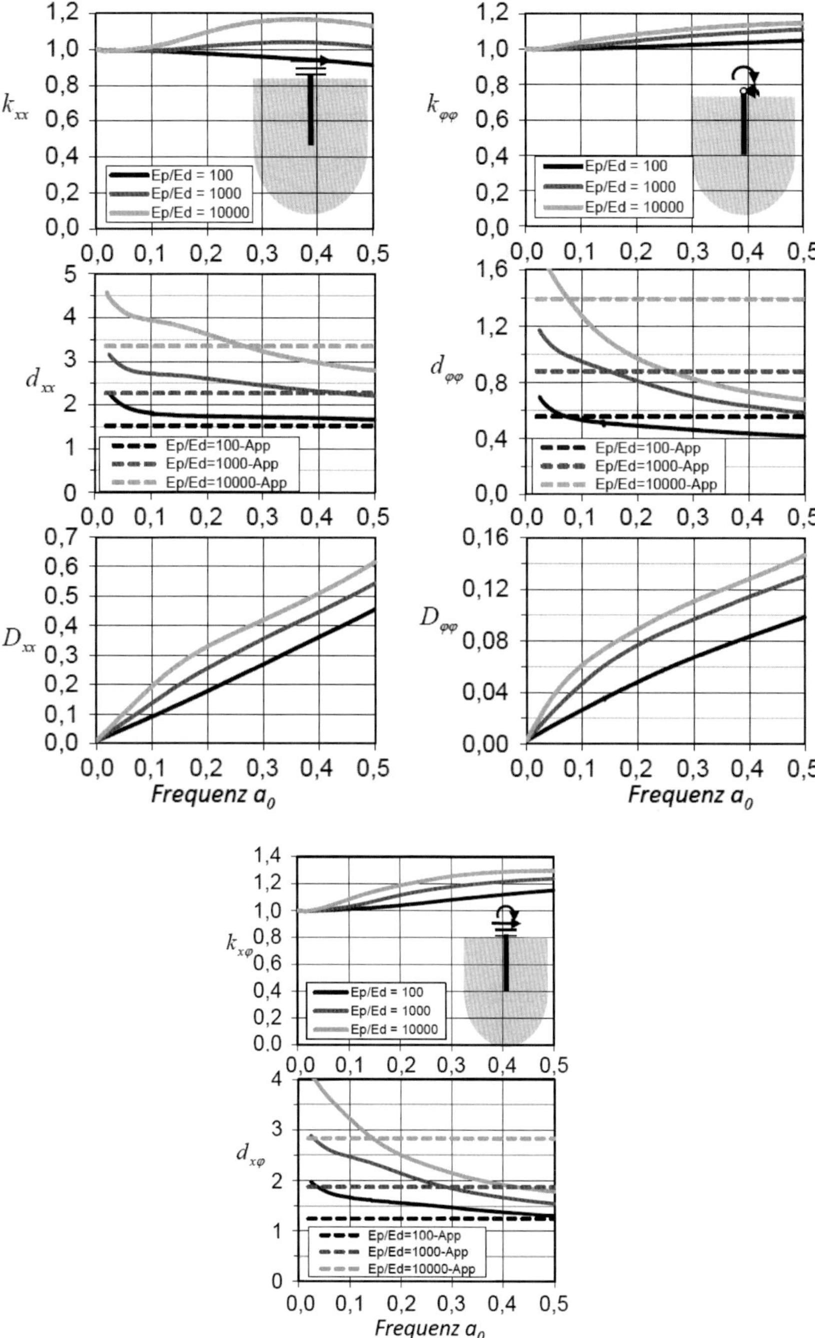

Bild E5-9 Bodensteifigkeit konstant, Steifigkeit und Dämpfung, Horizontal, Kippen und Koppelterm (strichliert: Approximation nach Tabelle E5–4)

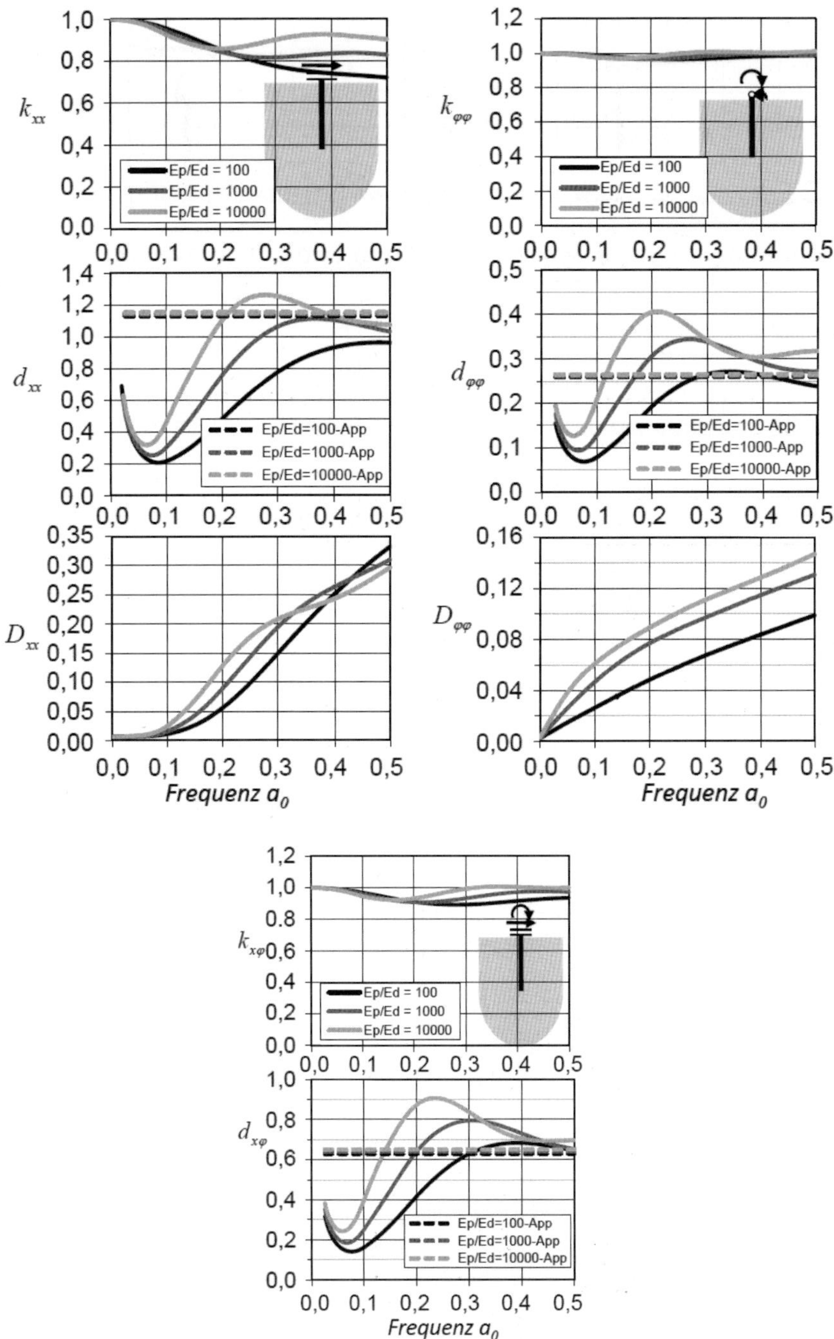

Bild E5-10 Bodensteifigkeit linear anwachsend, Steifigkeit und Dämpfung Horizontal, Kippen und Koppelterm (strichliert: Approximation nach Tabelle E5–4)

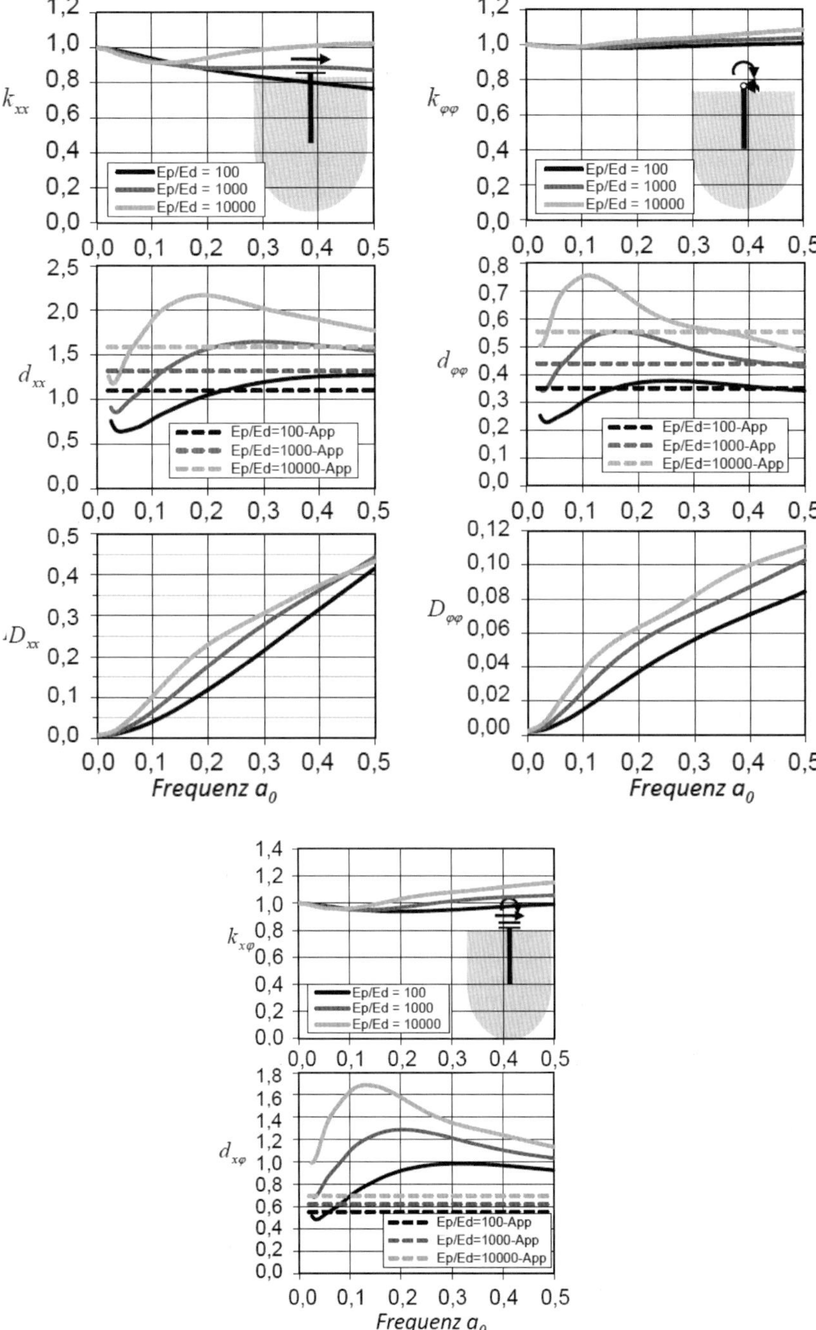

Bild E5-11 Bodensteifigkeit parabolisch anwachsend, Steifigkeit und Dämpfung Horizontal, Kippen und Koppelterm (strichliert: Approximation nach Tabelle E5–4)

3 Pfahlgruppen

Bild E5–12 zeigt Abmessungen, Koordinatenrichtungen und Anregungen einer Gruppe aus lotrechten Pfählen.

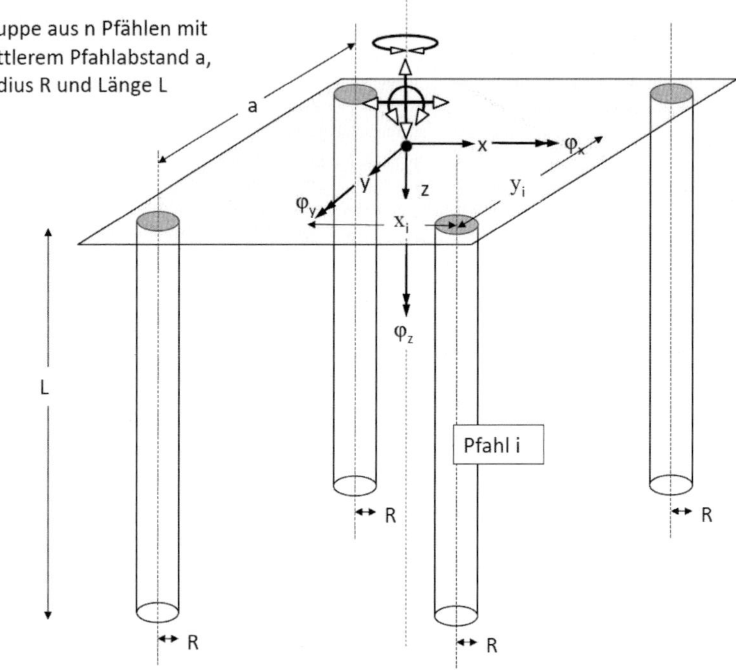

Bild E5-12 Definition der Abmessungen und Koordinatenrichtungen einer Pfahlgruppe

Die dynamische Steifigkeitsmatrix sei definiert für Kräfte im Schwerpunkt der starr angenommenen Kopfplatte der Pfahlgruppe. Analog (E5–1) gilt

$$\mathbf{S}_G(\Omega) = \mathbf{K}_G(\Omega) + i \cdot \Omega \cdot \mathbf{C}_G(\Omega) \tag{E5–21}$$

Für den einfachen Fall einer doppelsymmetrischen Pfahlanordnung ergibt sich die Matrix zu

$$S_G = \begin{bmatrix} S_{G,xx} & 0 & 0 & 0 & S_{G,x\varphi_y} & 0 \\ 0 & S_{G,yy} & 0 & S_{G,y\varphi_x} & 0 & 0 \\ 0 & 0 & S_{G,zz} & 0 & 0 & 0 \\ 0 & S_{G,\varphi_x y} & 0 & S_{G,\varphi_x\varphi_x} & 0 & 0 \\ S_{G,\varphi_y x} & 0 & 0 & 0 & S_{G,\varphi_y\varphi_y} & 0 \\ 0 & 0 & 0 & 0 & 0 & S_{G,\varphi_z\varphi_z} \end{bmatrix} \tag{E5–22}$$

Es ist schon erläutert worden, dass bei einer Pfahlgruppe im Vergleich zu einer Flachgründung die Horizontalsteifigkeiten klein und die Kippsteifigkeiten groß sind. Die

Koppelterme in (E5–22) können daher vernachlässigt werden, so dass eine einfache Diagonalmatrix verbleibt.

Die statische Steifigkeit $K_{0,G}$ einer Pfahlgruppe aus n Pfählen ist geringer als die n-fache Steifigkeit eines Einzelpfahles $K_{0,E}$, da sich die Pfähle gegenseitig in ihrer Tragwirkung schwächen. Betrachtet man die einzelnen Elemente der frequenzabhängigen Steifigkeitsmatrix $\mathbf{S}_G$, können dynamische Gruppenfaktoren in Bezug auf $K_{0,E}$ und die Pfahltopologie $f(n,x,y)$ definiert werden als:

$$\kappa_{jj}(\Omega) = \frac{S_{G,jj}(\Omega)}{f(n,x,y)\cdot K_{0,E,jj}} = \kappa_{k,jj}(a_0) + \mathrm{i}\cdot a_0 \cdot \kappa_{d,jj}(a_0) \tag{E5–23}$$

und für jeden Freiheitsgrad getrennt für Steifigkeit und Dämpfung zu

a) Horizontal in x und y und vertikal in z:

$$\kappa_{k,jj}(a_0) = \frac{K_{G,jj}(a_0)}{n\cdot K_{0,E,jj}},\ \kappa_{d,jj}(a_0) = \frac{c_S \cdot C_{G,jj}(a_0)}{R\cdot n\cdot K_{0,E,jj}} \quad (jj = \mathrm{xx, yy, zz}) \tag{E5–24}$$

b) Kippen um X-Achse:

$$\kappa_{k,\varphi_x\varphi_x}(a_0) = \frac{K_{G,\varphi_x\varphi_x}(a_0)}{\sum\limits_n y_i^2 \cdot K_{0,E,zz}},\quad \kappa_{d,\varphi_x\varphi_x}(a_0) = \frac{c_S \cdot C_{G,\varphi_x\varphi_x}(a_0)}{R\cdot \sum\limits_n y_i^2 \cdot K_{0,E,zz}} \tag{E5–25}$$

c) Kippen um Y-Achse:

$$\kappa_{k,\varphi_y\varphi_y}(a_0) = \frac{K_{G,\varphi_y\varphi_y}(a_0)}{\sum\limits_n x_i^2 \cdot K_{0,E,zz}},\quad \kappa_{d,\varphi_y\varphi_y}(a_0) = \frac{c_S \cdot C_{G,\varphi_y\varphi_y}(a_0)}{R\cdot \sum\limits_n x_i^2 \cdot K_{0,E,zz}} \tag{E5–26}$$

d) Torsion:

$$\kappa_{k,\varphi_z\varphi_z}(a_0) = \frac{K_{G,\varphi_z\varphi_z}(a_0)}{\sum\limits_n (y_i^2 \cdot K_{0,E,xx} + x_i^2 \cdot K_{0,E,yy})} \tag{E5–27}$$

$$\kappa_{d,\varphi_z\varphi_z}(a_0) = \frac{c_S \cdot C_{G,\varphi_z\varphi_z}(a_0)}{R\cdot \sum\limits_n (y_i^2 \cdot K_{0,E,xx} + x_i^2 \cdot K_{0,E,yy})} \tag{E5–28}$$

mit

$K_{G,jj}(a_0)$	frequenzabhängige Steifigkeit der Pfahlgruppe
$C_{G,jj}(a_0)$	frequenzabhängige Dämpfung der Pfahlgruppe
$K_{0,E,jj}$	Statische Steifigkeit eines Einzelpfahles für $\Omega = 0$
x_i, y_i	Koordinaten des Pfahles i
$a_0 = \dfrac{R\cdot\Omega}{c_S}$	dimensionslose Frequenz

Wie beim Einzelpfahl mit Gleichung (E5–4) gilt für das äquivalente Dämpfungsmaß:

$$D_{jj}(a_0) = \left| \frac{a_0 \cdot c_S \cdot C_{G,jj}(a_0)}{R \cdot 2 \cdot K_{G,jj}(a_0)} \right| \qquad \text{(E5–29)}$$

Bei statischen Berechnungen von Pfahlgruppen wird der Gruppenfaktor im Allgemeinen dadurch erfasst, dass das Bettungsmodulverfahren mit vom Pfahlabstand abhängig reduzierten Bettungen angewendet wird. Im Fall dynamischer Belastung ist dieses Verfahren nicht mehr anwendbar, da das einfache Rechenmodell eines Balkens auf ungekoppelten Bodenfedern und -dämpfern das Schwingungsverhalten des Pfahl-Boden-Systems nicht hinreichend erfassen kann.

Eine andere in der Statik gebräuchliche Methode ist das Superpositionsverfahren nach Poulos [110]. In diesem Näherungsverfahren werden jeweils zwei Pfähle mit unterschiedlichem Abstand betrachtet und die Kopfverschiebung des einen Pfahles infolge Einheitskraft am Kopf des anderen ermittelt. Interaktionskurven für den elastischen Halbraum sind von Poulos ermittelt und in Tabellen angegeben worden. Unter Vernachlässigung des Einflusses der anderen auf das Verhalten der beiden jeweils betrachteten Pfähle kann eine Flexibilitätsmatrix der gesamten Pfahlgründung aufgestellt und daraus die Gesamtsteifigkeit ermittelt werden. Das Verfahren ist grundsätzlich auch im Frequenzbereich anwendbar. Die Berechnung der Interaktionskurven wird dann allerdings sehr aufwendig, s. [111].

Die folgenden Diagramme zeigen den Einfluss der dynamischen Gruppenwirkung auf Steifigkeit und Dämpfung der Pfahlgründung. Sie wurden mit der Methode der dünnen Schichten (Thin Layer Method, TLM) im Frequenzbereich mit dem Verfahren von Hartmann [109] berechnet. Die Resultate stimmen mit analogen Ergebnissen von Kaynia [111] sehr gut überein.

Die wesentlichen Parameter sind das Verhältnis der Steifigkeiten von Pfahl und Boden, der Pfahlabstand, die Pfahlanzahl und die Anregungsfrequenz. Bild E5–13 und Bild E5–14 zeigen die Steifigkeiten und Dämpfungen einer Gruppe aus 4 × 4 Pfählen in einem Halbraum. Die Pfähle haben den Pfahlradius R, die Länge L und den Abstand a.

Der Pfahlabstand $a/(2R)$ wird variiert von 2, 5, 10 bis 100 (d. h. praktisch 4 × 4 Einzelpfähle). Die Pfahllänge ist $L/(2R) = 15$, das Verhältnis der E-Moduln von Pfahl und Boden E_p/E_d ist 1000 und das der Wichten 1,0/0,7.

Der dynamische Pfahlgruppenfaktor $\kappa_k(a_0)$ entspricht bei der Frequenz $a_0 = 0$ dem bekannten statischen Gruppenfaktor einer Pfahlgründung. Während $\kappa_k(a_0)$ sich bei den Einzelpfählen ($a/(2R) = 100$) nur wenig mit der Frequenz ändert, variieren die Kurven für die Pfähle in der Gruppe erheblich, da sich die dynamischen Wechselwirkungen zwischen den Pfählen bemerkbar machen. Wenn die Wellenlänge $\lambda = c_S/f$ der Scherwelle im Boden nicht mehr groß ist gegenüber dem Pfahlabstand a, bewegen sich die einzelnen Pfähle mit merklich anderen Phasenwinkeln relativ zueinander, s. a. [109]. Im Unterschied zum statischen Fall steifen sich die Pfähle dadurch gegenseitig aus. Das Maximum des Gruppenfaktors wird in etwa erreicht, wenn direkt benachbarte Pfähle in Gegenphase schwingen. Dies entspricht der Frequenz $\overline{f} = c_S/2 \cdot a$ bzw. in normierter Form:

$$\overline{a}_0 = \frac{\pi \cdot R}{a} \qquad \text{(E5–30)}$$

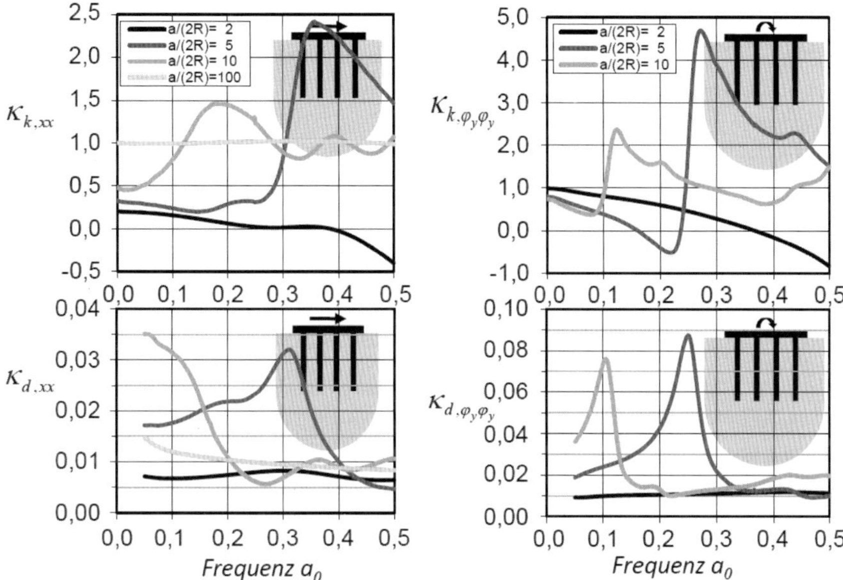

Bild E5-13 Pfahlgruppe 4 × 4 in Halbraum mit variierten Abständen $a/(2R)$, Horizontale Translation und Kippen, Steifigkeit und Dämpfung

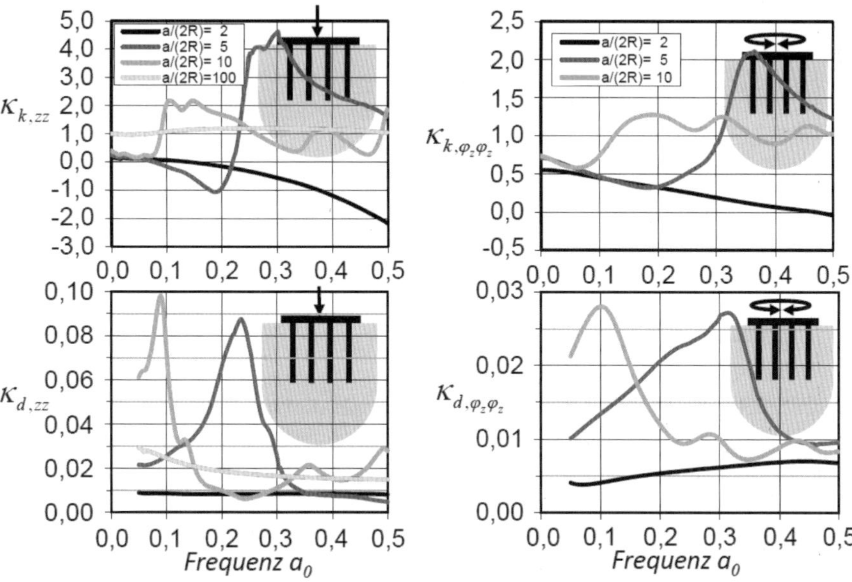

Bild E5-14 Pfahlgruppe 4 × 4 in Halbraum mit variierten Abständen $a/(2R)$, Vertikale Translation und Torsion, Steifigkeit und Dämpfung

In der Praxis lässt sich der bei einer Pfahlgründung vorhandene Baugrund statt durch einen homogenen Halbraum eher durch eine elastische Schicht auf starrer Unterlage idealisieren. Es werden daher die Horizontalsteifigkeiten der Pfahlgruppe 4 × 4 mit dem

Pfahlabstand $a/(2R) = 5$ und 100 (Einzelpfahl) und $E_p / E_d = 1000$ zum Vergleich in einer Schicht der Dicke $H/L = 1$ und im elastischen Halbraum gezeigt. Die Pfähle sind wieder biegesteif in einer starren Pfahlkopfplatte eingespannt. Die Materialdämpfung im Baugrund ist zu $D_H = 5$ % angesetzt worden.

Bild E5–15 zeigt Horizontalsteifigkeit $\kappa_{k,xx}(a_0)$, Dämpfung $\kappa_{d,xx}(a_0)$ und äquivalentes Dämpfungsmaß $D_{xx}(a_0)$. Zum direkten Vergleich sind die Gruppenfaktoren auf die statische Steifigkeit $K_{0,E,xx}$ des Einzelpfahles im Halbraum bezogen worden. Auf die Steifigkeit der Einzelpfähle wirkt sich die erste Resonanzfrequenz der Schicht nur geringfügig aus. Sie beträgt

$$\hat{a}_0 = \frac{\pi}{2} \cdot \frac{R}{H} = 0.052 \tag{E5–31}$$

Hingegen beobachtet man bei der Pfahlgruppe 4 × 4 in der Schicht ab dieser Frequenz einen starken Abfall der Horizontalsteifigkeit im Vergleich zur Gruppe im Halbraum und mit weiter wachsender Frequenz ein stark frequenzabhängiges Verhalten.

Hinsichtlich der Dämpfung ist dieser Effekt noch ausgeprägter, da unterhalb $\hat{a}_0$ keine Abstrahlungsdämpfung in der Bodenschicht möglich ist. Oberhalb dieser Frequenz

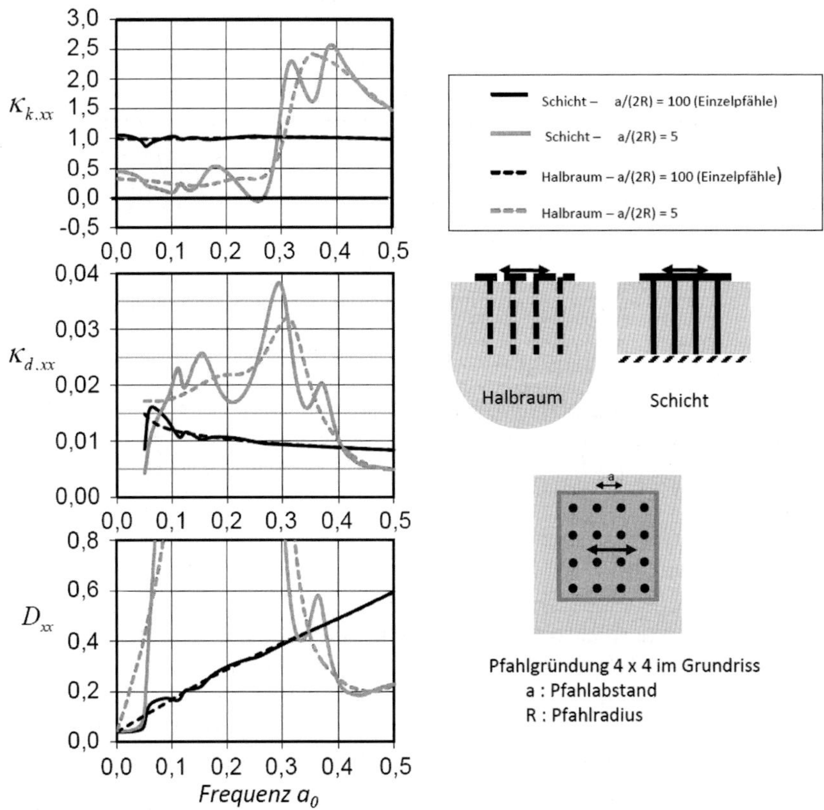

Bild E5-15 Pfahlgruppe 4 x 4 in Bodenschicht und im Halbraum, $E_p/E_d = 1000$, Horizontalsteifigkeit und Dämpfung

wächst die Dämpfung jedoch stark an und erreicht – insbesondere bei der Pfahlgruppe – sehr hohe Werte. Dies ist für die praktische Auslegung einer Pfahlgründung von wesentlicher Bedeutung.

Weitere Untersuchungen mit linear-elastischen Modellen [111] sehr großer Pfahlgründungen zeigen, dass der Gruppenfaktor $\kappa_{k,xx}$ und auch die Dämpfung signifikant von der Anzahl der Pfähle abhängig sind. Die oben beschriebenen Effekte treten in nochmals verstärktem Maße auf

4 Bemerkungen zur Anwendung und weitere Näherungen

Bei durch Horizontallasten angeregten Einzelpfählen in unregelmäßig geschichteten Böden sind die oben genannten Diagramme und Formeln direkt anwendbar, da die Steifigkeiten der tieferen Bodenzonen nur geringen Einfluss haben. Es reicht also bereits die Kenntnis der Eigenschaften der oberen Bodenschichten zu einer recht genauen Abschätzung von Steifigkeit und Dämpfung aus.

Bei vertikal und tordierend angeregten Einzelpfählen tragen hingegen die unteren Bodenzonen wesentlich zur Steifigkeit und Dämpfung bei. Entsprechend einem unregelmäßigen Verlauf der Bodensteifigkeit über die Pfahltiefe und unterhalb des Pfahlfußes sind bei Anwendung der Formeln nur grobe Anhaltswerte zu erwarten, da jene für einen stark idealisierten Baugrund gelten. Auch eine genauere Unterteilung in vorwiegend Mantelreibungs- oder Spitzendruckpfähle ist nicht zweckmäßig.

Die dynamische Vertikal- und Kippsteifigkeit einer Pfahlgruppe kann gegebenenfalls in brauchbarer Näherung durch die eines bis zu den Pfahlfüßen eingebetteten Blockfundamentes approximiert werden, wobei die Flexibilität der Pfahlschäfte oft vernachlässigbar ist.

Die dynamische Horizontal- und Torsionssteifigkeit einer Pfahlgruppe ist schwierig zu ermitteln. Der dynamische Gruppenfaktor kann in bestimmten Fällen auf der Basis der oben dargestellten Diagramme abgeschätzt werden. Die Frequenz, bei der der beschriebene Aussteifungseffekt durch Außer-Phase-Schwingung der einzelnen Pfähle einsetzt, kann bestimmt werden. Dieser Frequenzbereich ist für die Auslegung einer Gründung unbedeutend, wenn die Masseneffekte dominieren ($K - M \cdot \Omega^2$). Dies ist häufig der Fall, z. B. für Turbinenfundamente bei Anregung in ihrer Betriebsfrequenz.

In [106] gibt Gazetas dynamische Interaktionsfaktoren für zwei Pfähle im elastischen Halbraum in Abhängigkeit von ihrem gegenseitigen Abstand an. Obwohl in komplexer Form formuliert, können die Interaktionsfaktoren in analoger Weise wie das Superpositionsverfahren nach Poulos [110] angewendet werden um dynamische Gruppenfaktoren zu ermitteln. Unter Vernachlässigung des Einflusses der anderen auf das Verhalten der beiden betrachteten Pfähle kann eine Flexibilitätsmatrix der gesamten Pfahlgründung aufgestellt und die Gesamtsteifigkeit ermittelt werden. Gazetas gibt auch für horizontal angeregte Pfahlgruppen Interaktionskurven für Pfähle im Halbraum an. Allerdings ist für die horizontale Schwingung die Bodenschichtung von großer Bedeutung; die Resultate für den Halbraum können daher bestenfalls als grobe Anhaltswerte dienen. Besser wäre eine direkte Berechnung der Interaktionskurven für Pfähle in geschichtetem Bodenprofil.

5 Beispielanwendungen

5.1 Leitfaden für den Anwender für vertikale Anregung

Für die Anwendung der in den vorherigen Kapiteln aufgeführten Tabellen und Grafiken zur Ermittlung von Steifigkeiten und Dämpfung von Pfählen empfiehlt sich die nachfolgende Vorgehensweise für vertikal angeregte Pfähle.

1. Schritt

Darstellung des Pfahls mit Bohrprofil und Angabe des Steifemoduls E_S für jede Schicht.

2. Schritt

Idealisierung des Pfahls mit Bohrprofil durch eines der folgenden drei Modelle:

Modell A elastischer Halbraum:
Statische Steifigkeit K_{0zz} nach Tabelle E5–1,
Impedanzfunktionen nach Bild E5–3, Bild E5–4 oder Bild E5–5.

Modell B Schicht auf starrem Grund:
Statische Steifigkeit K_{0zz} nach Tabelle E5–1 oder Gl. (E5–6),
Impedanzfunktionen nach Bild E5–3, Bild E5–4 oder Bild E5–5.

Modell C Schicht auf elastischem Halbraum:
Statische Steifigkeit K_{0zz} nach Tabelle E5–2,
Impedanzfunktionen nach Bild E5–7

3. Schritt

Bestimmung des dynamischen Elastizitätsmoduls E_d aus bodendynamischen Versuchen oder bodenmechanischen Kennwerten.

4. Schritt

Bei stark geschichteten Böden mit unterschiedlichen $E_{d,i}$ Reduktion auf eine homogene Schicht mit äquivalenter Gesamtsteifigkeit.

$$E_{d,res} = \frac{\sum_i E_{d,i} \cdot H_i}{\sum_i H_i}$$

mit

i Nummer der Schicht
H_i Dicke der Schicht i
$E_{d,i}$ Dynamischer Elastitzitätsmodul der Schicht i

5. Schritt

Vergleichsrechnungen mit verschiedenen Modellen und Parametern zum Abschätzen nach der sicheren Seite. Bei tief abgestimmten Fundamenten die größere Steifigkeit wählen, bei hoch abgestimmten Fundamenten die kleinere Steifigkeit wählen.

5.2 Beispiel 1

Es wird ein am Kopf eingespannter Betonpfahl mit $E_p = 30\,000$ MN/m², Radius $R = 0{,}5$ m, Länge $L > 20$ m im homogenen Halbraum mit drei verschiedenen Scherwellengeschwindigkeiten c_S = 247 m/s, 78 m/s, 45 m/s betrachtet. Die Poissonzahl des Bodens ist $\nu = 0{,}30$ und die Dichte $\rho = 1{,}9$ t/m³. Der Pfahl wird am Kopf durch eine harmonische Horizontallast, ein Kippmoment und eine Vertikallast angeregt, jeweils mit der Frequenz 5 Hz bzw. $\Omega = 31{,}4$ l/s.

In Abhängigkeit von der Scherwellengeschwindigkeit des Bodens gilt:

$$\bar{E}_d = 2 \cdot (1+\nu) \cdot \rho \cdot c_S^2 = 2 \cdot (1+0{,}30) \cdot 0{,}0019 \cdot c_S^2 = 4{,}94 \cdot 10^{-3} \cdot c_S^2 \ \text{MN/m}^2$$

$$a_0 = \frac{R \cdot \Omega}{c_S} = \frac{0{,}5 \cdot 2 \cdot \pi \cdot 5{,}0}{c_S} = \frac{15{,}71}{c_S}$$

Für verschiedene Scherwellengeschwindigkeiten ergibt sich gemäß den o. g. Tabellen und Bildern die folgende Tabelle E5–6. Die Steifigkeiten und Dämpfungen stimmen sehr gut mit Resultaten von direkten Berechnungen mit der TLM überein.

Tabelle E5-6 Steifigkeiten und Dämpfungen von Pfahl Beispiel 1

Kenngröße	Scherwellengeschwindigkeit c_S		
	247 m/s	**78 m/s**	**45 m/s**
$\bar{E}_d$	300 MN/m²	30 MN/m²	10 MN/m²
$\frac{E_P}{\bar{E}_d}$	100	1000	3000
a_0	0,064	0,20	0,35
f	5 Hz	5 Hz	5 Hz
l_c	6,3 m	11,2 m	14,8 m
$K_{0xx} = K_{xx}$	852 MN/m	138 MN/m	58 MN/m
d_{xx}	1,9	2,6	2,8
C_{xx}	3,3 MNs/m	2,3 MNs/m	1,8 MNs/m
D_{xx}	6 %	25 %	45 %
$K_{0\varphi\varphi} = K_{\varphi\varphi}$	1518 MNm/rad	854 MNm/rad	649 MNm/rad
$d_{\varphi\varphi}$	0,58	0,80	0,70

Kenngröße	Scherwellengeschwindigkeit c_S		
	247 m/s	78 m/s	45 m/s
$C_{\varphi\varphi}$	1,8 MNms/rad	4,4 MNms/rad	5,1 MNms/rad
$D_{\varphi\varphi}$	2 %	8 %	11 %
$K_{0zz} = K_{zz}$	1800 MN/m	315 MN/m	111 MN/m
d_{zz}	4,3	4,9	4,1
C_{zz}	15,8 MNs/m	9,8 MNs/m	5,1 MNs/m
D_{zz}	14 %	42 %	67 %

5.3 Beispiel 2

Es soll die dynamische Steifigkeit eines Monopiles einer Offshore-Windkraftanlage abgeschätzt werden. Es handele sich um ein Stahlrohr mit dem Radius $R = 2{,}0$ m und der Wanddicke $t_w = 40$ mm. Das Rohr sei 60 m tief im Meeresgrund eingebettet und am Kopf gelenkig gelagert. Der dynamische Schubmodul des Bodens wird als mit der Tiefe zunächst linear anwachsend angenommen. Bei –60 m betrage er $G_d = 50{,}0$ MN/m^2 und verlaufe von dort konstant bis in große Tiefe. Die Poissonzahl in der Schicht sei $\nu = 0{,}40$, die wassergesättigte Dichte $\rho = 2{,}0$ t/m^2 und die Materialdämpfung $D_H = 1$ %. Gesucht sind die statischen Steifigkeiten und Steifigkeiten und Dämpfungen bei 1 Hz.

Mit (E5–13) wird angesetzt:

$$E_d(t = 60\text{ m}) = 2 \cdot G_d \cdot (1 + \nu) = 140{,}0 = \bar{E}_d \cdot \frac{60{,}0}{2 \cdot 2{,}0}, \quad \bar{E}_d = 9{,}3\text{ MN/m}^2$$

$$a_0 = \frac{R \cdot \Omega}{c_S(t = 2R)} = \Omega \cdot \frac{2{,}0}{40{,}8} = f \cdot 0{,}31\text{ s}$$

Das Kriterium für einen langen Pfahl ist gemäß (E5–17):

$$l_c \approx 4 \cdot R \cdot \left(\frac{E_p}{\bar{E}_d} \right)^{0{,}20}$$

Bezüglich Biegung ist der E-Modul des Stahlrohres über das Trägheitsmoment in den eines Vollquerschnittes gleichen Durchmessers umzurechnen:

$$E_p = E_{\text{Stahl}} \cdot \frac{I_{\text{Rohr}}}{I_{\text{Voll}}} = E_{\text{Stahl}} \cdot \frac{R^4 - (R - t_w)^4}{R^4} = 2{,}1 \cdot 10^5 \cdot 0{,}0776 = 16303\text{ MN/m}^2$$

$$\frac{E_p}{\bar{E}_d} = \frac{16303}{9{,}3} = 1753$$

$$l_c \approx 4 \cdot 2{,}0 \cdot 1753^{0{,}20} = 35{,}6\text{ m} < 60\text{ m}$$

Die statischen Steifigkeiten eines am Kopf biegesteif eingespannten Monopiles sind gemäß Tabelle E5–3:

$$K_{0xx} = \bar{E}_d \cdot R \cdot 1,20 \cdot \left(\frac{E_P}{\bar{E}_d}\right)^{0,35} = 9,3 \cdot 2,0 \cdot 1,20 \cdot \left(\frac{16303}{9,3}\right)^{0,35} = 305 \text{ MN/m}$$

$$K_{0\varphi\varphi} = \bar{E}_d \cdot R^3 \cdot 1,12 \cdot \left(\frac{E_P}{\bar{E}_d}\right)^{0,80} = 9,3 \cdot 2,0^3 \cdot 1,12 \cdot \left(\frac{16303}{9,3}\right)^{0,80} = 32800 \text{ MNm/rad}$$

$$K_{0x\varphi} = \bar{E}_d \cdot R^2 \cdot 0,68 \cdot \left(\frac{E_P}{\bar{E}_d}\right)^{0,60} = 9,3 \cdot 2,0^2 \cdot 0,68 \cdot \left(\frac{16303}{9,3}\right)^{0,60} = 2240 \text{ MN/rad}$$

Die Horizontalsteifigkeit des am Kopf gelenkig angeschlossenen Monopiles ist gemäß Gleichung (E5–19):

$$K'_{0xx} = K_{0xx} - \frac{K_{0x\varphi}^2}{K_{0\varphi\varphi}} = 305 - 2240^2 / 32800 = 152 \text{ MN/m}$$

Der Impedanzfaktor $k_{ji}(a_0)$ der Horizontal- und Biegesteifigkeit ist:

$$k_{xx}(a_0) = k_{\varphi\varphi}(a_0) = k_{x\varphi}(a_0) \equiv 1\,.$$

Die bei $f = 1$ Hz vorhandenen Dämpfungen eines am Kopf biegesteif eingespannten Monopiles sind gemäß Bild E5–10:

$$C_{xx} = \frac{K_{0xx} \cdot a_0 \cdot d_{xx}}{\Omega} = \frac{305 \cdot 0,31 \cdot 1,1}{2 \cdot \pi \cdot 1,0} = 16,6 \text{ MNs/m}, \qquad D_{xx} = 21\,\%$$

$$C_{\varphi\varphi} = \frac{K_{0\varphi\varphi} \cdot a_0 \cdot d_{\varphi\varphi}}{\Omega} = \frac{32800 \cdot 0,31 \cdot 0,33}{2 \cdot \pi \cdot 1,0} = 534 \text{ MNms}, \qquad D_{\varphi\varphi} = 10\,\%$$

$$C_{x\varphi} = \frac{K_{0x\varphi} \cdot a_0 \cdot d_{x\varphi}}{\Omega} = \frac{2240 \cdot 0,31 \cdot 0,80}{2 \cdot \pi \cdot 1,0} = 88,4 \text{ MNs}$$

Die Umrechnung der Dämpfung auf diejenige des am Kopf gelenkig angeschlossenen Monopiles führt wegen der komplexen Formulierung der Steifigkeitsmatrix in (E5–1) mit (E5–19) zu folgender etwas komplizierten Formel:

$$C'_{xx} = C_{xx} - \frac{2 \cdot K_{x\varphi} \cdot C_{x\varphi} \cdot K_{\varphi\varphi} - (K_{x\varphi}^2 - \Omega^2 \cdot C_{x\varphi}^2) \cdot C_{\varphi\varphi}}{K_{\varphi\varphi}^2 + \Omega^2 \cdot C_{\varphi\varphi}^2} = 16,6 - 9,5 = 7,1 \text{ MNs/m}$$

Eine genauere Berechnung von Beispiel 2 mit der TLM ergibt $C'_{xx} = 6,6$ MNs/m, also ein sehr ähnliches Resultat.

Für die vertikale Steifigkeit und Dämpfung, d. h. bezüglich Normalkraft ist der E-Modul des Stahlrohres über die Fläche in den eines Vollquerschnittes gleichen Durchmessers umzurechnen:

$$E_p = E_{Stahl} \cdot \frac{A_{Rohr}}{A_{Voll}} = E_{Stahl} \cdot \frac{R^2 - (R - t_w)^2}{R^2} = 2{,}1 \cdot 10^5 \cdot 0{,}0396 = 8316 \text{ MN/m}^2$$

Da hier keine direkt anwendbaren Lösungen vorliegen, werden zwei verschiedene Näherungsansätze getroffen.

a) Pfahl im Halbraum mit $G_d = 50{,}0$ MN/m² (s. Tabelle E5–1 und Bild E5–3)

$$\frac{L}{2R} = \frac{60}{2 \cdot 2{,}0} = 15$$

$$\frac{E_p}{E_d} = \frac{8316}{140{,}0} = 60 < 100 \text{ (Wertebereich etwas unterschritten)}$$

$$K_{0zz} = E_d \cdot R \cdot 12{,}3 = 140{,}0 \cdot 2{,}0 \cdot 12{,}3 = 3440 \text{ MN/m}$$

$$a_0 = \frac{R \cdot \Omega}{c_S} = \Omega \cdot \frac{2{,}0}{158{,}1} = f \cdot 0{,}079 \text{ s}$$

$$k_{zz}(a_0 = 0{,}079) = 1{,}0$$

$$K_{zz}(a_0 = 0{,}079) = 1{,}0 \cdot 3440 = 3440 \text{ MN/m}$$

$$d_{zz}(a_0 = 0{,}079) = 4{,}0$$

$$C_{zz} = \frac{K_{0zz} \cdot a_0 \cdot d_{zz}}{\Omega} = \frac{3440 \cdot 0{,}079 \cdot 4{,}0}{2 \cdot \pi \cdot 1{,}0} = 173 \text{ MNs/m}, \quad D_{zz} = 17\,\%$$

b) Pfahl in Schicht auf Halbraum (s. Tabelle E5–2 und Bild E5–7)

$$\frac{E_{d2}}{E_{d1}} = \frac{140}{14{,}0} = 10{,}0, \quad \frac{E_p}{E_{d1}} = \frac{8316}{14{,}0} = 600 < 10000 \text{ (Bereich deutlich unterschritten)}$$

$$K_{0zz} = E_{d1} \cdot R \cdot 83{,}6 = 14{,}0 \cdot 2{,}0 \cdot 83{,}6 = 2340 \text{ MN/m}$$

$$a_0 = \frac{R \cdot \Omega}{c_S} = \Omega \cdot \frac{2{,}0}{50{,}0} = f \cdot 0{,}25 \text{ s}$$

$$k_{zz}(a_0 = 0{,}25) = 1{,}0$$

$$K_{zz}(a_0 = 0{,}25) = 1{,}0 \cdot 2340 = 2340 \text{ MN/m}$$

$$d_{zz}(a_0 = 0{,}25) = 1{,}6$$

$$C_{zz} = \frac{K_{0zz} \cdot a_0 \cdot d_{zz}}{\Omega} = \frac{2340 \cdot 0{,}25 \cdot 1{,}6}{2 \cdot \pi \cdot 1{,}0} = 149 \text{ MNs/m}, \quad D_{zz} = 20\,\%$$

Zur Kontrolle dieser Näherungen wird eine genauere Berechnung mit der TLM ausgeführt. Es ergeben sich $K_{zz} = 1760$ MN/m, $C_{zz} = 73$ MNs/m, $D_{zz} = 14$ %. Der Vergleich zeigt deutlich die Grenzen der Approximation auf. Im vorliegenden Anwendungsfall sind hinsichtlich von Vertikalsteifigkeit und -dämpfung nicht mehr als grobe Annäherungen zu erwarten.

Zur Bestimmung der Torsionssteifigkeit und –dämpfung wird ebenfalls näherungsweise der Pfahl in einer Schicht auf Halbraum betrachtet, s. Tabelle E5–2 und Bild E5–7. Bezüglich des Torsionsmomentes ist der E-Modul des Stahlrohres über das Torsionsträgheitsmoment in den eines Vollquerschnittes gleichen Durchmessers umzurechnen:

$$E_{\mathrm{p}} = E_{\mathrm{Stahl}} \cdot \frac{I_{\mathrm{T,Rohr}}}{I_{\mathrm{T,Voll}}} = E_{\mathrm{Stahl}} \cdot \frac{R^4 - (R - t_{\mathrm{w}})^4}{R^4} = 2{,}1 \cdot 10^5 \cdot 0{,}0776 = 16303 \text{ MN/m}^2$$

$$\frac{E_{\mathrm{d2}}}{E_{\mathrm{d1}}} = \frac{140}{14{,}0} = 10{,}0 \qquad \frac{E_{\mathrm{p}}}{E_{\mathrm{d1}}} = \frac{16303}{14{,}0} = 1160 < 10000$$

(Der Anwendungsbereich der Diagramme wird wesentlich unterschritten, s.u.)

$$K_{0\vartheta\vartheta} = E_{\mathrm{d1}} \cdot R^3 \cdot 420{,}6 = 14{,}0 \cdot 2{,}0^3 \cdot 420{,}6 = 47100 \text{ MNm/rad}$$

$$a_0 = \frac{R \cdot \Omega}{c_{\mathrm{S}}} = \Omega \cdot \frac{2{,}0}{50{,}0} = f \cdot 0{,}25 \text{ s}$$

$$k_{\vartheta\vartheta}(a_0 = 0{,}25) = 1{,}0$$

$$K_{\vartheta\vartheta}(a_0 = 0{,}25) = 1{,}0 \cdot 47100 = 47100 \text{ MNm/rad}$$

$$d_{\vartheta\vartheta}(a_0 = 0{,}25) = 0{,}12$$

$$C_{\vartheta\vartheta} = \frac{K_{0\vartheta\vartheta} \cdot a_0 \cdot d_{\vartheta\vartheta}}{\Omega} = \frac{47100 \cdot 0{,}25 \cdot 0{,}12}{2 \cdot \pi \cdot 1{,}0} = 225 \text{ MNms}, \qquad D_{\vartheta\vartheta} = 1{,}7\ \%$$

Da der Anwendungsbereich der Diagramme deutlich unterschritten ist, wird ein zweiter Ansatz mit wesentlich weicherer Bodenschicht gemacht:

$$\frac{E_{\mathrm{d2}}}{E_{\mathrm{d1}}} = \frac{140}{1{,}4} = 100{,}0 \qquad \frac{E_{\mathrm{p}}}{E_{\mathrm{d1}}} = \frac{16303}{1{,}4} = 11600 \approx 10000$$

$$K_{0\vartheta\vartheta} = E_{\mathrm{d1}} \cdot R^3 \cdot 3235{,}3 = 1{,}4 \cdot 2{,}0^3 \cdot 3235{,}3 = 36200 \text{ MNm/rad}$$

$$a_0 = \frac{R \cdot \Omega}{c_{\mathrm{S}}} = \Omega \cdot \frac{2{,}0}{15{,}8} = f \cdot 0{,}80 \text{ s}$$ (Für 1 Hz wird Wertebereich um 60 % überschritten)

$$k_{\vartheta\vartheta}(a_0 = 0{,}80) \approx 1{,}0$$

$$K_{\vartheta\vartheta}(a_0 = 0{,}80) = 1{,}0 \cdot 36200 = 36200 \text{ MNm/rad}$$

$$d_{\vartheta\vartheta}(a_0 = 0{,}80) \approx 0{,}04$$

$$C_{\vartheta\vartheta} = \frac{K_{0\vartheta\vartheta} \cdot a_0 \cdot d_{\vartheta\vartheta}}{\Omega} = \frac{36200 \cdot 0{,}80 \cdot 0{,}04}{2 \cdot \pi \cdot 1{,}0} = 184 \text{ MNms}, \qquad D_{\vartheta\vartheta} \approx 1{,}5\ \%$$

Die Torsionssteifigkeit ändert sich durch die starke Variation der oberen Bodenschicht relativ wenig. Die Abstrahlungsdämpfung ist bei Torsionsanregung in jedem Fall sehr gering.

Literatur

105 Gazetas, G.; Makris, N.: Dynamic pile-soil-pile interaction, I. Analysis of axial vibration, Earthquake Engineering and Structural Dynamics, 18, 1990

106 Gazetas, G.: Foundation Vibrations, in: Foundation Engineering Handbook, 2nd Edition, edited by Fang, H.Y., Kluwer Academic Publishers, 1990

107 Waas, G.; Riggs, H.R.; Werkle, H.: Displacement Solutions for Dynamic Loads in Transversely-Isotropic Stratified Media, Earthquake Engineering and Structural Dynamics, Vol. 13, pp. 173-193, 1985

108 Dobry, R.; Gazetas, G.: Simple method for dynamic stiffness and damping of floating pile groups, Geotechnique, 38, No. 4, pp. 557-574, 1988

109 Hartmann, H.G.: Pfahlgruppen in geschichtetem Boden unter horizontaler dynamischer Belastung, Mitteilungen des Instituts für Grundbau, Boden- und Felsmechanik der TH Darmstadt, Heft 26, 1986

110 Poulos, H.G., Davis, E.H.: Pile Foundation Analysis and Design, John Wiley and Sons, New York, 1980

111 Kaynia, A.M.: Dynamic Stiffness and Seismic Response of Pile Groups, Research Report R82-03, Order No. 718, MIT, Department of Civil Engineering, Cambridge, Massachusetts, 1982.

112 Sadegh-Azar, H., Balthaus, H., Hartmann, H.G.: Großtanks auf Pfahlgründungen: Einfluss der dynamischen Boden-Bauwerk Wechselwirkung auf die Auslegung, 4. Hans Lorenz Symposium, Veröffentlichungen des Grundbauinstitutes der Technischen Universität Berlin, Heft Nr. 42, Berlin 2008. Shaker Verlag, ISBN 978-3-8322-7597-6